材料科学与工程丛书

金属腐蚀与控制

孙跃　胡津　编著

哈尔滨工业大学出版社

内 容 简 介

本书较全面系统地介绍了金属材料的腐蚀机理和腐蚀控制方法。对金属材料腐蚀的基本原理以及发生腐蚀的热力学和动力学理论进行了较详细的阐述，同时对材料在各种条件下产生局部腐蚀、应力腐蚀和氢脆的现象、特征、过程、机制及试验方法进行了讲述，并讨论了发生腐蚀的影响因素及防护措施。

本书可作为高等学校材料科学与工程专业的本科生和研究生教材，同时也可作为相关专业技术人员的参考书。

图书在版编目（CIP）数据

金属腐蚀与控制/孙跃编著.—哈尔滨:哈尔滨工业
大学出版社,2003.4(2019.8重印)
ISBN 978 – 7 – 5603 – 1837 – 0
Ⅰ.金… Ⅱ.孙… Ⅲ.①腐蚀 – 高等学校 – 教材
②防腐 – 高等学校 – 教材 Ⅳ.TG17

中国版本图书馆 CIP 数据核字(2003)第 022652 号

责任编辑 潘 鑫 鹿 峰
封面设计 卞秉利
出版发行 哈尔滨工业大学出版社
社 址 哈尔滨市南岗区复华四道街 10 号 邮编 150006
传 真 0451 – 86414749
网 址 http://hitpress.hit.edu.cn
印 刷 哈尔滨圣铂印刷有限公司
开 本 787mm×1092mm 1/16 印张 15.5 字数 373 千字
版 次 2003 年 4 月第 1 版 2019 年 8 月第 7 次印刷
书 号 ISBN 978 – 7 – 5603 – 1837 – 0
定 价 38.00 元

（如因印装质量问题影响阅读，我社负责调换）

序

　　材料和设备因腐蚀而引起的损失非常巨大。据美国 2000 年公布的调查,腐蚀引起的损失约占国民经济总产值的 4.7%,其中约 1/4 是有可能避免的。我国 1981 年对 10 家化工企业的调查表明,腐蚀损失约占当年生产总值的 3.9%;2002 年我国国民经济总值已超过 100 000 亿人民币,每年因腐蚀而引起的损失约 4 000 亿。通过全国科技工作者的努力,有可能每年挽回约 1 000 亿人民币的损失。这是一个非常诱人的数字。为了达到这个目标,就必须普及腐蚀与防护知识,在理论研究的基础上不断提出新的防腐蚀措施,进而控制腐蚀过程的发生和发展。

　　在大学中普及腐蚀、防护及控制的知识尤为重要,这本书就能起到这个作用。作为教材,本书深入浅出地介绍了腐蚀、防护与控制的基本知识,且内容很全面。本书不仅可作为大学生和研究生的教材,也可作为工程技术人员自学的参考书。

　　正由于腐蚀问题的重要性,几十年来有关腐蚀科学基础研究的重大项目一直没有间断。虽然有关腐蚀的宏观规律已研究得很多,但从微观层次的研究还很不够,从原子层次的研究则仅仅是开始,仍有很多基础问题有待深入研究。我相信,目前的大学生和研究生正是今后几年研究腐蚀机理的骨干。这本教科书可作为大学生、研究生和青年教师从事基础研究的入门教材。

　　腐蚀、防护与控制是一门实用性很强的学科,工程背景和经济效益非常明显。新型防腐材料、防腐技术以及新型缓蚀剂的开发均会带来巨大的经济效益。这本书中对各种防腐技术也作了论述,可为有志从事这一领域的研究者打下坚实的基础。

褚武扬

2003 年 3 月

前　言

　　哈尔滨工业大学材料科学与工程学院拥有热处理、铸造、锻压、焊接四个博士点和一个博士后流动站,拥有三个国家重点学科和两个国家重点实验室,有 24 名博士生指导教师和一批崭露头角的中青年专家。面对市场经济,面对学科、专业结构的调整与经济、科技、社会发展的要求相比仍相对滞后的局面,根据国家教育改革的要求和我校面向 21 世纪教育改革的思路,该院锐意改革,实行了材料加工意义下的宽口径教育,提出了材料加工类人才培养的新模式,把拓宽专业和跟踪科学技术发展趋势结合起来,制定了适应材料加工专业人才培养的教学计划和各门课程的教学大纲,并推出了之套教材和教辅丛书。

　　这套《材料科学与工程》丛书是具有"总结已有、通向未来","面向世界、面向 21 世纪"特色的"优化教材链",以给培养材料科学与工程人才提供一个捷径为原则,力求简明、深入浅出,既利于教,又利于学。这套丛书包括本科生教材、教辅和研究生学位课教材。

　　材料在使用过程中发生腐蚀是常见的,由于腐蚀造成了大量自然资源的浪费,给国民经济带来了巨大的损失。大量事实表明,尽管腐蚀不可避免,但却可以控制。因此了解腐蚀发生的原因以及材料在不同环境中的腐蚀特性、规律和控制腐蚀的方法十分重要。

　　《金属腐蚀与控制》是之套丛书中的一种。它包括 11 章:第 1 章对金属腐蚀的基本概念、研究金属腐蚀的意义、腐蚀技术的发展简史及腐蚀的分类等方面作了简单的介绍;第 2 章对腐蚀过程的热力学判据进行了讲述,并通过电势 – pH 图理论讲述了电势 – pH 图在金属腐蚀中的应用;第 3 章对电化学腐蚀动力学理论和方程式进行了详细的阐述,重点分析了腐蚀极化曲线;第 4 章分析了析氢腐蚀与吸氧腐蚀的过程及特点;第 5 章讲述了金属的纯化现象及理论;第 6 章讲述了金属材料的局部腐蚀行为,对各种腐蚀的特征、影响因素及防治措施作了系统阐述;第 7 章讲述了应力作用下材料的腐蚀行为,并介绍了作者最近的一些研究工作;第 8 章讲述了自然环境中金属的腐蚀特征;第 9 章介绍了高温腐蚀;第 10 章介绍了金属材料的耐蚀性;第 11 章系统介绍了材料腐蚀的控制方法。

　　本教材是根据哈尔滨工业大学材料科学专业"金属腐蚀与防护"课程的教学大纲,在孙跃副教授教学讲义的基础上,通过多年教学实践,不断摸索、总结、修改而成的,本书既可作为高等学校讲授腐蚀与防护的教材,也可作为相应专业研究生和教师及工程技术人员的参考书。

　　在本书编著过程中,参考了国内外的有关著作和资料以及国内一些相应的教材资料,并从中汲取了许多好的素材(均列为参考文献),以使本书的内容更加充实、理论更加完善,在此也向那些作者们表示深深的谢意。

　　由于本书作者的学识和水平有限,书中的缺点和疏漏在所难免,敬请读者批评指正。

作　者

2003 年 3 月于哈尔滨

目　　录

第1章 绪 论

1.1 金属腐蚀的基本概念

金属材料在使用过程中,由于周围环境的影响会遭到不同形式的破坏,其中最常见的破坏形式是断裂、磨损和腐蚀。这三种主要的破坏形式已分别发展成为三个独立的边缘性学科。腐蚀是一门综合了材料学、电化学、力学、机械工程学、生物学等的交叉性学科,虽然腐蚀随处可见,但由于涉及科学定义,因而要回答"什么是腐蚀"这个问题并不容易。历经多年,仍然是一个在不断继续讨论的问题。

腐蚀(Corrosion)是指材料在其周围环境的作用下引起的破坏或变质现象。迄今为止,从不同角度曾对腐蚀下过不同的定义,例如,当强调腐蚀与单纯的机械破坏具有本质上区别时,将腐蚀定义为"材料因与环境反应而引起的损坏或变质"、"除了单纯机械破坏之外的一切破坏";当指明腐蚀决定于材料和环境这两个因素时,定义为"材料与环境的有害反应";当为了阐明金属腐蚀过程在热力学上具有自发性及腐蚀产物类似于相应的天然矿石时,定义为"冶金的逆过程"。

这些定义,除"冶金的逆过程"外,实际上包括了金属和非金属在内的所有材料。20世纪50年代以来,随着非金属尤其是合成材料的大量应用,非金属材料的腐蚀失效现象也日益严重,如油漆、塑料和橡胶的老化等。本教材只涉及金属腐蚀问题。在此,采用已被广泛接受的金属腐蚀定义:**金属与周围环境(介质)之间发生化学或电化学作用而引起的破坏或变质**。

金属腐蚀发生在金属与介质间的界面上。由于金属与介质间发生化学或电化学反应,使金属转变为氧化(离子)状态。因此,金属及其所处环境构成的腐蚀体系以及体系中发生的化学和电化学反应就是金属腐蚀学的主要研究对象。

金属腐蚀学是一门综合性边缘学科,学习和研究金属腐蚀学需要具备相关的金属学、金属物理、物理化学、电化学、力学等学科方面的知识。

金属腐蚀学的主要内容包括:

·金属材料与环境介质作用的普遍规律。

·在一些典型环境下发生金属腐蚀的原因及控制措施。

·金属腐蚀动力学参数的测量原理及方法。

1.2 研究金属腐蚀的重要意义

金属腐蚀现象遍及国民经济和国防建设各个领域,危害十分严重。首先,腐蚀会造成重大的直接或间接的经济损失。据工业发达国家的统计,因腐蚀造成的经济损失约占当年国民经济生产总值的4.7%。

其次,金属腐蚀,特别是应力腐蚀和腐蚀疲劳,会在无任何预兆下发生并危及人身安全。如 1965 年 3 月美国某输油管线因应力腐蚀破裂而失火,造成 17 人死亡;1980 年 8 月北海油田的采油平台发生腐蚀疲劳破坏,致使 123 人丧生;1985 年 8 月 12 日,日本一架波音 747 客机因应力腐蚀断裂而坠毁,死亡 500 余人。

腐蚀不仅损耗大量金属,而且浪费能源。石油、化工、农药等工业生产中,因腐蚀所造成设备的跑冒滴漏,不但造成经济损失,还可能使有毒物质泄漏,导致环境污染,危及人身安全。

腐蚀还可能成为生产发展和科技进步的障碍。例如,法国的拉克气田 1951 年因设备发生了应力腐蚀开裂得不到解决,不得不推迟到 1957 年才全面开发。美国的阿波罗登月飞船贮存 N_2O_4 的高压容器曾发生应力腐蚀破裂,若不是及时研究出加入体积分数为 0.6% 的 NO 解决这一问题,登月计划将会推迟若干年。

1.3 腐蚀科学技术发展简史

可以说,人类有效地利用金属的历史,就是与金属腐蚀作斗争的历史。我国早在商代就冶炼出了青铜,即用锡改善了铜的耐蚀性。从出土的春秋战国时代的武器、秦朝的青铜剑和大量的箭镞来看,有的迄今毫无锈蚀,经鉴定,这些箭镞表面有一层铬的氧化物层,而基体中并不含铬。很可能这种表面保护层是用铬的化合物人工氧化并经高温处理得到的。这种两千年前创造的与现代铬酸盐钝化相似的防护技术,不能不说是中国文明史上的一个奇迹。

金属腐蚀防护的历史虽然悠久,但长期处于经验性阶段。到了 18 世纪中叶,才开始对腐蚀现象做系统的解释和研究。其中,罗蒙诺索夫(Ломоносов)于 1748 年解释了金属的氧化现象。1790 年凯依尔(Keir)描述了铁在硝酸中的钝化现象。1830 年德·拉·里夫((De La Rive)提出了金属腐蚀的微电池概念。1833~1834 年间法拉第(Faraday)提出了电解定律。这些都对腐蚀科学的进一步发展具有重要意义。

金属腐蚀作为一门独立的学科则是在 20 世纪初才逐渐形成的。20 世纪以来,由于石油、化工等工业的高速发展,促进了腐蚀理论和耐蚀材料的研究和应用。经过电化学家和金属学家的辛勤努力,经过深入而系统的大量研究之后,人们逐步了解了金属腐蚀和氧化的基本规律,为提出腐蚀理论奠定了基础。其中做出重大贡献的科学家有:英国的埃文思(U·R.Evans)、霍尔(T.P.Hoar),美国的尤利格(H.H.Uhlig)、凡但纳(M.G.Fantana),德国的豪飞(K.Hauffe)、瓦格纳(C.Wagner),比利时的布拜(M.pourbaix),苏联的阿基莫夫(Г.В.Акимов)、弗鲁姆金(А.Н.Фрумкин)和托马晓夫(Н.Д.Томащов)等。

近 50 年来,金属腐蚀已基本发展成为一门独立的综合性边缘学科。随着现代工业的迅速发展,使原来大量使用的高强度钢和高强度合金构件不断暴露出严重的腐蚀问题,引起许多相关学科的关注,包括现代电化学、固体物理学、断裂力学、材料科学、工程学、微生物学等。这些学科对腐蚀问题进行了综合研究,形成了许多腐蚀学科分支,如腐蚀电化学、腐蚀金属学、腐蚀工程力学、生物腐蚀学和防护系统工程等。

自 1979 年 12 月成立了中国腐蚀与防护学会以来,我国的腐蚀与防护科学工作走上了发展的新历程。现在我国已初步解决了在石油天然气开发、石油化工、化学工业、船舶制造、航空航天、核能等现代工业中的腐蚀问题,研制出了许多耐蚀金属和非金属材料,基本上满足了工业生产发展的需要,为发展国民经济和国防建设做出了贡献。

1.4 腐蚀的分类

一、腐蚀的分类方法

由于腐蚀领域涉及的范围极为广泛,腐蚀材料、腐蚀环境、腐蚀机制也是多种多样,因此有不同的分类方法。最常见的是从下列不同角度分类:

① 腐蚀环境
② 腐蚀机理
③ 腐蚀形态类型
④ 金属材料
⑤ 应用范围或工业部门
⑥ 防护方法

从分类学观点看,按腐蚀环境分类最适宜,可分为潮湿环境、干燥气体、熔融盐等,也可将其视为按机理分类:潮湿环境下属电化学机理;干燥气体中为化学机理。而且,各种腐蚀试验研究方法主要取决于腐蚀环境。不同的腐蚀形态类型,如点蚀、应力腐蚀开裂等则属于进一步的分类。按各种金属材料分类,在手册中是常见和实用的,但从分类学观点来看,效果不佳,按应用范围或工业部门分类,实际上为按环境分类的特殊应用。按防护方法分类,则是从防腐蚀出发,依采取措施的性质和限制进行分类,如:

(1)改善金属材料

通过改变材料的成分或组织结构,研制耐蚀合金。

(2)改变腐蚀介质

如加入缓蚀剂,改变介质的 pH 值等。

(3)改变金属/介质体系的电极电势

如阴极保护和阳极保护等。

(4)借助表面涂层把金属与腐蚀介质分开

二．按腐蚀环境分类

根据腐蚀环境,腐蚀可分为下列几类:

1.干腐蚀(Dry Corrosion)

(1)失泽(Tarnish)

金属在露点以上的常温干燥气体中发生腐蚀(氧化),表面生成很薄的腐蚀产物,使金属失去光泽。干腐蚀为化学腐蚀机理。

(2)高温氧化(High Temperature Oxidation)

金属在高温气体中腐蚀(氧化),有时生成很厚的氧化皮,在热应力或机械应力下可引起氧化皮剥落,属于高温腐蚀。

2.湿腐蚀(Wet Corrosion)

湿腐蚀主要是指在潮湿环境和含水介质中的腐蚀。绝大部分常温腐蚀(Ordinary Temperature Corrosion)属于这一种,其腐蚀机理为电化学腐蚀机理。湿腐蚀又可分为:

(1)自然环境下的腐蚀

①大气腐蚀(Atmospheric Corrosion);

②土壤腐蚀(Soil Corrosion);

③海水腐蚀(Corrosion in Sea Water);

④微生物腐蚀(Microbial Corrosion)。

(2)工业介质中的腐蚀

①酸、碱、盐溶液中的腐蚀;

②工业水中的腐蚀;

③高温高压水中的腐蚀。

3.无水有机液体和气体中的腐蚀

无水有机液体和气体中的腐蚀属于化学腐蚀。

(1)卤代烃中的腐蚀

如 Al 在 CCl_4 和 $CHCl_3$ 中的腐蚀;

(2)醇中的腐蚀

如 Al 在乙醇中,Mg 和 Ti 在甲醇中的腐蚀。

这类腐蚀介质均为非电解质,不管是液体还是气体,腐蚀反应都是相同的。在这些反应中,水起着缓蚀剂(Inhibitor)的作用。但在油这类有机液体中的腐蚀,绝大多数情况是由于痕量水的存在,而水中常含有盐和酸,因而在有机液体中的腐蚀属于电化学腐蚀。

4.熔盐和熔渣中的腐蚀

熔盐和熔渣中的腐蚀属电化学腐蚀。

5.熔融金属中的腐蚀

熔融金属中的腐蚀为物理腐蚀。

三、按腐蚀机理分类

1.化学腐蚀(Chemical Corrosion)

化学腐蚀是指金属与腐蚀介质直接发生反应,在反应过程中没有电流产生。这类腐蚀过程是一种氧化还原的纯化学反应,带有价电子的金属原子直接与反应物(如氧)的分子相互作用。因此,金属转变为离子状态和介质中氧化剂组分的还原是在同时、同一位置发生的。最重要的化学腐蚀形式是气体腐蚀,如金属的氧化过程或金属在高温下与 SO_2、水蒸气等的化学作用。

化学腐蚀的腐蚀产物在金属表面形成表面膜,表面膜的性质决定了化学腐蚀速度。如果膜的完整性、强度、塑性都较好,若在膜的膨胀系数与金属接近、膜与金属的亲和力较强等情况下,则有利于保护金属、降低腐蚀速度。化学腐蚀可分为:

(1)在干燥气体中的腐蚀

在干燥气体中的腐蚀通常指金属在高温气体作用下的腐蚀。例如,轧钢时生成厚的氧化铁皮、燃气轮机叶片在工作状态下的腐蚀。

(2)在非电解质溶液中的腐蚀

在非电解质溶液中的腐蚀指金属在不导电的液体中发生的腐蚀。例如,Al 在 CCl_4、

$CHCl_3$ 或 CH_3CH_2OH 中的腐蚀,镁和钛在 CH_3OH 中的腐蚀等。

实际上,单纯的化学腐蚀是很少见的,更为常见的是电化学腐蚀。

2. 电化学腐蚀（Electrochemical Corrosion）

电化学腐蚀是指金属与电解质溶液(大多数为水溶液)发生了电化学反应而发生的腐蚀。其特点是:在腐蚀过程中同时存在两个相对独立的反应过程——阳极反应和阴极反应,在反应过程中伴有电流产生。金属在酸、碱、盐中的腐蚀就是电化学腐蚀,电化学腐蚀机理与化学腐蚀机理有着本质差别,但是进一步研究表明,有些腐蚀常常由化学腐蚀逐渐过渡为电化学腐蚀。电化学腐蚀是最常见的腐蚀形式,自然条件下,如潮湿大气、海水、土壤、地下水以及化工、冶金生产中绝大多数介质中金属的腐蚀通常具有电化学性质。

一般来说,电化学腐蚀比化学腐蚀强烈得多,金属的电化学腐蚀是普遍的腐蚀现象,它所造成的危害和损失也是极为严重的,本书将重点讨论。

3. 物理腐蚀（Physical Corrosion）

物理腐蚀是指金属由于单纯的物理溶解作用引起的破坏。熔融金属中的腐蚀就是固态金属与熔融液态金属(如铅、钵、钠、汞等)相接触引起的金属溶解或开裂。这种腐蚀是由于物理溶解作用形成合金,或液态金属渗入晶界造成的。例如热浸锌用的铁锅,由于液态锌的溶解作用,铁锅很快被腐蚀了。

4. 生物腐蚀（Biological Corrosion）

生物腐蚀指金属表面在某些微生物生命活动产物的影响下所发生的腐蚀。这类腐蚀很难单独进行,但它能为化学腐蚀、电化学腐蚀创造必要的条件,促进金属的腐蚀。微生物进行生命代谢活动时会产生各种化学物质。如含硫细菌在有氧条件下能使硫或硫化物氧化,反应最终将产生硫酸,这种细菌代谢活动所产生的酸会造成水泵等机械设备的严重腐蚀。

四. 按腐蚀形态分类

1. 全面腐蚀（General Corrosion）或均匀腐蚀（Uniform Corrosion）

2. 局部腐蚀（Localized Corrosion）

局部腐蚀的破坏形态较多,对金属结构的危害性也比全面腐蚀大得多。主要有以下几种类型(图 1.1):

(1)电偶腐蚀(Galvanic Corrosion)

两种电极电势不同的金属或合金相在电解质溶液中接触时,即可发现电势较低的金属腐蚀加速,而电势较高的金属腐蚀反而减慢(得到了保护)。这种在一定条件下(如电解质溶液或大气)产生的电化学腐蚀,即一种金属或合金由于同电极电势较高的另一种金属接触而引起腐蚀速度增大的现象,称为电偶腐蚀或双金属腐蚀,也叫做接触腐蚀。

(2)点蚀(Pitting Corrosion)

点蚀又称孔蚀,金属表面上极为个别的区域被腐蚀成一些小而深的圆孔,而且蚀孔的深度一般大于孔的直径,严重的点蚀可以将设备蚀穿。蚀孔的分布情况是不一样的,有些孤立地存在,有些则紧凑在一起。在蚀孔的上部往往都有腐蚀产物覆盖。点蚀是不锈钢和铝合金在海水中典型的腐蚀方式。

(3)缝隙腐蚀(Crevice Corrosion)

金属构件一般都采用铆接、焊接或螺钉连接等方式进行装配,在连接部位就可能出现缝

图1.1 腐蚀形态示意图

(a) 均匀腐蚀（全面腐蚀）

(b) 点蚀（孔蚀）

(c) 晶间腐蚀

(d) 剥蚀

电势较高金属

腐蚀集中于交界处

(e) 电偶腐蚀

(f) 缝隙腐蚀

应力

交变应力

(g) 应力腐蚀断裂

(h) 腐蚀疲劳

隙。缝隙内金属在腐蚀介质中发生强烈的选择性破坏,使金属结构过早地损坏。缝隙腐蚀在各类电解质溶液中都会发生,钝化金属如不锈钢、铝合金、钛等对缝隙腐蚀的敏感性最大。

(4)晶间腐蚀(Intergranular Corrosion)

腐蚀破坏沿着金属晶粒的边界发展,使晶粒之间失去结合力,金属外形在变化不大时即可严重丧失其机械性能。

(5)剥蚀(Exfoliation Corrosion)

剥蚀又称剥层腐蚀。这类腐蚀在表面的个别点上产生,随后在表面下进一步扩展,并沿着与表面平行的晶界进行。由于腐蚀产物的体积比原金属体积大,从而导致金属鼓胀或者分层剥落。某些合金、不锈钢的型材或板材表面和用涂金属保护的金属表面可能发生这类腐蚀。

(6)选择性腐蚀(Selective Corrosion)

多元合金在腐蚀介质中某组分优先溶解,从而造成其他组分富集在合金表面上。黄铜脱锌便是这类腐蚀典型的实例。由于锌优先腐蚀,合金表面上富集铜而呈红色。

(7)丝状腐蚀(Filiform Corrosion)

丝状腐蚀是有涂层金属产品上常见的一类大气腐蚀。如在镀镍的钢板上、在镀铬或搪瓷的钢件上都曾发现这种腐蚀。而在清漆或瓷漆下面的金属上这类腐蚀发展得更为严重。因多数发生在漆膜下面,因此也称做膜下腐蚀。

6

3.应力作用下的腐蚀

① 应力腐蚀断裂(Stress Corrosion Cracking);

② 氢脆(Hydrogen Embrittlement)和氢致开裂 (Hydrogen Induced cracking);

③ 腐蚀疲劳(Corrosion Fatigue);

④ 磨损腐蚀(Erosion Corrosion);

⑤ 空泡腐蚀(Cavitation Corrosion);

⑥ 微振腐蚀(Fretting Corrosion)。

统计调查结果表明,在所有腐蚀中腐蚀疲劳、全面腐蚀和应力腐蚀引起的破坏事故所占比例较高,分别为23%、22%和19%,其他十余种形式腐蚀合计36%(图1.2)。由于应力腐蚀和氢脆的突发性,其危害性最大,常常造成灾难性事故,在实际生产和应用中应引起足够的重视。

图1.2 不同腐蚀形态所占的比例(1968～1971年,美国)

1.5 腐蚀速度

根据腐蚀破坏形式的不同,对金属腐蚀程度的大小有各种不同的评定方法。对于全面腐蚀来说,通常用平均腐蚀速度来衡量。腐蚀速度可用失重法(或增重法)、深度法和电流密度来表示。

一、失重法和增重法

金属腐蚀程度的大小可用腐蚀前后试样质量的变化来评定。习惯上仍称为"失重法"或"增重法"。失重法就是根据腐蚀后试样质量的减小,利用下式来表征腐蚀速度

$$v_失 = \frac{m_0 - m_1}{S \cdot t} \tag{1.1}$$

式中 $v_失$——腐蚀速度,$g/(m^2 \cdot h)$;

m_0——试样腐蚀前的质量,g;

m_1——试样清除腐蚀产物后的质量,g;

S——试样表面积,m^2;

t——腐蚀时间,h。

这种方法适用于均匀腐蚀(即表面腐蚀产物易于脱落或清除的情况)。附表11列出了一些从不同金属上除去腐蚀产物的溶液和浸蚀条件。腐蚀后试样质量增加且腐蚀产物完全牢固地附着在试样表面时,可用公式(1.2)计算腐蚀速度

$$v_增 = \frac{m_2 - m_0}{S \cdot t} \tag{1.2}$$

式中 $v_增$——腐蚀速度,$g/(m^2 \cdot h)$;

m_2——带有腐蚀产物的试样的质量,g。

时间单位除上面所用的小时(h)外,还有天(d(day))、年(a(annual))。因此,以质量变化表示的腐蚀速度的单位还有 $kg/(m^2 \cdot a)$,$g/(dm^2 \cdot d)$,$g/(cm^2 \cdot h)$ 和 $mg/(dm^2 \cdot d)$。英文缩写

mdd 代表 $mg/(dm^2 \cdot d)$，用 gmd 代表 $g/(m^2 \cdot d)$。

二、深度法

工程上，材料的腐蚀深度或构件腐蚀变薄的程度均直接影响材料部件的寿命，因此对其测量更具有实际意义。在评定不同密度金属的腐蚀程度时，更适合采用这种方法。

将金属失重腐蚀速度换算为腐蚀深度的公式为

$$v_{深} = 8.76 v_{失} / \rho \qquad (1.3)$$

式中　　$v_{深}$——腐蚀深度，mm/a；

　　　　$v_{失}$——失重腐蚀速度，$g/(m^2 \cdot h)$；

　　　　ρ——金属的密度，g/cm^3；

　　　　8.76——单位换算系数。

根据每年腐蚀深度的不同，可将金属的耐蚀性按十级标准(表 1.1)和三级标准(表 1.2)分类。

按深度表示腐蚀速度的单位，国外文献上还常用 ipy (英寸/年 inchs per year 的缩写)和 mpy(密耳/年 mils per year 的缩写)。1 mil = 10^{-3}in (英寸)，1 in = 25.4 mm。附表 3 中列出了不同腐蚀速率单位间的换算关系。

表 1.1　金属腐蚀性的十级标准

耐蚀性分类		耐蚀性等级	腐蚀速度/(mm·a⁻¹)
Ⅰ	完全耐蚀	1	< 0.001
Ⅱ	很耐蚀	2	0.001 ~ 0.005
		3	0.005 ~ 0.01
Ⅲ	耐蚀	4	0.01 ~ 0.05
		5	0.05 ~ 0.1
Ⅳ	尚耐蚀	6	0.1 ~ 0.5
		7	0.5 ~ 1.0
Ⅴ	欠耐蚀	8	1.0 ~ 5.0
		9	5.0 ~ 10.0
Ⅵ	不耐蚀	10	> 10.0

表 1.2　金属腐蚀性的三级标准

耐蚀性分类	耐蚀性等级	腐蚀速度/(mm·a⁻¹)
耐用	1	< 0.1
可用	2	0.1 ~ 1.0
不可用	3	> 1.0

三、容量法

析氢腐蚀时，如果氢气析出量与金属的腐蚀量成正比，则可用单位时间内单位试样表面

积析出的氢气量来表示金属的腐蚀速度

$$v_容 = \frac{v_0}{S \cdot t}$$ (1.4)

式中　$v_容$——氢气容积表示的腐蚀速度,单位为 $cm^3/cm^2 \cdot h$;

　　　v_0——换算成 0℃、760 mm Hg 柱时的氢气体积,cm^3;

　　　S——试样表面积,cm^2;

　　　t——腐蚀时间,h。

四、以电流密度表示腐蚀速度

电化学腐蚀中,金属的腐蚀是由阳极溶解造成的。根据法拉第定律,金属阳极每溶解 1mol/L 1 价金属,通过的电量为 1 法拉第,即 96 500 C(库仑)。若电流强度为 I,通电时间为 t,则通过的电量为 It,阳极所溶解的金属量 Δm 应为

$$\Delta m = \frac{A\,I\,t}{n\,F}$$ (1.5)

式中　A——金属的原子量;

　　　n——价数,即金属阳极反应方程式中的电子数;

　　　F——法拉第常数,即 $F = 96\,500$ C/mol 电子。

对于均匀腐蚀来说,整个金属表面积 S 可看成阳极面积,故腐蚀电流密度 i_{corr} 为 I/S。根据式(1.5)可得到腐蚀速度 $v_失$ 与腐蚀电流密度 i_{corr} 间的关系

$$v_失 = \frac{\Delta m}{S\,t} = \frac{A}{n\,F} \cdot i_{corr}$$ (1.6)

可见,腐蚀速度与腐蚀电流密度成正比。因此可用腐蚀电流密度 i_{corr} 表示金属的电化学腐蚀速度。若 i_{corr} 的单位取 $\mu A/cm^2$,金属密度 ρ 的单位取 g/cm^3,则以不同单位表示的腐蚀速度为

$$v_失/(g \cdot m^{-2} \cdot h^{-1}) = 3.73 \times 10^{-4} \times \frac{Ai_{corr}}{n}$$ (1.7)

以腐蚀深度表示的腐蚀速度与腐蚀电流密度的关系为

$$v_深 = \frac{\Delta m}{\rho S t} = \frac{A}{n F \rho} \cdot i_{corr}$$ (1.8)

若 i_{corr} 的单位取 $(A \cdot m^{-2})$,ρ 的单位取 $(g \cdot cm^{-3})$,则

$$v_深/(mm \cdot a^{-1}) = 3.27 \frac{A}{n\rho} \cdot i_{corr} \times 10^{-1}$$ (1.9)

对于一些常用的工程金属材料,$A/n\rho$ 的数值约为 $3.29 \sim 5.32$ cm^3/mol(见附表4),取平均值 3.5 cm^3/mol,代入式(1.10),则

$$v_深/(mm \cdot a^{-1}) \approx 1.1 \times i_{corr} \approx i_{corr}$$ (1.10)

可见,对于几种常用的金属材料,当平均腐蚀电流密度以国际单位 $(A \cdot m^{-2})$ 表示时,几乎与以 $(mm \cdot a)$ 单位表示的腐蚀速度相等,即

$$v_深/(mm \cdot a^{-1}) \approx i_{corr}/(A \cdot m^{-2})$$

五、机械性能指标

测定腐蚀前、后试样的 σ_b,根据强度的变化率来评定晶间腐蚀

$$K_\sigma = (\sigma_b^0 - \sigma_b^1)/\sigma_b^0 \times 100\% \qquad (1.11)$$

式中　σ_b^0——腐蚀前的抗拉强度；

$\quad\quad\sigma_b^1$——腐蚀后的抗拉强度。

六、电阻性能指标

根据腐蚀前后试样的电阻变化评定腐蚀程度。电阻测量法属于非破坏性测量,测量过程不仅不破坏被测试样,对腐蚀条件也无明显影响。电阻性能指标 K_R 为

$$K_R = (R_1 - R_0)/R_0 \qquad (1.12)$$

式中　R_0——腐蚀前的电阻；

$\quad\quad R_1$——腐蚀后的电阻。

金属腐蚀速度一般随时间变化而变化。腐蚀试验时,应测定腐蚀速度随时间的变化,选择合适的时间,以测得稳定的腐蚀速度。局部腐蚀速度及其耐蚀性的评定比较复杂,有关细节将在以后章节讨论。

第2章 电位 – pH 图在金属腐蚀中的应用

2.1 腐蚀过程热力学判据

自然界的物质变化大体上可分为两类:一类是能够自发进行的过程;另一类是不能自发进行的过程。对于任何化学反应,如果反应能够自发进行,必须伴随着能量的降低,否则不能自发进行,金属腐蚀就是这样一种自发过程。如何来判断一个过程能否自发进行呢?

金属腐蚀和大多数化学反应一般是在恒温恒压的敞开体系条件下进行的。这种情况下,通常用吉布斯(Gibbs)自由能判据来判断反应的方向。即在等温等压条件下

$$(\Delta G)_{T,p} < 0 \qquad 自发过程 \tag{2.1}$$

$$(\Delta G)_{T,p} = 0 \qquad 平衡状态$$

$$(\Delta G)_{T,p} > 0 \qquad 非自发过程$$

式中　　G——吉布斯自由能,简称自由能,亦称为自由焓、吉氏函数、等温等压等。

焓是体系的另一种状态函数,以 H 表示

$$H \equiv U + pV \tag{2.2}$$

式中　　U——体系的内能;

　　　　p——压力;

　　　　V——体积。

即体系的焓等于体系的内能加上体系所做的体积功(pV)。

自由能 G 是经过体系内熵值校正后的焓,也是体系的状态函数

$$G \equiv H - TS \tag{2.3}$$

式中　　T——温度;

　　　　S——体系的熵。

$(\Delta G)_{T,p}$ 表示等温等压条件下过程或反应的自由能变化。

因 G 为状态函数,故 ΔG 只取决于始态和终态,与过程或反应的途径无关。据热力学含义可计算 ΔG

$$\Delta G \equiv \Delta H - T\Delta S \tag{2.4}$$

腐蚀体系的 $(\Delta G)_{T,p}$ 是由金属与周围介质组成的多组分敞开体系。恒温恒压下,腐蚀反应自由能的变化可由反应中各物质的化学位计算

$$(\Delta G)_{T,p} = \sum_i v_i \mu_i \tag{2.5}$$

式中　　v_i——化学反应式中第 i 种物质的化学计量系数。(规定反应物的系数取负值,生成物的系数取正值);

　　　　μ_i——第 i 种物质的化学位。

化学位是指在恒温恒压及 i 外的其他物质量不变的情况下，第 i 种物质的偏摩尔自由能为

$$\mu_i = (\Delta G_m^\ominus)_{T,p,n_j \neq n_i} = \left(\frac{\partial G}{\partial n_i}\right)_{T,p,n_j \neq n_i} \tag{2.6}$$

即在恒温恒压及其他成分不变的无限大的体系中加入 1 mol 第 i 种物质所引起的体系自由能的变化；或者是在恒温恒压及其他成分不变的情况下，体系中第 i 种物质增加无限小量所引起的自由能变化与该物质增量的比值。单位通常取为($kJ \cdot mol^{-1}$)。

化学位具有强度性质，对于理想气体，有

$$\mu_i = \mu_i^\ominus + 2.3RT \lg p_i \tag{2.7}$$

对于溶液中的物质，有

$$\mu_i = \mu_i^\ominus + 2.3RT \lg a_i = \mu_i^\ominus + 2.3RT \lg \gamma_i c_i \tag{2.8}$$

式中　　p_i、a_i、γ_i 和 c_i——第 i 种物质的分压、活度、活度系数和浓度；

　　　　R——气体常数；

　　　　$\mu_i^\ominus$——第 i 种物质的标准化学位。

$\mu_i^\ominus$ 是 10^5 Pa、298.15 K 标准状态下第 i 种物质的偏摩尔自由能 $\Delta G_m^\ominus$，在数值上等于该物质的标准摩尔生成自由能 $\Delta G_{m,f}^\ominus$，即

$$\mu_i^\ominus = (G_m^\ominus)_i = (\Delta G_{m,f}^\ominus)_i \tag{2.9}$$

其中　　m——摩尔(mol)；

　　　　f——生成(formation)。

物质的标准摩尔生成自由能就是在标准状态下，由处于稳定状态的单质生成 1 mol 纯物质时反应的自由能变化。

标准摩尔生成自由能可从物理化学手册或相应工具书中查到。本书附表 5 中列出了一些与腐蚀有关的某些物质的 $\Delta G_{m,f}^\ominus$，单位为($kJ \cdot mol^{-1}$)。

化学位在判断化学变化的方向和限度上有重要意义。因为由式(2.1)和式(2.5)可得下列判据

$$(\Delta G)_{T,p} = \sum_i v_i \mu_i < 0 \qquad 自发过程 \tag{2.10}$$

$$(\Delta G)_{T,p} = \sum_i v_i \mu_i = 0 \qquad 平衡状态$$

$$(\Delta G)_{T,p} = \sum_i v_i \mu_i > 0 \qquad 非自发过程$$

据此判据可判断腐蚀反应能否自发进行以及腐蚀倾向的大小。例如，判断 Fe 在 25℃、10^5Pa 下在下列介质中的腐蚀倾向：

(1)pH = 0 的酸性溶液中

$$Fe + 2H^+ \longrightarrow Fe^{2+} + H_2 \uparrow$$

$\mu_i^\ominus / (kJ \cdot mol^{-1})$　　　0　　　0　　　-84.94　　0

$\mu_i / (kJ \cdot mol^{-1})$　　　　0　　　0　　< -84.94　0

$(\Delta G)_{T,p} < -84.94$ $kJ \cdot mol^{-1} < 0$，此反应可自发进行。

(2)同空气接触的纯水中(pH = 7，$p_{O_2} = 0.21 \times 10^5$ Pa)

$$\text{Fe} + \frac{1}{2}\,O_2 + H_2O \longrightarrow Fe(OH)_2$$

$\mu_i^{\ominus}/(kJ\cdot mol^{-1})$	0	0	-237.19	-483.54
$\mu_i/(kJ\cdot mol^{-1})$	0	-3.86	-237.19	-483.54

$$(\Delta G)_{T,p} = -483.54 - \frac{1}{2}\times(-3.86) - (-237.19) = -244.41 \ kJ\cdot mol^{-1} < 0$$

此反应可自发进行。

(3)同空气接触的碱溶液中($pH = 14, p_{O_2} = 2.1\times 10^4$ Pa)

$$\text{Fe} + \frac{1}{2}\,O_2 + OH^- \longrightarrow HFeO_2^-$$

$\mu_i^{\ominus}/(kJ\cdot mol^{-1})$	0	0	-158.28	-397.18
$\mu_i/(kJ\cdot mol^{-1})$	0	-3.86	-158.28	-397.18

$$(\Delta G)_{T,p} = -397.18 - \frac{1}{2}\times(-3.86) - (-158.28) = -236.97 \ kJ\cdot mol^{-1} < 0$$

此反应可自发进行。计算结果表明,铁在上述三种介质中都不稳定,都可被腐蚀。

通常可用标准摩尔自由能变化 $\Delta G_m^{\ominus}$ 作为判据,近似地判断金属腐蚀倾向:

$$\Delta G_m^{\ominus} < 0 \qquad\qquad 反应自发进行$$

$$\Delta G_m^{\ominus} > 40 \ kJ\cdot mol^{-1} \qquad 反应不自发进行$$

$\Delta G_m^{\ominus}$ 可由 $\mu_i^{\ominus}$ 或 $\Delta G_{m,f}^{\ominus}$ 求得

$$\Delta G_m^{\ominus} = \sum_i v_i \mu_i^{\ominus} = \sum_i v_i(\Delta G_{m,f}^{\ominus}) \tag{2.11}$$

例如,用此判据判断铜在无氧存在和有氧存在的纯盐酸中的腐蚀倾向

$$\text{Cu} + 2H^+ \longrightarrow Cu^{2+} + H_2\uparrow$$

$\mu_i^{\ominus}/(kJ\cdot mol^{-1})$	0	0	65.52	0

$$(\Delta G^{\ominus})_{T,p} = 65.52 kJ\cdot mol^{-1} > 40 kJ\cdot mol^{-1}$$

$$\text{Cu} + \frac{1}{2}\,O_2 + 2H^+ \longrightarrow Cu^{2+} + H_2O$$

$\mu_i^{\ominus}/(kJ\cdot mol^{-1})$	0	0	0	65.52	-237.19

$$(\Delta G^{\ominus})_{T,p} = -237.19 + 65.52 = -171.67 \ kJ\cdot mol^{-1} < 0$$

由此得出结论铜在此介质中会发生腐蚀。可见,同一金属在不同条件下,其稳定性会发生较大变化。铜在无氧的纯盐酸中不发生腐蚀,而在有氧溶解的盐酸里就会被腐蚀。

但在热力学上不稳定的金属中,也有许多金属在适当的条件下能发生钝化而变为耐蚀。在附表12中发现铝、镁、铬在大气中的腐蚀倾向比铁大,但实际上铁的腐蚀速度却比这些金属的腐蚀速度要快得多。这是由于腐蚀开始时,铝、镁、铬的表面形成了一层保护膜,致使反应几乎停止,而铁的腐蚀产物疏松,所以铁的腐蚀速度较高。

2.2 电 动 序

金属腐蚀现象大部分是由于电化学的原因引起的,这已被大量的实验事实所证实。电化学腐蚀遍及金属在海水、大气、土壤以及化工介质中的各种破坏过程,它与金属在干燥气

体或非电解质溶液中的化学腐蚀现象有着本质上的区别。电化学腐蚀倾向的大小,除了用上节所述的自由能判据外,还可用电极电势或标准电极电势来判断。

恒温恒压下,可逆过程所做的最大非膨胀功等于反应自由能的减少,即

$$W' = -(\Delta G)_{T,P} \qquad (2.12)$$

式中 W'——非膨胀功

如果非膨胀功只有电功一种,且将反应设计在可逆电池中进行,则此最大非膨胀功为可逆电池做的电功

$$W' = nF\varepsilon \qquad (2.13)$$

式中 n、F、ε——电极反应式中电子数、法拉第常数、电池电动势。

将式(2.13)代入式(2.12),则

$$(\Delta G)_{T,P} = -nF\varepsilon \qquad (2.14)$$

即可逆电池所做的最大功 $nF\varepsilon$ 等于体系自由能的减少。在忽略液界电势和金属接触电势的情况下,电池的电动势等于正极的电极电势减去负极的电极电势,亦即等于阴极(发生还原反应)的电极电势 φ_C 与阳极(发生氧化反应)电极电势 φ_A 之差

$$\varphi = \varphi_C - \varphi_A \qquad (2.15)$$

腐蚀电池中,金属阳极发生溶解(腐蚀),其电势为 φ_A;而腐蚀剂在阴极发生还原反应,其电势为 φ_C。根据腐蚀倾向的热力学判据式(2.1),如将式(2.14)和(2.15)代入,可得出金属腐蚀倾向的电化学判据

$$\varphi_A < \varphi_C \quad 则电势为 \varphi_A 的金属自发进行腐蚀 \qquad (2.16)$$

$$\varphi_A = \varphi_C \quad 平衡状态$$

$$\varphi_A > \varphi_C \quad 则电势为 \varphi_A 的金属不会自发腐蚀$$

式(2.16)说明,只有金属的电极电势比腐蚀剂的还原反应电极电势更低时,腐蚀才能自发进行。如在无氧的还原性酸中,只有金属的电极电势比该溶液中氢电极电势更低时,才会发生析氢腐蚀;在含氧的溶液中,只有金属的电极电势比该溶液中氧电极电势更低时,才能发生吸氧腐蚀。可见,根据测量或计算出的腐蚀体系中金属的电极电势和腐蚀剂的还原反应电势相比较,按判据式(2.16)就可判定金属腐蚀的可能性。

电势的大小可以通过实验测定。可逆电极可用 Nernst 公式计算其电势

$$\varphi = \varphi^{\ominus} + \frac{2.3RT}{nF}\lg\frac{a^0}{a_R} \qquad (2.17)$$

式中 φ——电极电势(ElectrodePotential);

$\varphi^{\ominus}$——标准电极电势(Standard Electrode Potential),即 298.15 K、10^5 Pa 标准状态下,电极反应中各物质的活度为 1 时的平衡电势。

电势的基准是标准氢电极(Standard Hydrogen Electrode,简写为 SHE),该电势是人为规定的,在各温度下皆为零。

通常所说的电极电势是相对于标准氢电极而言的,实际上等于该电极(负极半电池)与

标准氢电极(正极半电池)组成的下列电池的电动势

$$(-)M|M^{n+}(a_{M^{n+}}) \vdots H^+(a_{H^+}=1), H_2(p_{H_2}=1)|Pt(+)$$

（金属电极）　　　　　（标准氢电极）

根据判据式(2.16),可得到金属发生析氢腐蚀倾向的判据

$$\varphi_M < \varphi_H \qquad 金属有析氢腐蚀倾向 \tag{2.18}$$

$$\varphi_M > \varphi_H \qquad 金属不发生析氢腐蚀$$

式中　φ_M——金属的电势(相对于 SHE)。

显然,金属的电势越低,析氢腐蚀的可能性越大。

金属的电势与其本性、溶液成分、温度和压力有关。有些情况下金属电极电势的数值不易测得,这时可利用 25℃下金属的标准电极电势 $\varphi^\ominus$ 来判断金属的腐蚀倾向。实际上,$\varphi^\ominus$ 为下列电池的电动势

$$(-)M|M^{n+}(a_{M^{n+}}) \vdots H^+(a_{H^+}=1), H_2(p_{H_2}=1)|Pt(+)$$

（标准金属电极）　　　　　（标准氢电极）

因标准氢电极的电势为零,故由判据式(2.16)可得出发生析氢腐蚀的近似判据

$$\varphi_M^\ominus < 0 \qquad 金属有析氢腐蚀倾向 \tag{2.19}$$

$$\varphi_M^\ominus > 0 \qquad 金属不发生析氢腐蚀$$

金属的标准电极电势 $\varphi^\ominus$ 通常可从相关资料中查到,也可通过电极反应的热力学数据计算出来。由式(2.14)可知,对于上述标准电极组成的电池,可得

$$(\Delta G)_{T,p} = -nF\varepsilon^0 = nF\varphi^\ominus$$

$$\varphi^\ominus = \frac{1}{nF}(\Delta G)_{T,p} \tag{2.20}$$

因　　　　　　$$(\Delta G)_{T,p} = \sum_i v_i \mu_i^\ominus = \sum_i v_i (\Delta G_{m,f}^\ominus)i$$

所以　　　　　　$$\varphi^\ominus = \frac{1}{nF} \sum v_i \mu_i^\ominus \tag{2.21}$$

$$\varphi^\ominus = \frac{1}{nF} \sum v_i (\Delta G_{m,f}^\ominus)_i \tag{2.22}$$

因此,根据电极反应式中各物质的化学计量系数 v_i 和第 i 种物质的 $\mu_i^\ominus$ 或 $\Delta G_{m,f}^\ominus$,可计算出该电极的标准电极电势 $\varphi^\ominus$。

根据 pH = 7(中性溶液)和 pH = 0(即 $\alpha_{H^+}=1$ 的酸性溶液)中氢电极和氧电极的平衡电势:$\varphi_H^\ominus = -0.414$ V 和 0 V;$\varphi_O^\ominus = +0.815$ V 和 + 1.229 V,可按腐蚀热力学稳定性的不同将金属划分为五组,如表 2.1。从表中可看出,在自然条件下,只有第 4 和第 5 组极少数贵金属,可认为在热力学上是稳定的。在中性水溶液中,即使没有氧存在,绝大多数金属(第 1 组和第 2 组贱金属)在热力学上也是不稳定的。应注意到,材料在热力学上的稳定性,不仅取决于材料本身,也取决于腐蚀介质。如,热力学上很稳定的金属(第 4 组)在含有氧和氧化剂的酸性介质中也有被腐蚀的可能。即使热力学上完全稳定的金属 Au,当其在含有络合剂的氧化性溶液中时,由于它的电极电势变负,因此 Au 也就变成了热力学上不稳定的金属。而在不含潮气和氧的液态饱和烃中,即使最活泼的金属也会成为完全稳定的。

表 2.1　金属在 25℃的标准电极电势 $\varphi^{\ominus}$ 及其热力学稳定性的一般特性

热力学稳定性的一般特性	金　属　电　极　反　应	$\varphi^{\ominus}/V$
①热力学上很不稳定的金属(贱金属)，甚至能在不含氧和氧化剂的中性介质中腐蚀	$Li = Li^+ + e$	− 3.405
	$Rb = Rb^+ + e$	− 2.925
	$K = K^+ + e$	− 2.924
	$Cs = Cs^+ + e$	− 2.923
	$Ra = Ra^{2+} + 2e$	− 2.916
	$Ba = Ba^{2+} + 2e$	− 2.906
	$Sr = Sr^{2+} + 2e$	− 2.890
	$Ca = Ca^{2+} + 2e$	− 2.866
	$Na = Na^+ + e$	− 2.714
	$La = La^{3+} + 3e$	− 2.522
	$Ce = Ce^{3+} + 3e$	− 2.480
	$Y = Y^{3+} + 3e$	− 2.372
	$Mg = Mg^{3+} + 2e$	− 2.363
	$Am = Am^{3+} + 3e$	− 2.320
	$Sc = Sc^{3+} + 3e$	− 2.080
	$Pu = Pu^{3+} + 3e$	− 2.070
	$Th = Th^{4+} + 4e$	− 1.900
	$Np = Np^{3+} + 3e$	− 1.860
	$Be = Be^{2+} + 2e$	− 1.847
	$U = U^{3+} + 3e$	− 1.800
	$Hf = Hf^{4+} + 4e$	− 1.700
	$Al = Al^{3+} + 3e$	− 1.662
	$Ti = Ti^{2+} + 2e$	− 1.628
	$Zr = Zr^{4+} + 4e$	− 1.529
	$U = U^{4+} + 4e$	− 1.500
	$Ti = Ti^{3+} + 3e$	− 1.210
	$V = V^{2+} + 2e$	− 1.186
	$Mn = Mn^{2+} + 2e$	− 1.180
	$Nb = Nb^{3+} + 3e$	− 1.100
	$Cr = Cr^{2+} + 2e$	− 0.913
	$V = V^{3+} + 3e$	− 0.876
	$Ta = Ta^{5+} + 5e$	− 0.810
	$Zn = Zn^{2+} + 2e$	− 0.763
	$Cr = Cr^{3+} + 3e$	− 0.744
	$Ga = Ga^{3+} + 3e$	− 0.529
	$Te = Te^{2+} + 2e$	− 0.510
	$Fe = Fe^{2+} + 2e$	− 0.440
②热力学上不稳定的金属(半贱金属)，没有氧时,在中性介质中是稳定的,但在酸性介质中能被腐蚀	$Cd = Cd^{2+} + 2e$	− 0.402
	$In = In^{3+} + 3e$	− 0.342
	$Tl = Tl^+ + e$	− 0.336
	$Mn = Mn^{3+} + 3e$	− 0.283
	$Co = Co^{2+} + 2e$	− 0.277
	$Ni = Ni^{2+} + 2e$	− 0.250
	$Mo = Mo^{3+} + 3e$	− 0.200
	$Gc = Gc^{4+} + 4e$	− 0.150
	$Sn = Sn^{2+} + 2e$	− 0.136
	$Pb = Pb^{2+} + 2e$	− 0.126
	$W = W^{3+} + 3e$	− 0.110
	$Fe = Fe^{3+} + 3e$	− 0.037

热力学稳定性的一般特性	金 属 电 极 反 应	$\varphi^{\ominus}/V$
③热力学上中等稳定的金属(半贵金属),当没有氧时在酸性介质和中性介质中是稳定的	$Sn = Sn^{4+} + 4e$	+ 0.007
	$Ge = Ge^{2+} + 2e$	+ 0.010
	$Bi = Bi^{3+} + 3e$	+ 0.216
	$Sb = Sb^{3+} + 3e$	+ 0.240
	$Re = Re^{3+} + 3e$	+ 0.300
	$As = As^{3+} + 3e$	+ 0.300
	$Cu = Cu^{2+} + 2e$	+ 0.337
	$Tc = Tc^{2+} + 2e$	+ 0.400
	$Co = Co^{3+} + 3e$	+ 0.418
	$Cu = Cu^{+} + e$	+ 0.521
	$Rh = Rh^{2+} + 2e$	+ 0.600
	$Tl = Tl^{3+} + 3e$	+ 0.723
	$Pb = Pb^{4+} + 4e$	+ 0.784
	$Hg = Hg^{+} + e$	+ 0.789
	$Ag = Ag^{+} + e$	+ 0.799
	$Rh = Rh^{3+} + 3e$	+ 0.800
④高稳定性的金属(贵金属),在有氧的中性介质中不腐蚀,在有氧或氧化剂的酸性介质中可能腐蚀	$Hg = Hg^{2+} + 2e$	+ 0.854
	$Pd = Pd^{2+} + 2e$	+ 0.987
	$Ir = Ir^{3+} + 3e$	+ 1.000
	$Pt = Pt^{2+} + 2e$	+ 1.190
⑤完全稳定的金属。在有氧的酸性介质中是稳定的。有氧化剂时能溶解在络合剂中	$Au = Au^{3+} + 3e$	+ 1.498
	$Au = Au^{+} + e$	+ 1.691

用标准电极电势。可以方便地判断金属的腐蚀倾向。例如,铁在酸中的腐蚀反应,实际上可分为铁的氧化和氢离子的还原两个电化学反应

$$Fe = Fe^{2+} + 2e \qquad \varphi_{Fe}^{\ominus} = -0.440 \ V$$

$$2H^{+} + 2e = H_2 \qquad \varphi_{H_2}^{\ominus} = 0.000 \ V$$

$$(\Delta G^{\ominus})_{T,P} = nF(\varphi_H^{\ominus} - \varphi_{Fe}^{\ominus}) = -2 \times 96\ 500 \times 0.44 =$$
$$-84\ 920 \ J \cdot mol^{-1}$$

即 $\qquad (\Delta G^{\ominus})_{T,P} = -84\ 902 \ J \cdot mol^{-1}$

可见,由 $\varphi_{Fe}^{\ominus} < \varphi_H^{\ominus}$,$(\Delta G^{\ominus})_{T,P} < 0$,两个判据均说明 Fe 在酸中的腐蚀是可能发生的。

根据下列反应的电势判断,铜在含氧与不含氧的酸($pH = 0$)中的腐蚀倾向

$$Cu = Cu^{2+} + 2e \qquad \varphi_{Cu}^{\ominus} = +0.337 \ V$$

$$2H^{+} + 2e = H_2 \qquad \varphi_H^{\ominus} = 0.000 \ V$$

$$\frac{1}{2}O_2 + 2H^{+} + 2e = H_2O \qquad \varphi_O^{\ominus} = 1.229 \ V$$

因 $\varphi_{Cu}^{\ominus} > \varphi_H^{\ominus}$,故铜在不含氧的酸中不发生腐蚀,但 $\varphi_{Cu}^{\ominus} < \varphi_O^{\ominus}$,故铜在含氧酸中可能发生腐蚀。

用标准电势 $\varphi^{\ominus}$ 作为金属腐蚀倾向的判据,虽简单方便,但很粗略,有局限性。主要原因有两个:一是腐蚀介质中金属离子的浓度不是 1($mol \cdot L^{-1}$),与标准电势的条件不同;二是

大多数金属表面上有一层氧化膜,并不是裸露的纯金属。

实际金属在腐蚀介质中的电势序并不一定与标准电势序相同。金属或合金在某一特定介质中(如质量分数为 3% 的 NaCl 溶液中)的腐蚀电势次序(表 2.2)称为电偶序(Gal Vanic Series)。在不同的介质中金属的电势序是不同的。需要指出的是:无论是电势序还是电偶序判据都没考虑腐蚀产物的物理和化学特征,即没有涉及腐蚀产物是否具有阻止金属进一步腐蚀的作用。例如,Al 的标准电势(-1.66 V)比 Zn(-0.763 V)低,Al 的腐蚀倾向比 Zn 大,但在质量分数为 3% 的 NaCl 中,Al 的电极电势(-0.53 V)比 Zn(-0.83 V)高,Al 比 Zn 还耐蚀。若将 Al 和 Zn 在此溶液中连在一起,则 Zn 遭到腐蚀。这说明用标准电势判断腐蚀倾向具有局限性。用相同环境下的腐蚀电势 φ_{corr} 来判断腐蚀倾向则要可靠得多。

表 2.2　某些金属在质量分数为 3% 的 NaCl 中的电偶序与其标准电势序的比较

质量分数为3%的NaCl中的电偶序		标　准　电　势　序			
金属	电势/V(SHE)	电极	电势/V(SHE)	电极,pH=7	电势/V(SHE)
Mg	-1.45	Mg/Mg^{2+}	-2.363	$Mg/Mg(OH)_2,OH^-$	-2.27
Zn	-0.80	Al/Al^{3+}	-1.662	$Al/Al_2O_3,OH^-$	-1.89
Al	-0.53	Ti/Ti^{2+}	-1.628	$Ti/TiO_2,OH^-$	-0.54
Cd	-0.52	Cr/Cr^{2+}	-0.913	$Cr/Cr(OH)_3,OH^-$	-0.89
Fe	-0.50	Zn/Zn^{2+}	-0.763	$Zn/ZnO,OH^-$	-0.83
Pb	-0.30	Fe/Fe^{2+}	-0.440	$Fe/FeO,OH^-$	-0.46
Sn	-0.25	Cd/Cd^{2+}	-0.402	$Cd/Cd(OH)_2,OH^-$	-0.40
Ni	-0.30	Ni/Ni^{2+}	-0.250	$Ni/NiO,OH^-$	-0.30
Cu	$+0.05$	Sn/Sn^{2+}	-0.136	$H_2/H_2O,OH^-$	-0.414
Cr	$+0.23$	Pb/Pb^{2+}	-0.126	$Pb/PbCl_2,Cl^-$	-0.27
Ag	$+0.30$	Cu/Cu^{2+}	$+0.337$	$Cu/Cu_2O,OH^-$	$+0.05$
Ti	$+0.37$	Ag/Ag^+	$+0.799$	$Ag/AgCl,Cl^-$	$+0.22$
Pt	$+0.47$	Pt/Pt^{2+}	$+1.190$	$Pt/PtO,OH^-$	$+0.57$

2.3　电势 – pH 图

一、电势 – pH 图原理

金属的电化学腐蚀绝大多数是金属同水溶液相接触时发生的腐蚀过程。水溶液中除了其他离子外,H⁺ 和 OH⁻ 离子始终存在,而金属在水溶液中的稳定性不但与它的电极电势有关,还与水溶液的 pH 值有关。平衡电势的数值反映了物质的氧化还原能力,可以用来判断电化学反应进行的可能性。若将金属腐蚀体系的电极电势与溶液 pH 值的关系绘成图,就能直接从图上判断在给定条件下发生腐蚀反应的可能性。这种图称为电势 – pH 图,是由比利时学者布拜(M. Pourbaix)在 1938 年首先提出,又称为布拜图。它是建立在化学热力学原理基础上的一种电化学平衡图,该图涉及到温度、压力、成分、控制电极反应的电势以及影响溶液中的溶解、解离反应的 pH 值。

电势 – pH 图是以纵坐标表示电极反应的平衡电极电势(相对于 SCE),横坐标表示溶液 pH 值的热力学平衡图。布拜和他的同事已作出 90 种元素与水构成的电位 – pH 图,称之为电化学平衡图谱,也称为理论电势 – pH 图(参见图 2.1)。如通过热力学数据平衡常数、标准化学位和溶度积的计算,可以作出 $Fe – H_2O$ 腐蚀体系在 $25℃$ 时的电势 – pH 关系图。根据参与电极反应的物质不同,电势 – pH 图上的曲线可分为三类:

① 只与电极电势有关,与溶液的 pH 值无关的一类反应

$$x R \Longrightarrow y O + n e \qquad (2.23)$$

式中　R、O——物质的还原态和氧化态;

x 和 y——还原态和氧化态的化学计量系数。

n——参与反应的电子数。

此反应的平衡电势表达式为

$$\varphi = \varphi^{\ominus} + \frac{RT}{nF} \ln \frac{\alpha_O^{\gamma}}{\alpha_R^{x}} \qquad (2.24)$$

式中　α——活度;

$\varphi^{\ominus}$——标准电极电势,可从标准电位序表中查到,也可根据式(2.21)或式(2.22)计算。

可见,这类反应的电极电势与 pH 值无关,在电势 – pH 图上这类反应是平行于横轴的水平线。

② 与 pH 值有关,与电极电势无关的一类反应,例如沉淀反应

$$Fe^{2+} + 2H_2O = Fe(OH)_2 \downarrow + 2H^+$$

水解反应

$$2Fe^{3+} + 3H_2O = Fe_2O_3 + 6H^+$$

这些反应中有 H^+ 或 OH^-,但无电子参加反应,因此是化学反应,而不是电极反应,反应通式可写为

$$y A + z H_2O \Longrightarrow q B + m H^+ \qquad (2.25)$$

其平衡常数 K 为

$$K = \frac{\alpha_B^{q} \cdot \alpha_{H^+}^{m}}{\alpha_A^{\gamma}} \qquad (2.26)$$

由于 $pH = -\lg \alpha_{H^+}$,则

$$pH = -\frac{1}{m} \lg K - \frac{1}{m} \lg \frac{\alpha_A^{\gamma}}{\alpha_B^{q}} \qquad (2.27)$$

可见,pH 与电势无关,在一定温度下,K 一定,若给定 $\alpha_A^{\gamma}/\alpha_B^{q}$,则 pH 也将固定。因此,这类反应在电势 – pH 图上是平行于纵轴的垂直线。

③ 既与电极电势有关,又与溶液的 pH 值有关的反应如

$$3Fe + 4H_2O = Fe_3O_4 + 8H^+ + 8e$$
$$2Fe^{2+} + 3H_2O = Fe_2O_3 + 6H^+ + 2e$$

这类反应的特点是氢离子(或氢氧根离子)和电子都参加反应。反应通式及电势表达式可分别写成

$$x R + z H_2O \Longrightarrow y O + m H^+ + n e \qquad (2.28)$$

$$\varphi_{R/O} = \varphi_{R/O}^{\ominus} + \frac{RT}{nF} \ln \frac{\alpha_O^{\gamma} \alpha_{H^+}^{m}}{\alpha_R^{x}} \qquad (2.29)$$

$$\varphi_{R/O} = \varphi_{R/O}^{\ominus} - \frac{2.3mRT}{nF} \cdot pH + \frac{2.3RT}{nF} \ln \frac{\alpha_O^{\gamma}}{\alpha_R^{\gamma}} \qquad (2.30)$$

可见,在一定温度下,反应的平衡条件既与电势有关,又与溶液的 pH 值有关。它们在电势 – pH 图上的平衡线是与离子浓度有关的一组斜线。平衡电势随 pH 升高而降低,其斜率为 $-2.3mRT/nF$。

二、电势 – pH 图的绘制

一般可按下列步骤绘制给定体系的电势 – pH 图:

① 列出体系中各物质的组成、状态及其标准化学势 $\mu^{\ominus}$ 或标准生成自由能 $\Delta G_{m,f}^{\ominus}$。

② 列出各有关物质间可能发生的化学反应平衡方程式,并计算相应的电势 – pH 表达式。本书中把电极反应写成氧化形式。这与相对电极电位的规定一致。

③ 在电势 – pH 坐标图上画出各反应对应的平衡线,形成如图 2.1 完整的电势 – pH 图。

以 Fe – H_2O 体系为例,说明电势 – pH 图的绘制。图 2.1 为 Fe – H_2O 体系的电势 – pH 图,平衡稳定固相为 Fe、Fe_3O_4 和 Fe_2O_3,直线上圆圈中的号码代表下列反应及平衡关系。(按 25℃计算)

图 2.1 Fe-H_2O 体系电势 – pH 图

① 线反应

$$Fe = Fe^{2+} + 2e$$

$$\varphi = \varphi_{Fe/Fe^{2+}} + \frac{2.3RT}{2F} \lg \alpha_{Fe^{2+}}$$

$$\varphi = -0.44 + 0.029\,5\, \lg \alpha_{Fe^{2+}}$$

即 φ 与 pH 无关,当给定 Fe^{2+} 的活度时,则得到一水平直线。不同浓度的 Fe^{2+} 在图中用一

20

组与 pH 轴平行的直线表示。标"0"的线表示 $\alpha_{Fe^{2+}} = 10^0 (mol \cdot L^{-1})$；标"2"的线表示 $\alpha_{Fe^{2+}} = 10^2 (mol \cdot L^{-1})$，依次类推。

② 线反应

$$2Fe^{2+} + 3H_2O = Fe_2O_3 + 6H^+ + 2e$$

$$\varphi = \varphi^{\ominus} + \frac{2.3RT}{2F} \lg \frac{\alpha_{H^+}^6}{\alpha_{Fe^{2+}}^2}$$

$\varphi^{\ominus}$ 可由式(2.21)及附表 5 的数据求出

$$\varphi^{\ominus} = \frac{1}{2F} \sum v_i (\Delta G_{m,f}^{\ominus})_i =$$

$$\frac{1}{2 \times 96.5} (-742.2 + 84.94 \times 2 + 237.19 \times 3) = 0.72V$$

$$\varphi = 0.72 - \frac{2.3RT}{2F} \times 6pH - \frac{2.3RT}{F} \lg \alpha_{Fe^{2+}}$$

$$\varphi = 0.72 - 0.177pH - 0.059\ 1\ \lg \alpha_{Fe^{2+}}$$

当 $\alpha_{Fe^{2+}}$ 为 10^0、10^{-2}、10^{-4} 和 10^{-6} 时，可得 0、-2、-4、-6 的一组斜线。

③ 线反应

$$Fe^{2+} = Fe^{3+} + e$$

$$\varphi = 0.771 + \frac{RT}{F} \ln \frac{\alpha_{Fe^{3+}}}{\alpha_{Fe^{2+}}}$$

$\alpha_{Fe^{2+}} = \alpha_{Fe^{3+}}$ 时，$E = 0.771$ V，为一水平直线。

④ 线反应

$$2Fe^{3+} + 3H_2O = Fe_2O_3 + 6H^+$$

平衡时，$(\Delta G)_{T,p} = 0$

$$(\Delta G)_{T,p} = \mu_{Fe_2O_3}^{\ominus} + 6(\mu_{H^+}^{\ominus} + 2.3RT \lg \alpha_{H^+}) - 2(\mu_{Fe^{3+}}^{\ominus} + 2.3RT \lg \alpha_{Fe^{3+}}) - 3\mu_{H_2O}^{\ominus} =$$

$$\mu_{Fe_2O_3}^{\ominus} - 6 \times 2.3RT \cdot pH - 2\mu_{Fe^{3+}}^{\ominus} - 2 \times 2.3RT \lg \alpha_{Fe^{3+}} - 3\mu_{H_2O}^{\ominus}$$

由式(2.8)及附表 5 可得

$$(\Delta G)_{T,p} = -742\ 200 - 6 \times 2.3RT \cdot pH + 10\ 540 \times 2 - 2 \times 2.3RT \lg \alpha_{Fe^{3+}} + 3 \times 237\ 190 =$$

$$-9\ 550 - 6 \times 2.3RT \cdot pH - 2 \times 2.3RT \lg \alpha_{Fe^{3+}} = 0$$

可得

$$pH = -0.28 - \frac{1}{3} \lg \alpha_{Fe^{3+}}$$

若 $\alpha_{Fe^{3+}}$ 为 10^0、10^{-2}、10^{-4}、10^{-6} mol·L^{-1} 时，可得一组垂直线。

⑤ 线反应

$$2Fe_3O_4 + H_2O = 3Fe_2O_3 + 2H^+ + 2e$$

$$\varphi = \varphi^{\ominus} + \frac{2.3RT}{2F} \lg \alpha^{2+} H = \varphi^{\ominus} - \frac{2.3RT}{F} pH$$

$$\varphi^{\ominus} = \frac{1}{2F} (3\mu_{Fe_2O_3}^{\ominus} + 2\mu_{H^+}^{\ominus} - 2\mu_{Fe_3O_4}^{\ominus} - \mu_{H_2O}^{\ominus}) =$$

$$\frac{1}{2 \times 96\ 500} [3 \times (-742\ 200) + 2 \times 1\ 015\ 500 + 237\ 190] =$$

$$0.215\ V$$

$E = 0.215 - 0.059\ 1\ \mathrm{pH}$，为一条斜线。

⑥ 线反应

$$3Fe + 4H_2O = Fe_3O_4 + 8H^+ + 8e$$

$$\varphi = \varphi^{\ominus} + \frac{2.3RT}{F}\lg\alpha_{H^+}$$

$$\varphi^{\ominus} = \frac{1}{8F}(\mu^{\ominus}_{Fe_3O_4} + 8\mu^{\ominus}_{H^+} - 3\mu^{\ominus}_{Fe} - 4\mu^{\ominus}_{H_2O})$$

$$= \frac{1}{8 \times 96\ 500}(-1\ 015\ 500 + 4 \times 237\ 190) = -0.086\ V$$

$E = -0.086 - 0.059\ 1\ \mathrm{pH}$，为一条斜线。

⑦ 线反应

$$3Fe + 4H_2O = Fe_3O_4 + 8H^+ + 2e$$

$$\varphi = \varphi^{\ominus} + \frac{2.3RT}{2F}\lg\frac{\alpha^8_{H^+}}{\alpha^3_{Fe^{2+}}}$$

$$= \varphi^{\ominus} + \frac{4 \times 2.3RT}{F}\lg\alpha_{H^+} - \frac{3 \times 2.3RT}{2F}\lg\alpha_{Fe^{2+}}$$

$$\varphi = 0.975 - 0.236\mathrm{pH} - 0.088\ 6\lg\alpha_{Fe^{2+}}$$

当 $\alpha_{Fe^{2+}}$ 分别为 10^0、10^{-2}、10^{-4}、$10^{-6}\ \mathrm{mol \cdot L^{-1}}$时，为一组标有 0、$-2$、$-4$ 和 -6 的斜线。
当 $\alpha_{Fe^{2+}} = 10^{-6}(\mathrm{mol \cdot L^{-1}})$时，此线与①线的交点为 $E = -0.617\ V$，$\mathrm{pH} = 9$。

⑧线反应

$$Fe + 2H_2O = HFeO_2^- + 3H^+ + 2e$$

$$\varphi = \varphi^{\ominus} + \frac{2.3RT}{2F}\lg\alpha^3_{H^+} + \frac{2.3RT}{2F}\lg\alpha_{HFeO_2^-}$$

$$\varphi^{\ominus} = \frac{1}{2F}(\mu^{\ominus}_{HFeO_2^-} + 3\mu^{\ominus}_{H^+} - \mu^{\ominus}_{Fe} - 2\mu^{\ominus}_{H_2O}) =$$

$$\frac{1}{2 \times 96\ 500}(-397\ 180 + 2 \times 237\ 190) = 0.400\ V$$

$\alpha_{Fe^{2+}} = 10^{-6}(\mathrm{mol \cdot L^{-1}})$时，$E = 0.223 - 0.088\ 6\ \mathrm{pH}$，为标有 -6 的一条斜线。

⑨线反应

$$3HFeO_2^- + H^+ = Fe_3O_4 + 2H_2O + 2e$$

$$\varphi = \varphi^{\ominus} + \frac{2.3RT}{2F}\lg\frac{1}{\alpha_{H^+} \cdot \alpha^3_{HFeO_2^-}} =$$

$$\varphi^{\ominus} - \frac{3 \times 2.3RT}{2F}\lg\alpha_{HFeO_2^-} - \frac{2.3RT}{2F}\lg\alpha_{H^+}$$

$$\varphi^{\ominus} = \frac{1}{2F}(\mu^{\ominus}_{Fe_3O_4} + 2\mu^{\ominus}_{H_2O} - 3\mu^{\ominus}_{HFeO_2^-} - \mu^{\ominus}_{H^+}) =$$

$$\frac{1}{2 \times 96\ 500}(-1\ 015\ 500 - 2 \times 237\ 190 + 3 \times 397\ 180) = -1.546\ V$$

$\alpha_{HFeO_2^{2-}} = 10^{-6}(\mathrm{mol \cdot L^{-1}})$时，解析式 $E = -1.014 + 0.029\ 5\ \mathrm{pH}$ 为标有 -6、斜率为 $+0.029\ 5$ 的斜线，此线与⑧线的交点为 $E = -0.705\ V$，$\mathrm{pH} = 10.48$。

ⓐ线为析氢电极反应

$$H_2(g) = 2H^+ + 2e$$

$$\varphi = \varphi^{\ominus} + \frac{2.3RT}{2F}\lg\frac{\alpha_{H^+}^3}{p_{H_2}}$$

因 $\varphi^{\ominus} = 0$，$p_{H_2} = 10^5$ Pa 时，$\varphi = -0.059\ 1$ pH，为一条斜线（虚线）。在ⓐ线以下将发生 H_2 析出反应。

ⓑ线为 O_2 与 H_2O 间的电化学反应

$$2H_2O = O_2(g) + 4H^+ + 4e$$

$$\varphi = \varphi^{\ominus} + \frac{2.3RT}{4F}\lg\ \alpha_{H^+}^4 + p_{O_2}$$

$$\varphi^{\ominus} = \frac{1}{4F}(\mu_{O_2}^{\ominus} + 4\mu_{H^+}^{\ominus} - 2\mu_{H_2O}^{\ominus}) =$$

$$\frac{1}{4 \times 96\ 500} \times 2 \times 237\ 190 = 1.229\ \text{V}$$

$p_{O_2} = 10^5$ Pa 时，$\varphi = 1.229 - 0.059\ 1$ pH，ⓐ线的下方为 H_2 的稳定区；ⓑ线的上方为 O_2 的稳定区；而ⓐ和ⓑ线之间为 H_2O 的稳定区。以上计算和图 2.1 是基于 Fe、Fe_3O_4 和 Fe_2O_3 为固相的平衡反应得到的。若以 Fe、$Fe(OH)_2$ 和 $Fe(OH)_3$ 为固相，用类似的方法计算可得到相应的电势 – pH 图。

三、电势 – pH 图的应用

若以平衡金属离子浓度为 10^{-6} mol·L^{-1} 作为金属是否腐蚀的界限，即溶液中金属离子的浓度小于此值时就认为不发生腐蚀，则可将 Fe – H_2O 体系图 2.2 所示的电势 – pH 图分为三个区域。

1.腐蚀区

处于稳定状态的是可溶性的 Fe^{2+}、Fe^{3+}、FeO_4^{2-} 和 $HFeO_2^-$ 等离子，金属处于不稳定状态，因此金属可能发生腐蚀。

2.免蚀区

在此区域内金属处于热力学稳定状态，金属不发生腐蚀。

图 2.2　Fe – H_2O 体系简化的电势 – pH 图

3.钝化区

腐蚀产物为固态氧化物、氢氧化物或盐膜。但是否具有真正意义上的"钝化"作用，则取决于所生成的固态膜的保护性。

电势 – pH 图的主要用途是：

① 预测反应的自发进行方向。

② 估计腐蚀产物的成分。

③ 预测减缓或防止腐蚀的控制因素。

例如，从图 2.2 中 A、B、C、D 各点对应的电势和 pH 条件，可判断铁的腐蚀情况：

点 A 处于免蚀区，不会发生腐蚀。

点 B 处于腐蚀区，且在氢线以下，即处于 Fe^{2+} 离子和 H_2 的稳定区。在该条件下，铁将

发生析氢腐蚀。其化学反应为

阳极反应　　$Fe \longrightarrow Fe^{2+} + 2e$

阴极反应　　$2H^+ + 2e \longrightarrow H_2 \uparrow$

电池反应　　$Fe + 2H^+ \longrightarrow Fe^{2+} + H_2 \uparrow$

若铁处于点 C 条件下,既在腐蚀区,又在氢线以上,对于 Fe^{2+} 和 H_2O 是稳定的。因此铁仍会遭受腐蚀,发生的是吸氧腐蚀

阳极反应　　$Fe \longrightarrow Fe^{2+} + 2e$

阴极反应　　$2H^+ + \dfrac{1}{2}O_2 + 2e \longrightarrow H_2O$

点 D 对应的是 Fe 被腐蚀,生成 $HFeO_2^-$ 的区域。

为了使铁免于腐蚀,可设法使其移出腐蚀区。点 B 移出腐蚀区的三种可能的途径为:

① 把铁的电极电势降低至免蚀区,即对铁施行阴极保护。采用牺牲阳极法,即将铁与电极电位较低的锌或铝合金相连,构成腐蚀电偶;或将外加直流电源的负端与铁相连而正端与辅助阳极相连,构成回路,两种方法都可保护铁免遭腐蚀。

② 把铁的电势升高,使之进入钝化区。这可通过阳极保护法或在溶液中添加阳极型缓蚀剂或钝化剂来实现。

③ 将溶液的 pH 值调整至 9 ~ 13 之间,也可使铁进入钝化区。途径(2)、(3)的钝化效果还与金属性质、环境的离子种类有关,有关内容将在第 5 章详细讨论。

附录 1 ~ 13 列出了 A1、Mg、Ti、Fe、Ni、Cr、Zn、Cd、Sn、Pb、Cu、Ag 等常用金属的电势 – pH 图。

四、理论电势 – pH 图的局限性

上面介绍的电势 – pH 图都是根据热力学数据绘制的,因此也称为理论电势 – pH 图。如上所述,借助这种电势 – pH 图可以预测金属在给定条件下的腐蚀倾向,为解释各种腐蚀现象和作用机理提供热力学依据,也可提供防止腐蚀的可能的途径。电势 – pH 图已成为研究金属在水溶液介质中腐蚀行为的重要工具。然而电势 – pH 的应用存在着局限性:

① 由于金属的理论电势 – pH 图是一种以热力学为基础的电化学平衡图,它表征的都是平衡状态下的情况,而实际腐蚀体系往往是偏离平衡状态的,因此只能用它预示金属腐蚀倾向的大小,而不能预测腐蚀速度的大小。

② 图中的各条平衡线,是以金属与其离子之间或溶液中的离子与含有该离子的腐蚀产物之间的平衡为条件建立起来的,但在实际腐蚀情况下,可能偏离这个平衡条件。

③ 电势 – pH 图只考虑了 OH^- 这种阴离子对平衡的影响。但在实际腐蚀环境中,往往存在 Cl^-、SO_4^{2-}、PO_4^{3-} 等阴离子,由此产生一些附加反应可能使问题复杂化。

④ 理论电势 – pH 图中的钝化区并不能反映出各种金属氧化物、氢氧化物的钝化效果。

⑤ 绘制理论电势 – pH 图时,常常把金属表面附近液层的成分和 pH 大小等同于整体的数值。实际腐蚀体系中,金属表面附近和局部区域内的 pH 值与整体溶液的 pH 值可能存在很大差别。

电势 – pH 图的局限性也反映了电化学热力学理论的局限性。为此,我们不仅要深入研究电化学热力学,还需要深入研究电极过程动力学理论。真正使理论能指导实践,解决实际的电化学问题。

2.4 腐蚀电池

金属在电解质溶液中的腐蚀现象是一个电化学腐蚀过程。

三类自然环境下的腐蚀——大气、土壤、海水的电化学腐蚀过程都离不开金属/电解质界面上金属的阳极溶解,同时伴随着溶液中某些物质在金属表面上的还原。因此,金属发生电化学腐蚀的原因是一种自发的、短路的腐蚀原电池作用的结果。

一、腐蚀电池的构成

将锌片和铜片浸入稀硫酸溶液中后,再用导线把它们连接起来(图 2.6),由于锌的电势较低,铜的电势较高,它们各自在电极/溶液界面上建立的电极平衡过程遭到破坏,并在两个电极上分别进行以下的电极反应

锌电极上,金属失去电子被氧化

$$Zn \rightleftharpoons Zn^{2+} + 2e$$

铜电极上,稀硫酸溶液中的氢离子得到电子被还原

$$2H^+ + 2e \rightleftharpoons 2H_2$$

整个电极反应为

$$Zn + 2H^+ \rightleftharpoons Zn^{2+} + H_2$$

图 2.6　铜锌电池

可见,铜锌电池接通后,由于锌片溶解,电子沿导线流向铜片,即电流由铜片流向锌片。

腐蚀电池和一般的丹尼尔电池的区别在于,它不是一种可逆电池,也不能将化学能转变为电能,氧化还原反应所释放出来的化学能全部以热能方式散发,而不能转化为电功。

将铜和锌两块金属直接接触在一起并浸入稀硫酸中,也将发生与上述原电池同样的变化,如图

图 2.7　锌 – 铜接触在硫酸中溶解示意图

2.7 所示。锌与铜仍可看做电池的阴、阳两极。锌溶解所提供的剩余电子流过与它直接接触的铜,并在铜表面上被溶液中的氢离子所接受,氢气便在铜表面形成并逸出。只要氢离子能够不断被还原,锌就会继续溶解下去。类似这样的电池称为腐蚀原电池或腐蚀电池。可见,腐蚀电池工作的特点是:只能导致金属材料破坏,而不能形成对外做有用功的短路原电池。

若将上述铜锌电池中的 Cu 换成 Sn、Sb 或 Fe 等其他金属,同样能起到促进锌发生腐蚀的作用,如图 2.8 所示。图中用 Cu 片等阴极上释放出的氢气量来间接表示金属 Zn 的腐蚀速度。通常阳极锌与阴极金属的电势差越大,锌的腐蚀速度也就越大。此外,锌的腐蚀速度还与阴极金属上的析氢过电势有关。

即使是一块金属,不与其他金属相接触,在电解质溶液中也会产生与上述铜锌电池相类似的腐蚀电池。这是由于金属表面不同区域(参见图2.9)由于第二相、晶界、位错的存在,甚至晶面指数的不同均可导致各点电极电势产生差异。电极电势略高者作为阴极、电极电势略低者作为阳极,由此构成微观腐蚀电池。下面以 Fe 在稀盐酸中的腐蚀为例进一步加以说明。

将铁片浸入除氧的稀盐酸中,可观察到铁片与盐酸之间发生激烈的化学反应,其反应式为

$$Fe + 2HCl \longrightarrow FeCl_2 + H_2$$

此时,Fe 片不断溶解,同时它表面上有大量氢气泡生成(图2.10)。

按照电化学腐蚀理论,可将上述腐蚀反应分解为两个不同的电极反应

阳极反应　　　$Fe \rightleftharpoons Fe^{2+} + 2e$

阴极反应　　　$2H^+ + 2e \rightleftharpoons H_2$

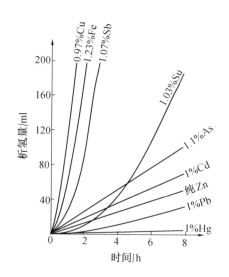

图 2.8　不同阳极对锌在 $0.25\ mol \cdot L^{-1}$ 硫酸中腐蚀速度的影响

图 2.9　含杂质的工业用锌在 H_2SO_4 中溶解示意图

图 2.10　Fe 的电化学腐蚀

由于铁片表面存在电化学不均匀性,其表面布满了无数的微阳极和微阴极,在稀盐酸中就构成大量的微观或亚微观腐蚀电池。尤其是亚微观电池的阴阳极十分微小,在显微镜下也难以区分。单个电池的有效作用区很小,阴阳极之间几乎不存在欧姆压降,整个金属表面可认为是等电势的。这些微阴极与微阳极的位置在腐蚀过程中不断变换,导致金属以某一平均速度发生均匀溶解。因此,发生这种均匀的电化学腐蚀时,整个铁片表面可有条件地看做同时工作着的阳极和阴极。

由此可见,电化学腐蚀过程离不开金属与电解质界面上的电子的迁移。电子由电极电势低的金属(或同一金属上某一部分)迁移到电极电势高的金属(或同一金属上另一部分),再转给电解质溶液中的氧化剂。图2.11是同一金属在电解质溶液中发生电化学腐蚀的示意图,上部是阳极反应,下部是阴极反应。

综上所述,一个腐蚀电池必须包括阳极、阴极、电解质溶液和电路四个部分,由此构成腐蚀电池工作的三个环节。

(1)阳极过程

金属溶解后,以金属离子或水化离子形式转入溶液,同时将等量电子留在基体上。

(2)阴极过程

从阳极迁移来的电子被电解质溶液中能够接受电子的物质(氧化性物质)所吸收。金属腐蚀中溶液中的电子受体亦称为去极化剂。

(3)电子的流动

电流的流动在金属中是依靠电子从阳极流向阴极,在溶液中则依靠离子的迁移,即阳离子从阳极区向阴极区移动,阴离子从阴极区向阳极区迁移,使电极系统中的电流构成通路。

图 2.11　电化学腐蚀过程的示意图

腐蚀电池的三个环节既相互独立又彼此紧密联系和相互依存。其中一个环节受到阻碍停止工作,则整个腐蚀过程也就停止。应该指出,腐蚀体系的电化学不均匀性所造成的阴阳极反应的空间分隔并不是发生电化学腐蚀的惟一原因。实际上,在许多腐蚀情况下,阴阳极过程也可以在同一金属表面随着时间变化相互交替地进行。使金属发生电化学腐蚀的惟一原因是溶液中存在着能够接受金属表面过剩电子的氧化剂(即去极化剂),如果没有这些物质,即使金属表面上有不同的阴阳极区,也不会发生电化学腐蚀。

二、腐蚀电池的类型

根据腐蚀电池的电极尺寸大小与阳极区和阴极区分布随时间的稳定性,以及促使形成腐蚀电池的影响因素和腐蚀破坏的特征,将腐蚀电池分为三类:宏观腐蚀电池、微观腐蚀电池和亚微观腐蚀电池。

1.宏观腐蚀电池

宏观腐蚀电池的阴、阳极可由肉眼分辨出来,而且阴极区和阳极区能够长时间保持稳定,由此而产生明显的局部腐蚀。

(1)异金属电池

这是两种或两种以上金属相接触,在电解质溶液中构成的腐蚀电池,亦称腐蚀电偶。在实际金属结构中常常有不同金属相接触,可观察到电极电势较低的金属(阳极)腐蚀加快,而电极电势较高的金属(阴极)腐蚀减慢,甚至得到保护。构成异金属电池的两种金属电极电势相差愈大,局部腐蚀愈严重。这种腐蚀破坏称为电偶腐蚀。

图 2.12 所示为铁的铆钉在一个铜器件上的情况。当它暴露在潮湿空气中时,水分凝结在表面,形成一层极薄的水膜,如图 2.12 虚线以下部分。由于水膜中溶解了空气中的 CO_2、O_2 等,成为导电的电解质溶液。此时,铜和铁构成一个腐蚀电池,可表示为

图 2.12　铁、铜接触腐蚀

$$Fe \mid H_2O(CO_2) \mid Cu$$

Fe 的电极电势比 Cu 的电极电势低,在这个腐蚀电池中 Fe 是阳极,Cu 是阴极,电子从铁铆钉转移到铜板上。两个电极上分别发生以下反应

27

阳极(铁铆钉)	$2Fe \longrightarrow 2Fe^{2+} + 4e$
阴极(铜版)	$O_2 + 2H_2O + 4e \longrightarrow 4OH^-$
电极反应	$2Fe + O_2 + 2H_2O \longrightarrow 2Fe^{2+} + 4OH^-$

pH 值 > 5.5 时,Fe^{2+} 与 OH^- 生成 $Fe(OH)_2$ 沉淀,随后又被空气中的氧进一步氧化至氢氧化铁(钢铁在大气腐蚀中的红棕色铁锈就是氢氧化铁)。

$$4Fe(OH)_2 + 2H_2O \longrightarrow 4Fe(OH)_3$$

可见,在铜与铁构成的异金属电池作用下,铁铆钉逐渐被铜溶解,而铜板则不发生任何变化。

(2)浓差电池

这是同一金属与不同成分的电解质溶液相接触构成的腐蚀电池,还可进一步分为差异充气电池(氧浓差电池)和盐浓差电池。

差异充气电池是一种普遍存在、危害性很大的引起腐蚀的破坏因素。一般情况下,这种电池是由于金属与含氧量不同的介质接触后形成的,也称为氧浓差电池。例如两块铁片浸在同一浓度的稀盐水中,其中一块铁片与通入的空气接触,另一块铁片与通入的氮气接触(图 2.13)。在这两块铁片上负电荷密度本来应该是相同的,但由于溶液中含氧量不同,在发生下列反应时所进行的程度也不同。

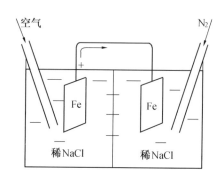

图 2.13 氧浓差电池

在通入空气的铁电极上,氧的还原反应速度较快,因而表面电子被中和,负电荷密度降低较多。在通入氮气而使氧气较少的铁电极上,氧还原反应难于进行,因此负电荷密度没有什么变化。这样,由于溶液中氧浓度的不同造成了电势差,产生了腐蚀电流。在上述电池中与氮气接触的铁片发生溶解,与空气接触的铁片没有腐蚀。

有关氧浓差电池的实质将在后面腐蚀过程动力学一章中进行详细的讨论。

常见的氧浓差腐蚀电池是由于金属各部分与不同含氧量的溶液相接触而引起的。例如,盛水的铁桶最易腐蚀的部位是水线下面的区域,在水线上面金属铁直接与空气接触,其表面水膜中的含氧量较高。水线下面氧在溶液中的溶解度有限,且氧在水溶液中的扩散能力有限,铁表面的氧含量比水线上的氧含量要低得多,这样就产生了氧浓差电池,水线下的金属铁成了阳极而遭到腐蚀。由于溶液电阻的影响,水线附近的腐蚀较为严重,故称水线腐蚀。埋在不同密度或深度的土壤中的金属管道或设备,也会因土壤中氧的充气不均匀而造成氧浓差电池的腐蚀。

在工程部件中常用铆、焊、螺钉等方法连接,在其连接处形成的缝隙深处因供氧困难导致严重的局部破坏。所以,缝隙腐蚀也是氧浓差电池造成的。

盐浓差电池是浓差电池的另外一种形式。如一长铜棒两端分别接触稀的硫酸铜溶液和浓的硫酸铜溶液。根据能斯特公式可知,与稀硫酸铜相接触的部位其电极电势较低,为阳极,浓硫酸铜溶液中的另一端电极电势较高,为阴极,构成了铜盐浓差电池。H^+ 离子在铜棒阴极一端析出,铜棒另一端将发生溶解。铜棒两端所处溶液中的硫酸铜浓度相等时两个铜电极上的电极电势相等,电池电动势等于零,不再有腐蚀电流流过。

(3)温差电池

浸入电解质溶液中的金属各部分由于温度不同可能形成温差电池。例如,在检查碳钢制成的换热器时,发现其高温端腐蚀比低温端严重,这是因为高温部位碳钢的电极电势比低温部位的低而成为腐蚀电池的阳极。可是,铜、铝等在有关溶液中不同温度下的电极行为与碳钢却相反。如在硫酸铜溶液中,铜电极低温端是阳极,高温端是阴极。

2.微观腐蚀电池

这类电池中电极的尺寸可与晶粒尺度相近(从 1mm 到 0.1μm),电极的极性在腐蚀过程中能够在一段时间内不变。这当然可引起微观范围内的局部腐蚀(例如点蚀、晶间腐蚀),但宏观上可认为腐蚀破坏是均匀的。

引起金属表面电化学不均匀性的原因很多,归纳起来可以有以下几种情况:

(1)金属化学成分的不均匀性

一般工业纯金属常常含有各种杂质,当它们与电解质溶液接触时,金属中的杂质将以微电极的形式与基体金属构成许多短路微电池。若杂质具有阴极性质时,将加速基体金属的腐蚀。如工业纯锌中的 Fe – Zn 化合物、碳钢中的 Fe_3C、铸铁中的石墨、工业纯铝中的 A1 – Fe 和 A1 – Fe – Si 等都是微电池的阴极,它们在电解质溶液中将加快基体金属的溶解。偏析也会引起电化学不均匀,如 α – 黄铜结晶时产生偏析,先结晶的部分含铜较多,电极电势较高成为阴极,而后结晶的部分,含锌较多,电极电势较低成为阳极。

(2)金属组织的不均匀性

目前所使用的金属材料大多数是多晶组织,因此材料表面存在大量的晶界。金属晶界是原子排列较为疏松而紊乱的区域,容易富集杂质原子和产生晶界沉淀,而且此处晶体缺陷密度大,如位错、空穴和畸变。因而,晶界的电极电势通常比晶粒内部的电极电势低,在腐蚀介质中成为优先溶解的阳极区。例如,工业纯铝的晶粒与晶界电极电势相差约 0.091V,晶粒是微电池的阴极,晶界是阳极。又如,在奥氏体不锈钢回火过程中,由于富铬相 $Cr_{23}C_6$ 沿晶界析出,使晶界附近贫铬而成为微电池的阳极,并引起不锈钢晶间腐蚀。

(3)金属物理状态的不均匀性

金属机械加工或装配过程中常常会造成金属各部分变形不均匀及内应力的不均匀。一般情况下变形较大的部分称为阳极。例如,铁板弯曲处及铆钉头部易发生腐蚀就是这个原因。金属材料在使用过程中,会承受各种各样的负荷,经验证明,拉应力部分通常为阳极,优先破坏。如锅炉腐蚀、海船和桥梁应力集中处的腐蚀,都是由于应力不均匀性所产生的。

(4)金属表面膜(或表面涂层)的不完整性

金属表面膜和表面涂层如果存在孔隙或破损,则在表面膜(或表面涂层)与孔隙、破损下的金属基体之间产生电势差,构成微观腐蚀电池。多数情况下,孔隙或破损处的金属相的电势比表面膜低一些,成为微电池的阳极。不锈钢在含有 Cl⁻离子的介质中,由于 Cl⁻离子对钝化膜的强烈破坏作用,在膜的薄弱处加速膜的破坏而造成点蚀。

3.亚微观腐蚀电池

亚微观腐蚀电池通常是指用肉眼和普通显微镜都难以分辨出阴、阳极的腐蚀电池。每个电极表面积十分微小(100 ~ 1000 nm),遍及整个金属表面。阳极区和阴极区随时间在不断地变化。亚微观电池的破坏结果是一种均匀腐蚀。因此可以把这种正在进行着腐蚀的金属整个表面看做同时进行着阳极反应和阴极反应的一个电极,即整个表面既是阳极,又是阴极。可从表面晶体结构的各类差异作出解释。

当然应力分布也是形成亚微观电池的一个重要原因。在实际金属腐蚀中宏观腐蚀电池和微观腐蚀常常同时存在。Zn 片单独浸入稀硫酸中的腐蚀是微观腐蚀电池造成的,但当 Zn 片与 Cu 片连结在一起后再浸入稀硫酸中的腐蚀,除了原有 Zn 片本身的许多微电池作用外,宏观电池将加速 Zn 片的腐蚀。因此,牺牲阳极的电流效率不可能达到 100%。

第3章 电化学腐蚀动力学

由于热力学研究方法中没有考虑时间因素及反应过程的细节,因此腐蚀倾向并不能作为评定腐蚀速度的尺度,腐蚀倾向大并不表示腐蚀速度高。例如,铝的标准电极电势相当低,意味着在热力学上它的腐蚀倾向大,但它在大气中却很耐腐蚀。对于金属构件,人们总是千方百计地降低腐蚀反应速度,以延长其使用寿命。为此,必须了解腐蚀机理及影响腐蚀速度的各种因素,掌握腐蚀动力学规律,并通过实验研究了解降低腐蚀速度的方法。

3.1 腐蚀电池的电极过程

一、阳极过程

腐蚀电池中电极电势较低的金属为阳极,发生氧化反应。因此,阳极过程就是阳极金属发生电化学溶解或阳极钝化的过程。金属钝化将在下一章讨论。这里只讨论阳极溶解过程。

水溶液中阳极溶解反应的通式为

$$M^{n+} \cdot ne + mH_2O \longrightarrow M^{n+} \cdot mH_2O + ne$$

即金属表面晶格中的金属阳离子,在极性水分子作用下进入溶液,变成水化阳离子;而电子在阴、阳极间电势差的作用下通过金属移向阴极,进一步促进上述阳极反应的进行。

若溶液中存在配合剂,可与金属离子形成配合离子,通常可加速阳极溶解,反应式为

$$M^{n+} \cdot ne + xA^- + yH_2O \longrightarrow (M'A_x)^{n-x} \cdot yH_2O + ne$$

实际上,金属阳极溶解过程至少由以下几个连续步骤组成。

① 金属原子离开晶格转变为表面吸附原子

$$M_{晶格} \longrightarrow M_{吸附}$$

② 表面吸附原子越过双电层进行放电转变为水化阳离子

$$M_{吸附} + mH_2O \longrightarrow M^{n+} \cdot mH_2O + ne$$

③ 水化金属阳离子 $M^{n+} \cdot mH_2O$ 从双电层溶液侧向溶液深处迁移。

金属的溶解与极性水分子的水化作用是分不开的。图3.1为晶格中的原子转入溶液的示意图。金属原子位于晶格点阵上,只能在结点附近振动,金属原子要离开金属表面,必须使垂直于表面方向的振动能足够大,以便克服静电引力。据计算,金属原子进入真空的能量约需 $6\,000\ \text{kJ} \cdot \text{mol}^{-1}$。因此,即使在高温下,大多数金属在真空中也并不蒸发。

但是,当金属浸入水溶液中,由于水分子为强的极性分子,且处于不停的热运动中,使处于表面边角处的金属原子首先受到水分子的吸引,并由晶格迁移到表面,变成吸附原子;在双电层电场的作用下,变成水化阳离子,金属阳离子在晶格中的位能较高,而它们在溶液中

的水化离子位能较低。因此,金属离子的水化过程伴随着能量降低,是一个自发过程。

图 3.1 晶格原子转入溶液过程示意图

对于完整晶体而言,阳极溶解总是开始于晶格的顶端或边缘,而工业金属常存在异相析出或非金属夹杂,它们会引起晶格畸变、能量增高,并使该处的金属原子优先离开晶体溶解到溶液中去。同样,晶格缺陷,如位错的露头点、滑移台阶处,也容易溶解。溶液中的某些组分也容易被吸附到这些晶体的缺陷处,起到加速或抑制阳极溶解的作用。当吸附的溶液组分能与金属离子生成吸附配合物时,可降低阳极溶解活化能,从而促进阳极过程。相反,若溶液组分在金属表面上形成吸附阻挡层时,将妨碍金属离子进入溶液,从而抑制阳极过程。

由于腐蚀电池中阳极区的自由电子移向电极电势较高的阴极区,使阳极区电子缺乏,而阳极反应产生的电子又来不及补充,因而阳极发生极化。即由于电流的通过,使阳极电势偏离其平衡电势,而向正方向移动,称为阳极极化(Anodic Polarization)。

二、阴极过程

腐蚀电池的阴极过程,指电解质溶液中的氧化剂与金属阳极溶解后释放出来,并与转移到阴极区的电子相结合的反应过程。溶液中能在阴极区吸收电子而发生还原反应的氧化性物质,在腐蚀学上称为阴极去极化,常简称为去极化剂(Depolarizer)。第 2 章已指出过,如果溶液中没有这些去极化剂存在,即使金属表面上存在着大量的微电池,也不可能发生电化学腐蚀。因此,发生电化学腐蚀的基本条件是腐蚀电池和去极化剂同时存在,即阴极过程和阳极过程必须同时进行。

电化学腐蚀的阴极去极化剂和阴极还原反应可能有下列几种,其中最重要的是 H^+ 和溶液中氧的还原反应。

1. 氢离子还原反应或析氢反应

$$2H^+ + 2e \longrightarrow H_2 \uparrow$$

此反应是电极电势较低的金属在酸性介质中腐蚀时常见的阴极去极化反应。Zn、Al、Fe 等金属的电极电势低于氢的电极电势,因此这些金属在酸性介质中的腐蚀将伴随着氢气的析出,称析氢腐蚀。腐蚀速度受阴极极化过程控制,且与析氢过电势的大小有关。

2. 溶液中溶解氧的还原反应

在中性或碱性溶液中,发生氧的还原反应,生成 OH^- 离子

$$O_2 + 2H_2O + 4e \longrightarrow 4OH^-$$

在酸性溶液中发生氧的还原反应,生成水

$$O_2 + 4H^+ + 4e \longrightarrow 2H_2O$$

阴极过程为氧还原反应的腐蚀,称氧还原腐蚀,或吸氧腐蚀。大多数金属在大气、土壤、海水和中性盐溶液中的腐蚀主要靠氧的阴极还原反应,其腐蚀速度通常受氧扩散控制。在含氧的酸性介质中腐蚀时有可能同时发生上述 H^+ 离子和 O_2 的两种还原反应。

3.溶液中高价离子的还原

例如,先形成的铁锈中的三价铁离子还原

$$Fe^{3+} + e \longrightarrow Fe^{2+}$$

$$Fe_3O_4 + H_2O + 2e \longrightarrow 3FeO + 2OH^-$$

$$Fe(OH)_3 + e \longrightarrow Fe(OH)_2 + OH^-$$

4.溶液中贵金属离子的还原

例如,二价铜离子还原为金属铜

$$Cu^{2+} + 2e \longrightarrow Cu$$

此反应在黄铜选择性腐蚀时可能发生。溶解的 Cu^{2+} 离子将在黄铜表面重新沉积,形成一层疏松的红色海绵铜。这层海绵铜作为电池的附加阴极,进一步加速了合金中锌的溶解。同样,如果水系统中有黄铜、铜、钢、铝等金属时,溶解的 Cu^{2+} 也可在钢和铝上析出,形成附加的阴极,加速钢和铝的腐蚀。

5.氧化性酸(为 HNO_3)或某些阴离子的还原

$$NO_3^- + 2H^+ + 2e \longrightarrow NO_2^- + H_2O$$

$$Cr_2O_7^{2-} + 14H^+ + 6e \longrightarrow 2Cr^{3+} + 7H_2O$$

6.溶液中某些有机化合物的还原

$$RO + 4H^+ + 4e \longrightarrow RH_2 + H_2O$$

$$R + 2H^+ + 2e \longrightarrow RH_2$$

式中 R 表示有机化合物基团或分子。

由于腐蚀过程中阳极区释放出的电子进入邻近的阴极区,如果阴极还原反应不能及时吸收这些电子,则电子将在阴极积累,使阴极区的电势偏离平衡电势而向负方向变化,这称为阴极极化(Cathodic Polarization)。

3.2 腐蚀速度与极化作用

在使用金属的过程中,人们不仅关心它是否会发生腐蚀(热力学可能性),更关心其腐蚀速度的大小(动力学问题)。腐蚀速度表示单位时间内金属腐蚀的程度。正如 1.5 节所讨论的那样,腐蚀速度可用失重法、深度法等表示。对于电化学腐蚀来说,还常用电流密度来表示其腐蚀速度。因为在稳态下通过腐蚀电池的电流与金属阳极溶解速度的大小有着严格的当量关系(Faraday 定律)。那么影响电化学腐蚀速度的主要因素有哪些呢? 它们又是怎样影响腐蚀速度?

一、腐蚀电池的极化现象

将同样面积的 Zn 和 Cu 浸在 $w(NaCl) = 3\%$ 溶液中构成腐蚀电池,Zn 为阳极,Cu 为阴极,如图 3.2 所示。测得电极的开路电势为 $\varphi_{0,Zn} = -0.80$ V, $\varphi_{0,Cu} = 0.05$ V,总电阻 $R = 230$ Ω。开路时,由于电阻 $R_0 \rightarrow \infty$,故 $I_0 \approx 0$。开始短路的瞬间,电极表面还来不及变化,根据欧姆定律,电池通过的电流应为

$$I_{始}/A = \frac{\varphi_{0,Cu} - \varphi_{0,Zn}}{R} = \frac{0.05 - (-0.80)}{230} = 3.7 \times 10^{-3}$$

即
$$I_{始} = 3.7 \times 10^{-3} A$$

但短路后几秒到几分钟内,电流逐渐减小,最后达到一稳定值 0.2 mA,此值还不到起始电流的 6%。这是什么原因呢? 根据欧姆定律,影响电池电流大小的因素有两个:一是回路的电阻;二是两电极间的电势差。在上述情况下,电池的电阻没发生多大变化,因此电流的减小必然是由于电池电势差变小的缘故,即两电极的电势发生了变化。实际测量结果也证明了这一点。如图 3.3 所示,电池接通后,阴极电势向负方向变化,阳极电势向正方向变化。两种变化的结果均使腐蚀电池的电势差变小,导致腐蚀电流急剧降低。这种现象称为电池的极化作用。其实质是电池的两个电极分别发生极化的结果。

当电极上有净电流通过时,电极电势显著偏离了未通电时的开路电势(平衡电势或非平衡的稳态电势),这种现象叫做电极的极化。

图 3.2　Cu – Zn 腐蚀电池

图 3.3　腐蚀电池接通前后阴、阳
极电势变化示意图

二、阳极极化(Anodic Polarization)

阳极上有电流通过时,其电势向正方向移动,即为阳极极化。产生阳极极化的原因是:

1.活化极化(Activation Polarization)

若金属离子进入溶液的反应速度小于电子由阳极通过导线流向阴极的速度,则阳极就会有过多的正电荷积累,从而改变双电层电荷分布及双电层间的电势差,使阳极电势向正向移动。这种由于阳极过程进行得缓慢而引起的极化,称为活化极化。

2.浓差极化(Concentration Polarization)

阳极溶解产生的金属离子,首先进入阳极表面附近的液层中,使之与溶液深处产生浓差。由于阳极表面金属离子扩散速度制约,阳极附近金属离子浓度逐渐升高,相当于电极插入高浓度金属离子的溶液中,导致电势变正,产生阳极极化。

3.电阻极化(Resistance Polarization)

当金属表面有氧化膜,或在腐蚀过程中形成膜时,膜的电阻率远高于基体金属,则阳极电流通过此膜时,将产生压降,使电势显著变正,由此引起的极化,称电阻极化。可见,阳极极化越强烈,说明阳极过程的反应受阻滞越严重,这对防止金属腐蚀是有利的;相反,去除阳极极化,会加速腐蚀过程的进行。这种消除或减弱阳极极化的过程,称阳极去极化(Anodic Depolarization)。例如,搅拌溶液,加速金属离子的扩散;使阳极产物形成沉淀或配离子;加入活化离子(如 Cl^-),消除阳极钝化等,都可促进阳极去极化,从而加速腐蚀。

通常由极化曲线来判断极化程度的大小。极化曲线是表示电极电势与通过的电流密度之间的关系曲线。图 3.4 为 1008 钢在 $0.5\ mol \cdot L^{-1}\ Na_2SO_4$ 溶液中的极化曲线。曲线的倾斜程度表示极化程度,叫做极化度。很显然曲线越陡,极化度就越大,表示电极极化过程受阻滞程度越大,腐蚀进行越困难。一般金属在活化状态下,阳极极化程度不大,这时阳极极化曲线较平坦。如果金属发生钝化,则阳极极化曲线很陡,极化度很大。

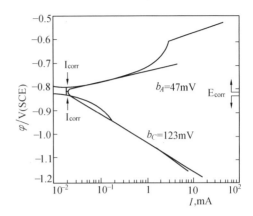

图 3.4　1008 钢在 $0.5\ mol \cdot L^{-1}\ Na_2SO_4$ 溶液中的极化曲线,pH $= 6.3$,30℃,扫描速度 20 mV·min^{-1},电极面积 4.79 cm^2

三、阴极极化(Cathodic Polarization)

阴极上有电流通过时,其电势向负方向移动,即为阴极极化。阴极极化的原因是:

1.活化极化(或电化学极化)

由于阴极还原反应需达到一定的活化能才能进行,当阴极还原反应速度小于电子进入阴极的速度,就会使电子在阴极堆积,电子密度增高,结果使阴极电势向负方向移动,产生了阴极极化。

2.浓差极化

阴极附近反应物或反应产物扩散速度缓慢可引起阴极浓差极化,使电极电势变负。

阴极极化表示极化受到阻滞,阻碍金属腐蚀的进行。消除阴极极化的过程叫做阴极去极化(Cathodic Depolarization),可使阳极极化过程顺利进行,维持或加速腐蚀过程。绝大多数电化学离子的阴极去极化剂为溶液中的氢离子和氧分子。

3.3　腐蚀极化图及混合电势理论

一、腐蚀极化图

图 3.5 为一腐蚀电池。开路时测得阴、阳极的电势分别为 $E_{0,c}$ 和 $E_{0,A}$。接入电阻 R 并使电阻 R 值由大变小,电流则由小逐渐变大,相应地测出各电流强度下的电极电势,绘出阴、阳极电势与电流强度的关系图,图 3.6 就是腐蚀极化图。

由图可见,电流随电阻 R 减小而增加,同时电流的增加引起电极极化:使阳极电势升高,阴极电势下降,两极电势差变小。当包括电池内、外电阻在内的总电阻趋近于零时,电流达到最大值 I_{max},此时阴、阳极极化曲线相交于点 S,两极电势相等,即 $\Delta E = IR = 0$。但实际上根本得不到交点 S,因为总电阻不可能等于零,即使两电极短路,外电阻等于零,仍有电池内阻存在。因此,电流只能达到接近于 I_{max} 的 I_0。

图 3.5 腐蚀电池极化行为
测量装置示意图

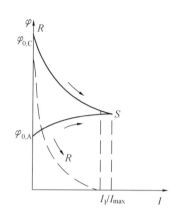

图 3.6 腐蚀电池的阴、阳极电
势随电流强度的变化

腐蚀极化图是一种电势－电流图，它是把表征腐蚀电池特征的阴、阳极极化曲线画在同一张图上构成的。若将两个极化曲线简化成直线，可得到如图 3.7 所示的简化的腐蚀极化图，此极化图是英国腐蚀科学家 U. R. Evans 及其学生们于 1929 年首先提出和应用的，故称 Evans 图。图中阴、阳极的起始电势为阴极反应和阳极反应的平衡电势，分别以 $E_{0,C}$ 和 $E_{0,A}$ 表示。简化的极化曲线可交于一点 S。交点对应的电势，称混合电势（Mixed Potential）。由于此阴、阳极反应构成了腐蚀过程，所以混合电势就是自腐蚀电势（Free Corrosion Potential），简称为腐蚀电势（Corrosion Potential），用 E_{corr} 表示。腐蚀电势是一种不可逆的非平衡电势，可通过实验测得。图中与腐蚀电势相对应的电流，

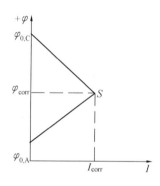

图 3.7 简化的腐蚀极化图

称为腐蚀电流，金属腐蚀电池中阴极和阳极面积是不相等的，但稳态下流过的电流强度是相等的，因此用 $\varphi - I$ 极化图较方便，对于均匀腐蚀和局部腐蚀都适用。在均匀腐蚀条件下，整个金属表面同时起阴极和阳极的作用，可以采用电势－电流密度极化图。当阴、阳极反应均由电化学极化控制时，则用半对数坐标 $\varphi - \lg i$ 极化图更为确切。因为在电化学极化控制下，电流密度的对数与电位的变化呈直线关系。

二、混合电势理论（Mixed Potential Theory）

混合电势理论包含两项基本假说：

① 任何电化学反应都能分成两个或两个以上的氧化分反应和还原分反应。

② 电化学反应过程中不可能有净电荷积累。即当一块绝缘的金属试样腐蚀时，氧化反应的总速度 $\sum \vec{I}$ 等于还原反应的总速度 $\sum \overleftarrow{I}$：

$$\sum \vec{I} = \sum \overleftarrow{I}$$

混合电势理论扩充和部分取代了经典微电池腐蚀理论。它不但适用于局部腐蚀电池，也适用于亚微观尺寸的均匀腐蚀。这一理论与下两节讨论的动力学方程式一起，构成了现

代电化学腐蚀动力学理论基础。

根据混合电势理论,腐蚀电势是腐蚀体系的混合电势,它是由同时发生的两个电极极化过程,即金属的氧化和腐蚀剂的还原过程共同决定的。因此,根据腐蚀极化图很容易确定腐蚀电势,并解释各种因素对腐蚀电势的影响。而根据腐蚀电势的变化却不能准确判断腐蚀速度的大小或变化,必须测定相应的极化曲线,根据腐蚀极化图或动力学方程式才能确定腐蚀速度,研究腐蚀动力学过程和机理。

三、腐蚀极化图的应用

腐蚀极化图是研究电化学腐蚀的重要工具,用途很广。例如,利用极化图可以确定腐蚀的主要控制因素、解释腐蚀现象、分析腐蚀过程的性质和影响因素、判断添加剂的作用机理,以及用图解法计算多电极体系的腐蚀速度等。可以说,极化图是腐蚀科学最重要的理论工具之一。

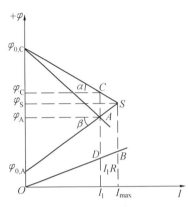

图 3.8　腐蚀极化图

1.极化图用于分析腐蚀速度的影响因素

如前所述,当腐蚀电池通过电流时,两电极发生极化。如果电流增加时,电极电势的移动不大,则表明电极过程受到的阻碍较小,即电极的极化率较小,或者说极化性能较差。电极的极化率由极化曲线的斜率决定。如图3.8,阴极极化率 P_C 定义为

$$P_C = \frac{\varphi_C - \varphi_{0,C}}{I_1} = \frac{\Delta E_C}{I_1} = \tan \alpha \tag{3.2}$$

阳极极化率 P_A 定义为

$$P_A = \frac{\varphi_A - A_{0,A}}{I_1} = \frac{\Delta E_A}{I_1} = \tan \beta \tag{3.3}$$

式中　φ_C 和 φ_A——电流 I_1 时的阴、阳极极化电势;

$\Delta\varphi_C$ 和 $\Delta\varphi_A$——电流 I_1 时的阴、阳极极化值;

α 和 β——阴、阳极极化曲线与水平线的倾角。

由于腐蚀体系有欧姆电阻 R,因而要考虑欧姆电势降 IR 对腐蚀电流的影响。图中 OB 表示欧姆电势降随电流的变化。在绘制极化图时,可将欧姆电势降与阴极(或阳极)极化曲线加和起来,如图中的 $\varphi_{0,C}A$ 线,然后与阳极极化曲线 $\varphi_{0,A}S$ 相交于点 A,则点 A 对应的电流 I_1 就是这种情况下的腐蚀电流,因为

$$\varphi_{0,C} - \varphi_{0,A} = \Delta\varphi_C + \Delta\varphi_A + I_1 R = I_1 P_C + I_1 P_A + I_1 R$$

$$I_1 = \frac{\varphi_{0,C} - \varphi_{0,A}}{P_C + P_A + R} \tag{3.4}$$

即

$$I_{corr} = \frac{\varphi_{0,C} - \varphi_{0,A}}{P_C + P_A + R} \tag{3.4a}$$

此式表明,腐蚀电池的初始电势差 $\Delta\varphi_{始} = \varphi_{0,C} - \varphi_{0,A}$ 越小,阴、阳极极化率 P_C 和 P_A 越大,系统的欧姆电阻越大,则腐蚀电流越小,即电化学腐蚀速度越小。对于许多腐蚀体系,阴、阳极间为短路,如果溶液电阻不大,R 可忽略不计,则腐蚀电流主要取决于阴、阳极反应的极化

性能。这时式 3.4(a)可简化为

$$I_{\text{corr}} = I_{\max} = \frac{E_{0,C} - E_{0,A}}{P_C + P_A} \tag{3.5}$$

由于忽略了阴、阳极间的欧姆电势降,腐蚀电流就相当于图 3.8 中阴、阳极极化曲线交点 S 对应的电流,而电势 φ_s 就是腐蚀电势 φ_{corr}。

利用腐蚀极化图很容易分析腐蚀过程的控制因素以及各种因素对腐蚀速度的影响。为简便起见,通常忽略溶液的欧姆电阻,并以直线表示阴、阳极的极化曲线。下面就利用极化图分析各种因素对腐蚀的影响。

(1)腐蚀速度与初始电势差的关系

初始电势差 $\varphi_{0,C} - \varphi_{0,A}$ 是腐蚀的驱动力。在其他条件相同的情况下,初始电势差越大,腐蚀电流越大,见式 3.5。如图 3.9 中曲线 $\varphi_{0,\text{Fe}}S_1$ 表示铁在硫酸中腐蚀的阳极极化曲线,$\varphi_{0,H}S_1$ 为析氢反应的阴极极化曲线,腐蚀速度为 I_1。若用 HNO_3 代替 H_2SO_4,则 HNO_3 还原的阴极极化曲线为 $\varphi_{0,\text{HNO}_3}S_2$,平衡电势 φ_{0,HNO_3} 比 $\varphi_{0,H}$ 高得多,即使阴极极化率近似,也会使腐蚀电流大大增加,即 $I_2 \gg I_1$。然而,若 Fe 在 HNO_3 中发生钝化,其阳极极化曲线变为 $\varphi'_{0,\text{Fe}}S_3$,比 $\varphi_{0,\text{Fe}}S_2$ 正得多,则腐蚀速度将大大降低,即 $I_3 \ll I_2$。

参见图 3.10,由于不同金属的平衡电势不同,它们的阳极极化较小,当阴极反应及其极化曲线 $K_{0,O_2}S$ 相同时,金属的平衡电势越低,其腐蚀电流越大,即 $I_5 > I_4 > I_3 > I_2 > I_1$。

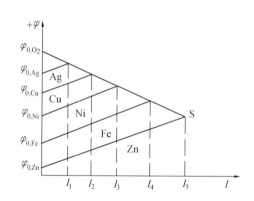

图 3.9　氧化性酸对铁的腐蚀　　　图 3.10　金属平衡电位对腐蚀电流的影响

(2)极化性能对腐蚀速度的影响

由式(3.4)知,若腐蚀电池的欧姆电阻很小,则极化性能对腐蚀电流有很大的影响。在其他条件相同的情况下,极化率越小,其腐蚀电流越大。图 3.11 表示不同的钢在非氧化性酸中的腐蚀极化图,图中 $\varphi_{0,H}S_1$ 和 $\varphi_{0,\text{Fe}}S_1$ 表示钢中无硫化物,但有大量 Fe_3C 存在时的阴、阳极极化曲线。由于在渗碳体上的析氢过电势比在 Fe 上的低,极化度小,因此点 S_1 比点 S_2 的腐蚀速度大。在无渗碳体时,由于在硫化物夹杂上腐蚀产生的硫化氢,起阳极去极化作用,使阳极极化曲线变得平缓了,从而加速了腐蚀(点 S_4 比点 S_2 的腐蚀速度大)。

极化度的大小,主要取决于活化极化和浓差极化的大小以及阳极是否发生钝化。

(3)溶液中含氧量及配合剂对腐蚀速度的影响

铜不溶于还原性酸,因为铜的平衡电势高于氢的平衡电势,不能形成氢阴极构成腐蚀电池,但铜可溶于含氧酸或氧化性酸中,因为氧的平衡电势比铜高,可构成阴极反应,组成腐蚀电池。如图 3.12,酸中含氧量多,氧去极化容易,腐蚀电流较大(点 S_1),而氧少时,氧去极化困难,腐蚀电流较小(点 S_2)。

图 3.11 钢在非氧化酸中的腐蚀极化图

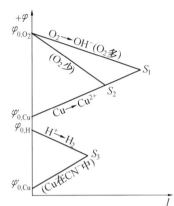

图 3.12 铜在含氧酸和氯化物中的腐蚀极化图

铜在非含氧酸中是耐蚀的,但当溶液中含氰化物时,可与铜离子配合形成配合离子,铜的电势向负方向移动($\varphi'_{0,Cu}$),这样铜就可能溶解在还原酸中,腐蚀电流为 S_3 对应的数值。

(4)其他影响腐蚀速度的因素

阴、阳极面积比和溶液电阻对用深度表征的腐蚀速度也有强烈的影响。具体规律将在第6章和第11章详细讨论。

2.腐蚀速度控制因素

由式(3.4a)可见,腐蚀速度既取决于腐蚀的驱动力 - 腐蚀电池的起始电势差($\varphi_{0,C}$ - $\varphi_{0,A}$),也决定于腐蚀的阻力阴、阳极的极化率 P_C 和 P_A,以及欧姆电阻 R。这三项阻力中任意一项都可能明显地超过另两项,在腐蚀过程中对速度起控制作用,称为控制因素。利用极化图可以非常直观地判断腐蚀的控制因素。如,当 R 很小时,若 $P_C \gg P_A$,I_{corr} 主要取决于 P_C 的大小,称为阴极控制(图 3.13(a));反之,若 $P_A \gg P_C$,则 I_{corr} 主要由阳极极化决定,称为阳极控制(图 3.13(b));如果 P_A 和 P_C 接近,同时决定腐蚀速度的大小,则称为混合控制(图 3.13(c));如果腐蚀系统的欧姆电阻很大,$R \gg (P_A + P_C)$,则腐蚀电流主要由电阻决定,称为欧姆控制(图 3.13(d))。

图 3.13 不同控制因素的腐蚀极化图

利用腐蚀极化图不仅可判断各种控制因素,还可判断各因素对腐蚀控制的程度,各个阻力对过程总阻力之比称为总过程受各阻力控制的程度,常用百分数表示。如铁在 25℃、质量分数为 3% 的 NaCl 水溶液中腐蚀,其欧姆电阻很小,可忽略。测得其腐蚀电势 $\varphi_{corr} = -0.544$ V(SCE)。计算此腐蚀体系中阴、阳极控制程度。

首先计算此腐蚀体系中阳极和阴极反应的平衡电势。在此体系中 Fe 为阳极,存在下列反应

$$Fe = Fe^{2+} + 2e$$

由表 2.1 得到此反应的标准电势 $\varphi^{\ominus} = -0.44$ V。

按 Nernst 公式计算此反应的平衡电势 φ

$$\varphi = \varphi^{\ominus} + \frac{2.3RT}{2F}\lg[Fe^{2+}]$$

质量分数为 3% 的 NaCl 溶液为中性,pH = 7,即溶液中存在 OH^- 离子,且浓度 $[OH^-] = 10^{-7}$ mol·L^{-1}。铁溶解生成的 Fe^{2+} 离子与 OH^- 离子相遇,当它们的浓度积大于 $Fe(OH)_2$ 的溶度积时生成沉淀

$$Fe^{2+} + 2OH^- \Longrightarrow Fe(OH)_2 \downarrow$$

查表可得此反应的溶度积 $K_{sp} = 1.65 \times 10^{-5}$,即

$$K_{sp} = [Fe^{2+}][OH^-]^2 = 1.65 \times 10^{-15}$$

$$[Fe^{2+}] = \frac{K_{sp}}{[OH^-]} = \frac{1.65 \times 10^{-15}}{[10^{-7}]^2} = 0.165 \text{ mol·}L^{-1}$$

25℃ 时 $2.3RT/F = 0.059\ 1$ V,可算出 Fe 的平衡电势 $\varphi_{0,Fe}$ 为

$$\varphi_{0,Fe} = -0.44 + \frac{0.059\ 1}{2}\lg(0.165) = -0.463 \text{ V (SHE)}$$

此腐蚀体系的阴极还原反应为 O_2 的还原

$$O_2 + 2H_2O + 4e = 4OH^-$$

此反应的标准电势为 $\varphi^{\ominus} = 0.401$ V(SHE),因大气中 O_2 的分压 p_{O_2} 为 0.21×10^5 Pa,溶液中 OH^- 离子浓度为 $[OH^-] = 10^{-7}$ mol·L^{-1}。从而可计算出氧还原反应的平衡电势

$$\varphi_{0,O_2} = \varphi^{\ominus} + \frac{2.3RT}{4F}\lg\frac{P_{O_2}}{[OH^-]^4} = 0.401 + \frac{0.0591}{4}\lg\frac{0.21}{10^{-7\times4}} - 0.805 \text{ V (SHE)}$$

测得 Fe 在该体系中的腐蚀电势 $\varphi_{corr} = -0.544$ V(SCE),而饱和甘汞电极(SCE)的电势为 0.244 V(SHE),因此,$\varphi_{corr} = -0.544 + 0.244 = -0.300$ V(SHE)。可算出在腐蚀电势下,阴、阳极过电势为

$$\eta_C = \varphi_{0,O_2} - \varphi_{corr} = 0.805 - (-0.300) = 1.105 \text{ V}$$

$$\eta_A = \varphi_{corr} - \varphi_{0,Fe} = -0.300 - (-0.463) = 0.163 \text{ V}$$

因电阻 R 忽略不计,故可算出阴、阳极控制程度

$$S_C = \frac{\eta_C}{\eta_C + \eta_A} = \frac{1.105}{1.105 + 0.163} = 0.87 = 87\%$$

$$S_C = \frac{\eta_A}{\eta_C + \eta_A} = \frac{1.163}{1.105 + 0.163} = 0.13 = 13\%$$

可见 Fe 在此条件下的腐蚀受阴极控制,控制程度为 87%。

对于阴极控制的腐蚀,任何增大阴极极化率 P_C 的因素都将使腐蚀速度明显减小,而影

响阳极过程的因素则不会对腐蚀速度发生明显变化。因此,在这种情况下可通过改变阴极极化曲线的斜率来控制腐蚀速度。例如,钢、铜等金属在冷却水中的腐蚀,常受氧的阴极还原过程控制。采用除氧的方法,降低溶液中氧的浓度,可提高阴极极化率,达到明显的缓蚀效果。许多金属在酸性介质中的腐蚀,受阴极析氢反应控制,因此可通过提高析氢过电势(如加入缓蚀剂)来降低腐蚀速度。

对于阳极控制的腐蚀,腐蚀速度主要由阳极极化率 P_A 决定。任何增大 P_A 的因素,都可明显地阻滞腐蚀;相反,影响阴极反应的因素对防止腐蚀效果不明显,除非它使腐蚀变成了阴极控制。例如,在溶液中可发生钝化的金属或合金的腐蚀,是典型的阳极控制。在溶液中加入少量能促使钝化的缓蚀剂,可大大降低腐蚀速度;相反,若溶液中加入阳极活化剂(如 Cl^- 离子),可破坏阳极钝化,增大腐蚀速度。

应当指出,虽然极化图对于分析腐蚀过程很有价值,但它是建立在极化曲线基础上的,如果极化曲线不确定,或者说下列参数不确定,则极化图也难以确定和应用。

① 阳、阴极过程的平衡电势 $E_{0,A}$ 和 $E_{0,C}$。

② 不同电流 I 下的极化电势,即阳、阴极极化曲线。

③ 阳、阴极相对面积。

④ 阳、阴极间的电阻。

3.4 活化极化控制下的腐蚀动力学方程式

金属在水溶液中的腐蚀过程是在腐蚀电势下进行的。整个电极发生在电极与溶液的界面上。通常电极过程包括以下三个基本步骤:

① 反应物质由溶液内部向电极表面附近的液层传递,传递的动力是电场引力和反应物质在溶液内部和电极表面上的浓度差。

② 反应物质在电极与溶液界面上进行氧化还原反应,造成电子得失。

③ 反应产物转入稳定状态,或由电极表面附近的液层向溶液内部传递。

在一定的条件下,电极过程总速度是由上述三个步骤中进行得最慢的那个步骤的速度所决定,这个最慢的步骤称为电极极化过程的控制步骤。可以设想,把电极极化过程的三个步骤看成是对电极上净电流流动的三个阻力,是引起电极极化、电流下降的原因。

由于溶液中反应物质或反应产物传递慢所造成的阻力引起的极化,称为浓差极化;由于电极上电化学反应速度慢所造成的阻力引起的极化,称为电化学极化;由于电流通过在电极表面上生成了高电阻的氧化物或其他物质所造成的阻力引起的极化,称为电阻极化。

金属腐蚀速度由电化学极化控制的腐蚀过程,称为活化极化控制的腐蚀过程。例如金属在不含氧及其他去极化剂的非氧化性酸溶液中腐蚀时,如果其表面上没有钝化膜生成,一般就发生活化极化控制的腐蚀过程。此时惟一的去极化剂是溶液中的氢离子,而且氢离子的还原反应和金属的阳极溶解反应都由活化极化控制。

一、单电极反应的电化学极化方程式

设电化学的反应通式为

$$R \rightleftharpoons O + ne \qquad (3.6)$$

分别用"→"和"←"表示氧化反应和还原反应。根据化学动力学公式,正逆反应的速度都与反应活化能有关。将正反应(氧化反应)和逆反应(还原反应)的活化能分别用 $\vec{\omega}$ 和 $\overleftarrow{\omega}$ 表示,则正、逆反应速度 $\vec{v}$ 和 $\overleftarrow{v}$ 分别为

$$\vec{v} = \vec{k} C_R \exp\left(-\frac{\vec{\omega}}{RT}\right) \tag{3.7}$$

$$\overleftarrow{v} = \overleftarrow{k} C_O \exp\left(-\frac{\overleftarrow{\omega}}{RT}\right) \tag{3.8}$$

式中 $\vec{k}$ 和 $\overleftarrow{k}$——正向和反向速度常数;

C_R 和 C_O——还原剂和氧化剂的浓度;

R 为气体常数,T 为绝对温度。

将反应速度改用电流密度表示,则上两式可表述为

$$\vec{i} = nFkC_R \exp\left(-\frac{\vec{\omega}}{RT}\right) \tag{3.9}$$

$$\overleftarrow{i} = nFkC_O \exp\left(-\frac{\overleftarrow{\omega}}{RT}\right) \tag{3.10}$$

式中 $\vec{i}$ 和 $\overleftarrow{i}$——氧化和还原电流密度;

n——反应式中的电子数;

F——法拉第常数。

当电极上没有净电流通过时,电极处于平衡状态,其电极电势为平衡电位 E_0。此平衡电势下,氧化反应的速度和还原反应的速度相等,方向相反。这时的反应电流称为交换电流密度,简称交换电流,以 i^0 表示,则在平衡电势 $\varphi^{\ominus}$ 下

$$i^0 = \vec{i} = \overleftarrow{i} \tag{3.11}$$

$$i^0 = nFkC_R \exp\left(-\frac{\vec{\omega}^0}{RT}\right) = nFkC_O \exp\left(-\frac{\overleftarrow{\omega}^0}{RT}\right) \tag{3.12}$$

式中 $\vec{\omega}^0 = \overleftarrow{\omega}^0$ 分别表示平衡电势下氧化和还原反应的活化能。

电极电势变化会改变反应的活化能。电势向正的方向移动,可使氧化反应的活化能下降,氧化反应速度加快。当电极电势比平衡电势高,$\Delta E > 0$ 时,则电极上金属溶解反应的活化能将减小 $\beta nF\Delta E$。对于还原反应则相反,将使还原反应的活化能增加 $\alpha nF\Delta E$。即

$$\vec{\omega} = \vec{\omega}^0 - \beta nF\Delta\varphi \tag{3.13}$$

$$\overleftarrow{\omega} = \overleftarrow{\omega}^0 + \alpha nF\Delta\varphi \tag{3.14}$$

传递系数 α 和 β 分别表示电势变化对还原反应和氧化反应活化能影响的程度,$\alpha + \beta = 1$。α 和 β 的意义可理解为:电势变化引起的电极能量的变化为 $nF\Delta\varphi$,其中 α 用于改变还原反应的活化能,β 用于改变氧化反应的活化能。α 和 β 可由实验求得,有时粗略地取 $\alpha = \beta = 0.5$。

电势变化对反应活化能的影响,结果将导致氧化和还原反应速度发生变化。而氧化和还原反应电流可表达如下

$$\vec{i} = nFkC_R \exp\left(-\frac{\vec{\omega}^0 - \beta nF\Delta\varphi}{RT}\right) = nFkC_R \exp\left(-\frac{\vec{\omega}^0}{RT}\right) \cdot \exp\left(\frac{\beta nF\Delta\varphi}{RT}\right) = i^0 \exp\left(\frac{\beta nF\Delta\varphi}{RT}\right) \tag{3.15}$$

$$\overleftarrow{i} = nFkC_O \exp\left(-\frac{\overleftarrow{\omega}^0 + \alpha nF\Delta\varphi}{RT}\right) = nFkC_R \exp\left(-\frac{\overleftarrow{\omega}^0}{RT}\right) \cdot \exp\left(-\frac{\alpha nF\Delta\varphi}{RT}\right) = i^0 \exp\left(-\frac{\alpha nF\Delta\varphi}{RT}\right) \tag{3.16}$$

可见,电极上无净电流通过时,$\Delta\varphi = 0$,$\vec{i} = \overleftarrow{i} = i^0$。当电极上有电流通过时,电极将发生极化,必然使正、反方向的反应速度不等,即 $\vec{i} \neq \overleftarrow{i}$。阳极过电势 η_A

$$\eta_A = \Delta\varphi_A = \varphi_A - \varphi_{0,A} \tag{3.17}$$

因 $\Delta\varphi_A$ 为正值,使氧化反应的活化能减小,而使还原反应的活化能增大,故使 $\vec{i} > \overleftarrow{i}$。二者之差就是电极的净电流密度,即阳极极化电流密度 i_A 为

$$i_A = \vec{i} - \overleftarrow{i} = i^0[\exp(\beta nF\eta_A/RT) - \exp(-\alpha nF\eta_A/RT)] \tag{3.18}$$

阴极极化时,ΔE_C 为负值,阴极过电势 η_C(通常取作正值)为

$$\eta_C = -\Delta E_C = E_{0,C} - E_C \tag{3.19}$$

因 ΔE_C 为负值,由式(3.15)和(3.16)可知:$\vec{i} < \overleftarrow{i}$。二者之差即为阴极的电流密度 i_C

$$i_C = \overleftarrow{i} - \vec{i} = i^0[\exp(\alpha nF\eta_C/RT) - \exp(-\beta nF\eta_C/RT)] \tag{3.20}$$

令

$$b_A = \frac{2.3RT}{\beta nF} \tag{3.21}$$

$$b_C = \frac{2.3RT}{\alpha nF} \tag{3.22}$$

式中 b_A 和 b_C——阳极和阴极 Tafel 斜率。

式(3.18)和式(3.20)可改写为

$$i_A = i^0[\exp(2.3\eta_A/b_A) - \exp(-2.3\eta_A/b_C)] \tag{3.23}$$

$$i_C = i^0[\exp(2.3\eta_C/b_C) - \exp(-2.3\eta_C/b_A)] \tag{3.24}$$

式(3.23)和式(3.24)就是单电极反应的电化学极化基本方程式。

当 $\eta > 2.3RT/F$ 时,逆向反应速度可忽略,则式(3.23)和式(3.24)可简化为

$$i_A = i^0\exp(2.3\eta_A/b_A) \tag{3.25}$$

$$i_C = i^0\exp(2.3\eta_C/b_C) \tag{3.26}$$

或者

$$\eta_A = b_A \lg \frac{i_A}{i^0} \tag{3.27}$$

$$\eta_C = b_C \lg \frac{i_C}{i^0} \tag{3.28}$$

令

$$\alpha_A = -b_A \lg i^0 \tag{3.29}$$

$$\alpha_C = -b_C \lg i^0 \tag{3.30}$$

则式(3.27)和(3.28)可写成

$$\eta_A = a_A + b_A \lg i_A \tag{3.31}$$

$$\eta_C = a_C + b_C \lg i_C \tag{3.32}$$

式(3.27)、(3.28)或式(3.29)、(3.30)都是 Tafel 方程式。

二、活化极化控制下的腐蚀速度表达式

参见图 3.15,金属电化学腐蚀时,其表面同时进行两对或两对以上的电化学反应。如锌在无氧的酸中腐蚀时,锌表面有两对反应

$$Zn \underset{\overleftarrow{i_1}}{\overset{\vec{i_1}}{\rightleftharpoons}} Zn^{2+} + 2e \tag{3.33}$$

$$H_2 \underset{\overleftarrow{i_2}}{\overset{\vec{i_2}}{\rightleftharpoons}} 2H^+ + 2e \tag{3.34}$$

对于反应(3.33),在其平衡电势 $\varphi_{0,1}$ 下,氧化与还原反应速度相等,等于其交换电流:$\overrightarrow{i}_1 = \overleftarrow{i}_1 = i_1^0$,金属不腐蚀。如果该金属被氢气饱和且与 H^+ 离子进行可逆交换,即反应(式(3.34)),在平衡电势 $E_{0,2}$ 下,同样存在 $\overrightarrow{i}_2 = \overleftarrow{i}_2 = i_2^0$。实际上,锌在此溶液中,上述两对反应都存在,而且两对反应的电极电势彼此相向移动,最后达到稳态腐蚀电势 E_{corr},在此电势下,锌电极反应发生的阳极过电势为

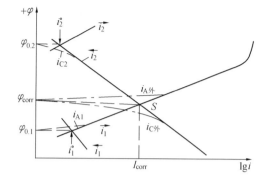

图 3.15 半对数腐蚀极化图

$$\eta_{A1} = \varphi_{corr} - \varphi_{0,1} \qquad (3.35)$$

导致锌的氧化反应速度 $\overrightarrow{i}_1$ 大于 Zn^{2+} 的还原反应速度 $\overleftarrow{i}_1$,有 Zn 的净溶解 $i_{A1} = \overrightarrow{i}_1 - \overleftarrow{i}_1$。对于氢电极反应来说,发生了阴极极化,阴极过电势为

$$\eta_{C2} = \varphi_{0,2} - \varphi_{corr} \qquad (3.36)$$

这使 H^+ 的还原速度 $\overleftarrow{i}_2$ 大于氢的氧化反应速度 $\overrightarrow{i}_2$,H^+ 的净还原反应速率 $i_{C2} = \overleftarrow{i}_2 - \overrightarrow{i}_2$。

而 Zn 的净氧化反应速度 i_{A1} 等于 H^+ 的净还原反应速度 i_{C2}。结果造成锌的腐蚀,速度 i_{corr} 为

$$i_{corr} = i_{A1} = i_{C2} \qquad (3.37)$$

$$i_{corr} = \overrightarrow{i}_1 - \overleftarrow{i}_1 = \overleftarrow{i}_2 - \overrightarrow{i}_2 \qquad (3.38)$$

将单电极反应电化学极化方程式代入,可得腐蚀电流与腐蚀电势或过电势间的关系式

$$i_{corr} = i^0 \left\{ \exp\left[\frac{2.3(\varphi_{corr} - \varphi_{0,1})}{b_{A1}}\right] - \exp\left[\frac{-2.3(\varphi_{corr} - \varphi_{0,1})}{b_{C1}}\right] \right\} =$$

$$i_1^0 \left[\exp\left(\frac{2.3\eta_{A1}}{b_{A1}}\right) - \exp\left(-\frac{2.3\eta_{A1}}{b_{C1}}\right) \right] \qquad (3.39)$$

或 $$i_{corr} = i_2^0 \left[\exp\left(\frac{-2.3(\varphi_{corr} - \varphi_{0,2})}{b_{C2}}\right) - \exp\left(\frac{2.3(\varphi_{corr} - \varphi_{0,2})}{b_{A2}}\right) \right] \qquad (3.40)$$

当 E_{corr} 距 $E_{0,1}$ 和 $E_{0,2}$ 较远时,即过电势大于 $2.3RT/nF$ 时,则式(3.38)中的 $\overleftarrow{i}_1$ 和 $\overrightarrow{i}_2$ 可忽略,即

$$i_{corr} = \overrightarrow{i}_1 = \overleftarrow{i}_2 \qquad (3.41)$$

式(3.39)和(3.40)同样可简化为

$$i_{corr} = i_1^0 \exp\left[\frac{2.3(\varphi_{corr} - \varphi_{0,1})}{b_{A1}}\right] = i_1^0 \exp\left(\frac{2.3\eta_{A1}}{b_{A1}}\right) \qquad (3.42)$$

或 $$i_{corr} = i_2^0 \exp\left[\frac{2.3(\varphi_{0,2} - \varphi_{corr})}{b_{C2}}\right] = i_2^0 \exp\left(\frac{2.3\eta_{C2}}{b_{C2}}\right) \qquad (3.43)$$

三、活化极化控制下腐蚀金属的极化曲线

对处于自腐蚀状态下的金属电极进行极化时,会影响电极上的电化学反应。比如,腐蚀金属进行阳极极化时,电势变正,将使电极上的净氧化反应速度($\overrightarrow{i}_1 - \overleftarrow{i}_1$)增加,净还原反应速度($\overleftarrow{i}_2 - \overrightarrow{i}_2$)减小,二者之差为外加阳极极化电流

$$i_{A外} = (\overrightarrow{i}_1 - \overleftarrow{i}_1) - (\overleftarrow{i}_2 - \overrightarrow{i}_2) = (\overrightarrow{i}_1 + \overrightarrow{i}_2) - (\overleftarrow{i}_2 + \overleftarrow{i}_1) \qquad (3.44)$$

这可理解为:在阳极极化电势 φ_A 下,电极上通过的阳极极化电流 $i_{A外}$ 等于电极上所有的氧化反应速度的总和 $\sum \vec{i}$ 减去所有还原反应速度的总和 $\sum \overleftarrow{i}$

$$i_{A外} = \sum \vec{i} - \sum \overleftarrow{i} \tag{3.45}$$

同样,对于腐蚀金属进行阴极极化时,电势负移,使金属净还原反应速度增加,净氧化反应速度减小(金属腐蚀速度下降),二者之差为外加阴极极化电流

$$i_{C外} = (\overleftarrow{i_2} - \vec{i_2}) - (\vec{i_1} - \overleftarrow{i_1})$$
$$= (\overleftarrow{i_2} + \overleftarrow{i_1}) - (\vec{i_1} + \vec{i_2}) \tag{3.46}$$

亦即在阴极极化电势 φ_C 下

$$i_{C外} = \sum \overleftarrow{i} - \sum \vec{i} \tag{3.47}$$

当自腐蚀电势 φ_{corr} 距 $\varphi_{0,1}$ 和 $\varphi_{0,2}$ 较远时,忽略 $\vec{i_2}$ 和 $\overleftarrow{i_1}$,且

$$i_{corr} = \vec{i_1} - \overleftarrow{i_2}$$

同时式(3.44)和式(3.46)可简化为

$$i_{A外} = \vec{i_1} - \overleftarrow{i_2} \tag{3.48}$$

$$i_{C外} = \overleftarrow{i_2} - \vec{i_1} \tag{3.49}$$

假定相对于自腐蚀电势 φ_{corr} 的阳极过电势为 η_A,有

$$\eta_A = \varphi - \varphi_{corr} \tag{3.50}$$

则氧化反应速度 $\vec{i_1}$ 与过电势 η_A 的关系为

$$\vec{i_1} = i_{corr} \exp(2.3\eta_A / b_A) \tag{3.51}$$

对于阴极过电势 η_C(取 η_C 为正值)

$$\eta_C = \varphi_{corr} - \varphi \tag{3.52}$$

可得还原反应速度 $\overleftarrow{i_2}$

$$\overleftarrow{i_2} = i_{corr} \exp(2.3\eta_C / b_C) \tag{3.54}$$

同一极化电势下对氧化反应的 η_A 与对还原反应的 η_C 数值相等,符号相反,即 $\eta_A = \eta_C$,将式(3.51)、(3.53)代入式(3.48)、(3.49),则腐蚀金属阳极极化及阴极极化分别为

$$i_{A外} = i_{corr}\left[\exp(2.3\eta_A / b_A) - \exp(-2.3\eta_A / b_C)\right] \tag{3.54}$$

$$i_{C外} = i_{corr}\left[\exp(2.3\eta_C / b_C) - \exp(-2.3\eta_C / b_A)\right] \tag{3.55}$$

以上两式为活化极化控制下金属腐蚀动力学基本方程式。图3.15中标有 $i_{A外}$ 和 $i_{C外}$ 的点画线为相应的极化曲线。式中 b_A 和 b_C 分别为腐蚀金属阳极极化曲线和阴极极化曲线的Tafel 斜率,可由实验测得。Tafel 斜率也叫 Tafel 常数,通常在 $0.05 \sim 0.15$ V 之间,一般取0.1 V。式(3.54)、(3.55)是实验测定电化学腐蚀速度的理论基础。

比较式(3.54)、(3.55)与式(3.23)、(3.24)可看出,其形式完全一样,只是 φ_{corr} 相当于单电极的平衡电势 φ_0,而 i_{corr} 相当于单电极反应的交换电流 i^0。因此,在这种情况下,一切测定 i^0 的方法,原则上都适用于测定金属的腐蚀速度 i_{corr}。但是,如果 φ_{corr} 距 $\varphi_{0,1}$ 或 $\varphi_{0,2}$ 很近($<2.3RT/nF$),则式(3.44)、(3.46)中的 $\overleftarrow{i_1}$ 或 $\vec{i_2}$ 不能忽略,这时腐蚀速度表达式要复杂得多。

应指出,上述公式推导中,假定金属均匀腐蚀,同时腐蚀体系的电阻可以忽略不计。均匀腐蚀意味着整个电极既是阳极又是阴极,即阴、阳极面积相等。对于局部腐蚀,一般阴、阳极面积不相等;但在自腐蚀电势下,阴极电流强度等于阳极电流强度。这时,把上述公式中的电流密度改为电流强度就可以了。

3.5 浓差极化控制下的腐蚀动力学方程式

一、稳态扩散方程式

当腐蚀电流进入阴极区时,由于阴极还原反应的进行,阴极去极化剂浓度下降,造成浓度梯度。在这种浓度梯度下,去极化剂从溶液深处向电极表面扩散。稳态时,从溶液深处扩散来的反应粒子完全补偿了电极反应所消耗的反应粒子。由于电极表面浓度降低,使阴极电势变负,这种极化称为浓差极化。

液相传质有三种方式,即对流、扩散和电迁移。距电极表面越近,对流速度越小。对于不带电荷的反应粒子(如 O_2)或有大量局外电解质存在的情况下,放电粒子的电迁移可忽略,这种情况下主要传质过程为扩散。

根据 Fick 第一扩散定律,可只考虑一维扩散时,放电粒子通过单位截面积的扩散流量与浓度梯度成正比

$$J = - D(\frac{dC}{dX})_{x \to 0} \tag{3.56}$$

式中　J——扩散流量,$mol/(cm^2 \cdot s)$;

　　$(dC/dX)_{x \to 0}$——电极表面附近溶液中放电粒子的浓度梯度,$mol \cdot cm^{-4}$;

　　D——扩散系数,即单位浓度梯度下粒子的扩散速度,$cm^2 \cdot s^{-1}$,它与温度、粒子的大小及溶液粘度等有关。

式中负号表示扩散方向与浓度增大的方向相反。

稳态扩散条件下,$(dC/dX)_{x \to 0}$ 为常数

$$(\frac{dC}{dX})_{x \to 0} = \frac{C^0 - C^S}{\delta} \tag{3.57}$$

式中　C^0——溶液深处的浓度,近似平均浓度;

　　C^S——电极表面浓度;

　　δ——扩散层有效厚度。

用扩散电流密度 i_d 表示

$$i_d = - nFJ \tag{3.58}$$

式中负号表示反应粒子移向电极表面。将式(3.55)、(3.56)代入,可得

$$i_d = nFD(\frac{dC}{dX})_{x \to 0} = nFD \frac{C^0 - C^S}{\delta} \tag{3.59}$$

忽略放电粒子的电迁移,则整个电极反应的速度等于扩散速度。阴极电流密度 i_C 就等于阴极去极化剂的扩散速度 i_d

$$i_C = i_d = nFD \frac{C^0 - C^S}{\delta} \tag{3.60}$$

随着阴极电流密度的增加,电极表面附近放电离子的浓度 C^S 降低。极限情况下,$C^S = 0$。这时扩散速度达到最大值,对应的极限扩散电流密度

$$i_L = \frac{nFDC^0}{\delta} \tag{3.61}$$

可见,极限扩散电流密度与放电粒子的整体浓度 C^0 成正比,与扩散层有效厚度成反比。加强溶液搅拌,δ 变小,可使 i_L 增大。

将式(3.59)改写,并将式(3.60)代入,可得

$$i_C = \frac{nFDC^0}{\delta}(1 - \frac{C^S}{C^0}) = i_L(1 - \frac{C^S}{C^0}) \qquad (3.62)$$

或

$$C^S = C^0(1 - \frac{i_C}{i_L}) \qquad (3.63)$$

因扩散过程为整个电极过程的控制步骤,意味着电极反应本身仍处于可逆状态,Nernst 方程式仍适用。因此,电极上有电流通过时,电极电势为

$$\varphi = \varphi_0 + \frac{RT}{nF}\ln C^S$$

将式(3.63)代入,得

$$\varphi = \varphi_0 + \frac{RT}{nF}\ln C^0 + \frac{RT}{nF}\ln(1 - \frac{i_C}{i_L})$$

由于无浓差极化时的平衡电势 φ_0 为

$$\varphi_0 = \varphi_{0^+} + \frac{RT}{nF}\ln C^0$$

故

$$\varphi = \varphi_0 + \frac{RT}{nF}\ln(1 - \frac{i_C}{i_L})$$

或

$$\varphi = \varphi_0 + \frac{2.3RT}{nF}\lg(1 - \frac{i_C}{i_L}) \qquad (3.64)$$

浓差极化时的 $\varphi_C = \varphi - \varphi_0$,所以

$$\Delta\varphi_C = \frac{2.3RT}{nF}\lg(1 - \frac{i_C}{i_L}) \qquad (3.65)$$

这就是浓差极化方程式。相应的极化曲线如图 3.16 中的 $\varphi_{0,C}BS$ 所示。

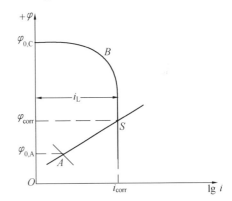

图 3.16　阴极扩散控制的腐蚀极化图

二、浓差极化控制下的腐蚀速度表达式

图 3.16 为阳极过程金属的活性溶解,阴极过程为氧的扩散控制的腐蚀极化图。这时金属的腐蚀速度受氧的扩散速度控制。这相当于式(3.37)中 i_{C_2} 等于氧的极限扩散电流,是与电势无关的恒量

$$i_{C_2} = i_L = \frac{nFDC^0}{\delta} \qquad (3.66)$$

代入式(3.37),可得阴极扩散控制下的腐蚀速度

$$i_{corr} = i_{C_2} = i_L = \frac{nFDC^0}{\delta} \qquad (3.67)$$

式中　C^0——阴极去极化剂的整体浓度;

　　　D——扩散系数;

　　　δ——扩散层有效厚度。

由式(3.67)可见,对于扩散控制的腐蚀体系,影响 i_L 的因素,也就是影响腐蚀速度的因素,故:

① i_{corr} 与 C^0 成正比，即去极化剂浓度降低，会使腐蚀速度减小。

② 搅拌或增加溶液流速，会减小扩散层厚度，增大极限电流密度 i_L，因而加速腐蚀。

③ 降低温度，会使扩散系数 D 减小，使腐蚀速度变慢。

三、浓差极化控制下腐蚀金属的极化曲线

对于阴极扩散控制的腐蚀金属体系，式(3.48)中的 $\hat{i}_2$ 等于极限扩散电流 i_L。这意味着式(3.54)中 $b_C \rightarrow \infty$。因此，式(3.54)简化为

$$i_{A外} = i_{corr}[\exp(2.3\eta_A/b_A) - 1] \tag{3.68}$$

这是阴极过程为浓差控制时的阳极极化曲线方程式，是式(3.54)的特殊形式。

如 3.4 指出的那样，这些公式的推导是在假定溶液电阻可忽略不计，而且是均匀腐蚀的前提下，如果是局部腐蚀，则电流密度应改为电流强度。

3.6 腐蚀速度的电化学测定方法

金属腐蚀试验方法种类繁多。按试样与环境的相互关系，可分为实验室试验、现场试验和实物试验；按试验方法的科学范畴，可分为物理、化学和电化学的试验方法；按试验结果，可分为定性考察和定量测量等。

实验室试验是将专门制备的小型金属试样在人造的受控制环境(介质)下进行的腐蚀试验。其优点是可充分利用实验室测试仪器及控制设备的精确性、试样的大小和形状可自由选择，可严格地分别控制各个影响因素，试验周期较短，结果重现性好。因此，实验室试验被广泛地用于测定金属腐蚀速度，评选金属材料、涂层和缓蚀剂的优劣，还可进行腐蚀机理的研究和各种防护方法的探索。实验室试验又可分为模拟和加速试验。实验室模拟试验是在实验室的小型模拟装置中，尽可能精确地模拟自然环境或生产中遇到的介质和条件而进行的试验。这种方法如果设计合理，将得到比较可靠的结果，但试验周期长、费用高。实验室加速试验方法是在不改变腐蚀机理的前提下，强化一个或少数几个控制因素，以便在较短的时间内评定出材料、涂层、缓蚀剂的优劣，用于筛选材料和检验产品质量。

现场试验是把专门制备的金属试样置于实际应用条件(自然环境或工业生产条件)下进行的试验。其最大特点是环境的真实性，试验结果比实验室试验可靠，而且方法也简单方便。但缺点是环境因素无法控制，腐蚀条件变化大、试验周期长、试样易失落，试验结果的重现性较差，而且试样与实物之间毕竟有许多差异。因此，现场试验结果若不足以得出重要结论的话，就需要进一步做实物试验。

实物试验是将所要试验的实物部件、设备或小型试验性装置在实际使用环境下进行的试验。这种方法周期长、费用高，只有在一些重要材料和设备耐蚀性的最终考核时应用。

金属腐蚀速度的测定方法也很多，失重法仍然是普遍采用的方法之一。虽然准确可靠，但试验周期长，且需做多组平行实验。

在此就实验室广泛采用的电化学测量方法，从测量原理、操作要点、仪器构成及数据处理等测量基础问题做简要描述。

测定腐蚀速度的电化学方法有塔费尔直线外推法、线性极化法、三点法、恒电流暂态法、交流阻抗法等。这些方法都是根据腐蚀电化学原理，以腐蚀动力学方程式(3.54)、(3.55)及

(3.67)为基础的试验方法。

在涉及腐蚀电化学的讨论过程中,频繁地提到了"极化"的概念,实质上电极极化包括两种情形:①在自腐蚀条件下电极偏离平衡电位的程度;②为了测量电化学参数,通过辅助电极人为地改变电极电势偏离自腐蚀电势。后者常称为外加极化,图3.17为外加极化测量电化学参数的等效电路。

图 3.17　外加极化测量体系的等效电路

依据外加极化与测量的同步性,可将这类测量分为稳态极化测量和暂态测量两大类。参见图3.17,电极 A、C、B 分别为腐蚀体系的阳极、阴极与测试所需的辅助电极。K 闭合后,被测腐蚀体系将由原稳定态通过某类规律经过一段时间后过渡到一个新的稳定态。所谓稳态极化测量就是为避开外极化对腐蚀体系产生"扰动"的时间段,获得不含有建立双电层充电过渡过程影响的、仅描述金属离子溶解速度的外电流值,即腐蚀体系达到新的稳定态以后所进行的测量分析。相反,当需要研究双电层建立过程、腐蚀介质的性质或钝化膜形成等更复杂的电化学腐蚀规律时,可采用暂态测量的手段,即在开关 K 闭合的瞬间,立即测量,并记录测量参量与时间的关系。在此,首先讨论稳态极化测量。图3.18为稳定态极化测量方法的分类示意图。

图 3.18　稳态极化测量方法分类

图中的各曲线,描述了对研究电极施加外极化的供电方式。不同极化方式,对应不同的测量数据处理方法

一、塔费尔(Tafel)直线外推法

当过电势足够大时($\eta > 50$ mV),金属腐蚀速度基本方程式(3.54)和(3.55)的后项可忽略不计。于是式(3.54)和(3.55)可简化为

$$i_{A外} = i_{corr}\exp(2.3\eta_A/b_A)$$

或
$$\eta_A = -b_A\lg i_{corr} + b_A\lg i_{A外}$$ (3.69)

$$i_{C外} = i_{corr}\exp(2.3\eta_C/b_C)$$

或
$$\eta_C = -b_C\lg i_{corr} + b_C\lg i_{C外}$$ (3.70)

式(3.69)和式(3.70)为过电势与极化电流间的半对数关系。根据此二式,将 η 对 $\lg i$ 作图,可得两条直线,称为塔费尔(Tafel)直线。极化曲线的这一区段称为塔费尔区,也叫强极化区。b_A 和 b_C 是塔费尔常数,也就是塔费尔直线的斜率。

可见,正如图 3.15 所示,在强极化区,外加极化电流 $i_{A外}$ 和 $i_{C外}$ 分别与腐蚀体系的阳极电流 i_A(或金属氧化反应速度 $\vec{i}_1$)和阴极电流 i_C(或去极化反应速度 $\overleftarrow{i}_2$)重合。因此,两条塔费尔直线的交点,或其延长线与 $\varphi = \varphi_{corr}$ 水平直线的交点,就是金属阴极溶解电流 $\vec{i}_1$ 与去极化剂还原电流 $\overleftarrow{i}_2$ 的交点。在交点处 $\vec{i}_1 = \overleftarrow{i}_2$,即金属阳极溶解速度与去极化剂还原速度相等,外电流为零,金属腐蚀达到相对稳定。此点的电流即为金属腐蚀电流 i_{corr}。

根据这一原理,测定金属腐蚀体系的 $\varphi - \lg i$ 极化曲线(图 3.19)。在极化曲线上找到塔费尔直线段,由直线段的斜率可求出 b_A 和 b_C,由阴、阳极二塔费尔直线延长线的交点可得 i_{corr}(图 3.19(a))。或者分别将阳极或阴极的塔费尔直线外推到与 $\varphi = \varphi_{corr}$ 的水平直线相交,由交点对应的电流可得 i_{corr}(图 3.19(b)或(c))。

图 3.19 塔费尔直线外推法求解自腐蚀电流

塔费尔直线外推法,常用于测定酸性溶液中的金属腐蚀速度及评定缓蚀剂在特定腐蚀条件下对金属腐蚀速度的影响程序程度。因为这种情况下容易测得极化曲线的塔费尔直线段,而且同时可测得 φ_{corr}、i_{corr}、b_A 或 b_C,也便于研究缓蚀剂对这些动力学参数的影响。图 3.20 为锌在质量分数 20% 的 NH_4Cl 水溶液及添加有质量分数为 0.5% TX – 10 缓蚀剂的溶液中阴、阳极极化曲线,依据塔费尔外推法可测出添加缓蚀剂对 Zn 在此溶液中的腐蚀速度的影响,并可算出缓蚀剂的缓蚀效率(11.2 节详细讨论)。

塔费尔直线外推法的主要缺点,首先是对腐蚀体系极化较强、电极电势偏离自腐蚀电势较远,对腐蚀体系的干扰太大。例如,测定阳极极化曲线时可能出现钝化,测定阴极极化曲线时材料表面原有的氧化膜可能还原,甚至可能达到其他去极化剂的还原电势而引起新的还原反应,从而改变极化曲线的形状,造成大的误差。其次,由于极化到塔费尔直线段所需电流较大,易引起电极表面的状态、真实表面积和周围介质的显著变化;而且大电流作用下

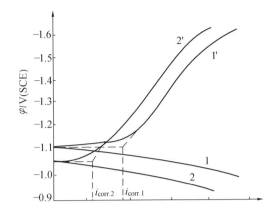

图 3.20 锌在 20% NH₄Cl 中的极化曲线

1. 无添加剂；　2. 添加质量分数为 0.5% TX – 10 缓蚀剂

溶液欧姆电势降对电势测量和控制的影响较大,可能使塔费尔直线变短,也可能使本来弯曲的极化曲线部分变直,从而对测得的 i_{corr} 带来误差。第三,由于有些腐蚀体系的塔费尔直线段不甚明显,在用外推法作图时容易引起一定的人为误差。要得到满意的结果,塔费尔区至少要有一个数量级以上的电流范围。但在许多体系中,由于浓差极化或阳极钝化等因素的干扰,往往得不到这种结果。

二、线性极化法

线性极化法是 Stern 等人于 1957 年最早提出并发展起来的一种快速而有效的腐蚀速度测试方法。这一方法是在过电势很小($\eta < 10$ mV)的条件下,过电势与极化电流呈线性关系作为理论根据的。

由金属腐蚀动力学基本方程式(3.55)可知,若将其指数项以级数展开(即 $e^x = 1 + x + x^2/2! + x^3/3! + \cdots$),因 η 值很小,可将级数中的高次项忽略,于是得到

$$i_{C\text{外}} = i_{corr}\left(\frac{2.3\eta_C}{b_C} + \frac{2.3\eta_C}{b_A}\right) = \left(\frac{2.3}{b_C} + \frac{2.3}{b_A}\right)i_{corr}\eta_C \tag{3.71}$$

$$i_{corr} = \frac{b_C b_A}{2.3(b_C + b_A)} \cdot \frac{i_{C\text{外}}}{\eta_C} \tag{3.72}$$

由式(3.71)可见,$i_{C\text{外}}$ 与 η_C 成正比,也就是说,在 $\eta < 10$ mV 内极化曲线为直线。直线的斜率称为极化电阻 R_P,即

$$R_P = \left(\frac{\mathrm{d}\eta_C}{\mathrm{d}\eta_{C\text{外}}}\right)_{\eta \to 0} \tag{3.73}$$

由式(3.72)和(3.73)可得

$$i_{corr} = \frac{b_C b_A}{2.3(b_C + b_A)} \cdot \frac{1}{R_P} \tag{3.74}$$

若对腐蚀金属进行小幅度的阳极极化($\eta < 10$ mV),可得到同样的结果

$$i_{corr} = \frac{b_C b_A}{2.3(b_C + b_A)} \cdot \frac{i_{A\text{外}}}{\eta_A} \tag{3.75}$$

同样令
$$R_P = (\frac{\mathrm{d}\eta_A}{\mathrm{d}i_{A外}})_{\eta \to 0}$$

则得到与式(3.74)同样的结果。

若令
$$B = \frac{b_A b_C}{2.3(b_A + b_C)} \qquad (3.76)$$

则
$$i_{corr} = \frac{B}{R_P} \qquad (3.77)$$

式(3.74)或式(3.77)就是线性极化法的基本公式(Stern 公式)。由此式可见,腐蚀速度与极化电阻 R_P 成反比。R_P 越大,i_{corr} 就越小,当实验测得 R_P 和 b_A、b_C 后就可求得腐蚀速度 i_{corr}。由于小幅度极化时,过电势与极化电流成线性关系,其直线的斜率为极化电阻 R_P,因此这种方法称为线性极化法或极化电阻法。测定 b_A 和 b_C 的方法有多种:

① 测定腐蚀体系的阳极和阴极极化曲线,由塔费尔直线段的斜率可求出 b_A 和 b_C。

② 利用弱极化区三点法可求出 b_A 和 b_C。

③ 若已知电极反应的动力学参数 α 和 β 则可用式(3.21)和式(3.22)计算出 b_A 和 b_C。

腐蚀体系不同,b_A 和 b_C 也各不相同。对于铁及铁基合金,一般说来,b_A 较小,约在 $0.03 \sim 0.10$ V 之间;b_C 稍大,约在 $0.09 \sim 0.14$ V 之间。当 b_A 和 b_C 难于求得时,可假定 $b_A = b_C = 0.1$ V 近似计算 i_{corr};也可用失重法测得腐蚀速度,用式(1.6)换算成 i_{corr},然后根据测得的 R_P,用式(3.77)求 B 值。同类体系 B 为常数,因此可利用测得的 R_P,用式(3.77)计算这类体系的 i_{corr}。

测量极化电阻的方法也很多,在此讨论两种应用比较普遍的测量方法:

1.直流线性极化法

直流线性极化法首先测出腐蚀体系在 E_{corr} 附近的极化曲线 $E-i$,找出 E_{corr} 附近的直线段,即线性极化区,求出该直线段的斜率,即极化电阻 R_P。图 3.21 是用动电位扫描法测得的 430 不锈钢在 0.05 mol·L^{-1} H_2SO_4 中的极化曲线。由自腐蚀电势 $E_{corr} = -522$ mV(SCE)附近直线段的斜率可求得 $R_P = 7.53$ $\Omega \cdot cm^2$。已测知 $b_A = 79$ mV,$b_C = 108$ mV,可算出 $I_{corr} = 2.64$ mA/cm^2。

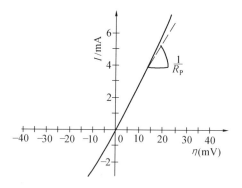

图 3.21 430 不锈钢在 IN H_2SO_4 中的动电势扫描极化曲线
(30℃,充 H_2,扫描速率 mV/min)

2.交流方波法

交流方波法又分为方波电流法(恒电流方波法)和方波电势法(恒电势方波法),后者应用更广泛。为了快速测得瞬时腐蚀速度,已根据方波电流原理设计出了 FC 型腐蚀仪,根据方波电势法原理设计制造出了 FSY 型腐蚀仪等产品。这些仪器都可直接读出极化电阻 R_P 或腐蚀电流 i_{corr} 的数值,具有快速、实用、灵敏、方便的优点,可用于连续自动记录和现场监测。由于外加极化信号微弱,不会因测量而引起腐蚀体系的显著变化,因而应用广泛。

用交流方波法测定腐蚀速度应注意:

(1)必须用小幅度方波

η 不得超过 10 mV,以满足线性极化的要求。方波电势法比方波电流法更易做到这一点。

(2)方波频率选择要适当

原则上,要使每半周期结束时,暂态波形接近稳态值,以排除双电层充电电流的影响。否则,频率太高,达不到稳态值就换向了,结果测得的 R_P 偏低;反之,若频率太低,单向极化时间太长,浓差极化的影响可能增大,电极表面状态及周围介质变化的积累增大,自腐蚀电势还可能漂移,这都会增大测量误差。

对于电化学极化控制的腐蚀过程,达到稳态所需的时间约为电极时间常数 τ 的 5 倍。$\tau = R_P C_d$,C_d 为电极双电层电容。因此方波半周期 $T_{\text{半}}$ 应大于或等于 5τ,因此方波频率 f 应为

$$f \leqslant \frac{1}{10 R_P C_d} \tag{3.78}$$

可见,方波频率应随腐蚀体系不同而选定。腐蚀速度大者,R_P 小,方波频率应选高些;反之,腐蚀速度低的体系,R_P 大,f 应选低些。通常频率在 0.01 ~ 100 Hz 范围内选定。

(3)方波法测定 R_P

二电极或三电极体系均可,但须考虑溶液欧姆电势降的问题。一般在腐蚀仪中设有溶液电阻补偿电路来消除欧姆电位降的影响,在三电极体系中可用鲁金毛细管来减小溶液的欧姆电势降。

(4)减小腐蚀电势漂移的影响

测量前应将电极放入溶液中浸泡一定的时间,待自腐蚀电势稳定后再进行测量。有些腐蚀仪中设有腐蚀电势自动跟踪器,来消除自腐蚀电势漂移的影响。

线性极化法主要用于测定金属在电解液中的均匀腐蚀速度、研究影响腐蚀的各种因素、筛选钢种、评定各种金属材料和镀层的抗蚀性、评选缓蚀剂并研究最佳用量、还可用于观测现场使用效果等。

三、三点法

测定腐蚀速度的弱极化区三点法是 1970 年 Barnartt 提出的。这种方法没有像线性极化法和塔费尔直线外推法那样经过近似简化处理,因此是普遍运用的精确方法。三点法是利用过电势为 10 ~ 70 mV 范围内的极化数据求腐蚀速度,因而也叫弱极化法。这种方法可避免强极化法对腐蚀体系过分的扰动,又可同时测出 i_{corr}、b_A 和 b_C,而不必像线性极化法那样,须由另外的方法测得 b_A 和 b_C 才能求 i_{corr}。

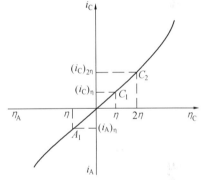

图 3.22 三点法图解

如图 3.22 所示,在弱极化区对任一选定的过电势 η 测定三个相关的数据点 $A_1(\eta, i_{A,\eta})$、$C_1(\eta, i_{C,\eta})$ 和 $C_2(2\eta, i_{C,2\eta})$,根据腐蚀速度基本方程式(3.54)和(3.55)可得

$$i_{A,\eta} = i_{corr}(10^{\eta/b_A} - 10^{-\eta/b_C}) \tag{3.79}$$

$$i_{C,\eta} = i_{corr}(10^{\eta/b_C} - 10^{-\eta/b_A}) \tag{3.80}$$

$$i_{A,2\eta} = i_{corr}(10^{2\eta/b_C} - 10^{-2\eta/b_A}) \tag{3.81}$$

令　　　　　　　　$x = 10^{\eta/b_C}$,$y = 10^{\eta/b_A}$,$\gamma = i_{C,\eta}/i_{A,\eta}$,$s = i_{C,2\eta}/i_{C,\eta}$

则

$$r = \frac{i_{corr}(x - y)}{i_{corr}\left(\frac{1}{y} - \frac{1}{x}\right)} = xy \tag{3.82}$$

$$s = \frac{i_{corr}(x^2 - y^2)}{i_{corr}(x - y)} = x + y \tag{3.83}$$

由式(3.82)和式(3.83)可解得

$$x - y = \sqrt{(x+y)^2 - 4xy} = \sqrt{s^2 - 4r} \tag{3.84}$$

$$x = \frac{1}{2}[(x+y) + (x-y)] = \frac{1}{2}(s + \sqrt{s^2 + 4r}) \tag{3.85}$$

$$y = \frac{1}{2}\left[(x+y)-(x-y)\right] = \frac{1}{2}\left(s - \sqrt{s^2 + 4r}\right) \tag{3.86}$$

因此,可由三点的实验数据 η、$i_{A,\eta}$、$i_{C,\eta}$ 和 $i_{C,2\eta}$,b_A 和 b_C 得

$$i_{corr} = \frac{i_{C,\eta}}{(x-y)} = \frac{i_{C,\eta}}{\sqrt{s^2 - 4r}} \tag{3.87}$$

$$b_C = \frac{\eta}{\lg x} = \frac{\eta}{\lg(s + \sqrt{s^2 - 4r}) - \lg 2} \tag{3.88}$$

$$b_A = \frac{-\eta}{\lg y} = \frac{-\eta}{\lg(s - \sqrt{s^2 - 4r}) - \lg 2} \tag{3.89}$$

若用作图法可得到更可靠的结果。即在弱极化区每指定一个 η 值,可测得 A_1、C_1 和 C_2 三点实验数据,从而有一组数据(η_1、i_{C,η_1}、r_1 和 s_1),改变 η 值可测得另一组数据。将这一系列数据的 $\sqrt{s^2 - 4r}$ 对 i_C 作图,可得图3.23所示的一条直线。由式(3.87)可知,该直线斜率的倒数就是金属腐蚀速度 i_{corr}。按照式(3.88)和(3.89),将 $\lg(s + \sqrt{s^2 - 4r}) - \lg 2$ 和 $\lg(s - \sqrt{s^2 - 4r}) - \lg 2$ 分别对 η 作图,可得如图3.24所示的两条直线,其斜率即为 b_A 和 b_C。

图3.23 暂态线性极化电流阶跃及测量时序

图3.24 暂态线性极化法所获得的极化曲线

四、暂态测量

1.暂态测量技术简介

暂态测量技术,是指在外加极化施加扰动的瞬间即开始连续测量腐蚀体系的响应,测量与记录持续至扰动结束或达到稳态。稳态和暂态是相对于测量信号的稳定程度区分的,从理论上讲不存在绝对的稳态。即一个实际的腐蚀体系,无论是否进行外极化,其电化学腐蚀参数,如电极电势、腐蚀电流、反应物及反应产物的浓度分布、电极表面状态等均随时间而按一定规律变化。当外加极化扰动所引起的各参数变化趋于恒定,则可称为稳态,而扰动初期,各参数变化比较明显的阶段称为暂态。

采用暂态技术所获得的测量结果,不仅可解析出极化图中的特征量,而且对研究腐蚀电极的物表面积、活性物质在电极表面的吸附、界面电容的测定等都具有十分重要的意义。

参见图3.23,若利用电势阶跃法,则可通过分析响应曲线的时间常数,获得研究电极的

等效电容。此值可表征双电层厚度、防腐蚀涂层的介电性质等现代腐蚀研究的许多重要参数。尤其对于腐蚀电阻或界面电容较大的腐蚀体系,由于达到稳态所需的时间很长,致使稳态测量过程所需的极化与测量时间较长,由此引起的电极表面状态变化、自腐蚀电势漂移等造成的测量误差急剧增长。为此,在1966年D.A.Jones和N.D.Greene提出暂线性极化测量技术。

暂态测量技术的本质,就是依据图3.23的等效电路,按不同扰动方式,利用电子线路中有关阻、容电路的过渡过程分析含有时间参量的解析表达式获得界面电容CD、Rp等电化学腐蚀动力学参量。

2.电化学暂态测试方法分类

施加于研究体系的扰动方式,包括电势扰动、电流扰动和电量扰动,共计30余种。其中,可以比较容易获得响应与时间微分方程解的有十几种,其典型特征参见表3.1。

表3.1 常用于电极过程研究的暂态测量方法

3.暂态线性极化测试方法

参见图3.23,以 $I_n = n \cdot I_1$ 的规律,对腐蚀体系施加阶跃式电流极化,脉冲宽度可依据腐蚀体系的时间常数在数秒至几十分钟之间确定。测试参数为腐蚀电势。不要求连续测量腐蚀电势,只要在选定的时刻可以准确读出腐蚀电位值即可,如图所示。

暂态线性极化测量原理是基于:在确定的阶跃延迟间隔时间,不同阶跃电流所测腐蚀电势与该极化电流下对应的稳态腐蚀电势间的差值 $\Delta \eta_i$ 随阶跃次数 i 的增加而趋于一恒定值 $\Delta \eta_m$,并有

$$\Delta \eta_m = \frac{I_1 \cdot R_p \exp(-\dfrac{t}{R_p C_d})}{1 - \exp(-\dfrac{t}{R_p C_d})} \tag{3.90}$$

式中 I_1、R_p 和 C_d——第一个阶跃化电流值,腐蚀电阻及双电层电容。

当阶跃次数足够多时,各阶跃点测得的腐蚀电势与稳态腐蚀电位的差值趋于常数,这就意味着,这种暂态测量方法所获得的极化电流与腐蚀电位的关系曲线与稳态曲线将趋于平行,该曲线的斜率,即可表征稳态下的腐蚀电阻 R_p。图 3.24 为 304 不锈钢在 1 mol·L 的 H_2SO_4 中采用暂态线性极化法获得的极化曲线,试样面积 1.566 cm^2。

由图可见,对于此特定的腐蚀体系,当阶跃极化电流脉宽超过 15 分钟,阶跃延迟 15 分钟测量腐蚀电势,阶跃次数超过 3 时,极化曲线后段的斜率就可以比较准确地对应腐蚀电阻 R_p。按此方法所得的 R_p 为 12.9 MΩ。再由式(3.23),即可获得双电层容值 C_d,此体系的 C_d 为 94 μF。

暂态线性极化测试方法适宜于腐蚀速度低的一类腐蚀体系,且极化曲线在 E_{corr} 附近呈线性。在使用此测试方法时,须注意阶跃极化电流的最大值不得导致腐蚀电势极化值超过 20 mV,否则可能引起电化学腐蚀机制发生变化,并导致得出错误的测量结果。

4.其他暂态测试技术

除了上面介绍的电流阶跃式暂态线性极化测试方法外,目前广泛使用的暂态测试方法还有许多种,如充电曲线法、恒电量法,以及属于暂态非线性极化测试技术的微分极化电阻法、二次谐波法、法拉第整流法。此外,随着计算机和电子技术的快速发展,测试仪器更为复杂的交流阻抗分析技术也日益为电化学腐蚀研究领域所接受。

无论哪一种具体的暂态测试方法,其基本测试原理均基于图 3.24 的测试回路的等效电路,在阶跃式或正弦波极化状态下,通过测试此类 R - C 回路的响应,依据电子线路的基本原理,最终获得 R_p 和 C_d 等电化学腐蚀参量。有关其他暂态测试技术的具体方法和测量原理此处从略,相关内容可查阅相关文献。

3.7 混合电势理论的应用

一、腐蚀电势

通常腐蚀介质中开始并不含有腐蚀金属的离子,随着腐蚀的进行,电极表面附近该种金属的离子会逐渐增多,腐蚀电势随时间发生变化。一定时间后,腐蚀电势趋于稳定,这时的电势可称为稳定电势,但不是可逆平衡电势。因为金属仍在不断地溶解,而阴极去极化剂(腐蚀剂)仍在不断地消耗,不存在物质的可逆平衡,可见自腐蚀电势是不可逆的,多数体系与标准平衡电势有较大偏差。因此,腐蚀电势的大小,只能用试验测定,不能用 Nernst 方程

式计算。

从混合电势理论可知,腐蚀电势实质上是腐蚀体系的混合电势。它处于该金属的平衡电势与腐蚀体系中还原反应的平衡电势之间。对于强阴极控制下的腐蚀,参见图 3.13,腐蚀电势靠近该体系中金属的平衡电势,可用计算出的平衡电势粗略地估计其腐蚀电势。如果能根据腐蚀速度估算出该金属腐蚀时的过电势 $\eta_A = b_A \lg(i_{corr}/i^0)$,则可较准确地估算出该金属的腐蚀电势

$$\varphi_{corr} = \varphi_{0,A} + \eta_A = \varphi_A^\ominus + \frac{2.3RT}{nF}\lg[M^{n+}] + b_A\lg\frac{i_{corr}}{i^0} \qquad (3.91)$$

$[M^{n+}]$可按 10^{-6} mol·L^{-1} 估算

Fe 在中性溶液中的电势可按照第二类可逆电极进行计算。因为腐蚀生成的 Fe^{2+} 与溶液中的 OH^- 相遇,当达到 $Fe(OH)_2$ 的溶度积时可产生 $Fe(OH)_2$ 沉淀,形成 $Fe/Fe(OH)_2 \cdot OH^-$ 第二类电极。Fe 在此条件下的腐蚀电势为 $-0.3 \sim -0.5$ V(SHE)。在 3.3 节中计算出 Fe 在 25℃、质量分数为 3% NaCl 溶液中的平衡电势为 -0.46 V(SHE)。

如果溶液中含络合剂,则游离金属离子的浓度将变得非常低,由 Nernst 公式可知,该金属的平衡电势将强烈地移向负方。因此,在阴极控制下,金属的腐蚀电势会相当低。

如果金属表面形成钝化膜,常常使金属的腐蚀电势强烈地移向正方。这种电势的正移可认为是由于氧化膜(或充以电解液的多孔膜)中的离子电阻引起的阳极极化和欧姆极化造成的,这种情况下腐蚀多为阳极控制。由图 3.13 可知,这时腐蚀电位靠近还原反应的平衡电势,远偏离该金属的平衡电势。如质量分数为 3% 的 NaCl 溶液中,Ti 的腐蚀电位为 +0.37 V,比其标准电势(-1.63 V)高 2 V;Al 的腐蚀电势(-0.53V)比其标准电势(-1.67 V)高 1.14 V(表 2.2)。这些现象不难用混合电势理论加以解释。混合电势理论提供了理解和分析腐蚀电势及其变化的理论基础。

二、多种阴极去极化反应的腐蚀行为

设金属 M 在含氧化剂(Fe^{3+})酸中腐蚀,参见图 3.25。因为腐蚀由活化极化控制,故用

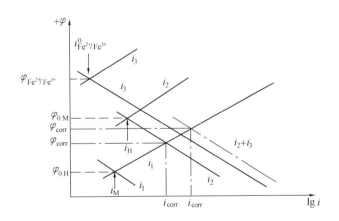

图 3.25　金属 M 在含铁盐的酸溶液中的腐蚀极化图

半对数坐标系,过电势与 $\lg i$ 成直线关系。图中标出了体系中三套氧化 – 还原反应的可逆

电势：$\varphi_{0,\mathrm{M}}$、$\varphi_{0,\mathrm{H}}$、$\varphi_{0,\mathrm{Fe}^{2+}/\mathrm{Fe}^{3+}}$，交换电流密度：$i_{\mathrm{M/M}^+}^0$、$i_{\mathrm{H}_2/\mathrm{H}^+(\mathrm{M})}^0$ 和 $i_{\mathrm{Fe}^{2+}/\mathrm{Fe}^{3+}(\mathrm{M})}^0$，以及代表各反应的半对数极化曲线：

$$\vec{i}_1 \text{ 表示 } \mathrm{M} \rightarrow \mathrm{M}^+ + e; \qquad\qquad \overleftarrow{i}_1 \text{ 表示 } \mathrm{M}^+ + e \rightarrow \mathrm{M};$$

$$\vec{i}_2 \text{ 表示 } \mathrm{H}_2 \rightarrow 2\mathrm{H}^+ + 2e; \qquad\qquad \overleftarrow{i}_2 \text{ 表示 } 2\mathrm{H}^+ + 2e \rightarrow \mathrm{H}_2;$$

$$\vec{i}_3 \text{ 表示 } \mathrm{Fe}^{2+} \rightarrow \mathrm{Fe}^{3+} + e; \qquad\qquad \overleftarrow{i}_3 \text{ 表示 } \mathrm{Fe}^{3+} + e \rightarrow \mathrm{Fe}^{2+}。$$

根据混合电势理论，在稳态时，氧化反应的总速度 $\sum \vec{i}$ 必须等于还原反应的总速度 $\sum \overleftarrow{i}$。要确定稳定态，就需在各个恒电势下，求出 $\sum \vec{i} = \vec{i}_1 + \vec{i}_2 + \vec{i}_3$，画出总的阳极极化曲线；同时求出 $\sum \overleftarrow{i} = \overleftarrow{i}_1 + \overleftarrow{i}_2 + \overleftarrow{i}_3$，画出总的阴极极化曲线，如图中点划线所示（注意，因横坐标为半对数坐标，在某电势下的总电流并不等于该电位下各电流横坐标长度之和）。两个总极化曲线的交点可得混合电势（即腐蚀电势）E_{corr} 和腐蚀电流 i_{corr}。还可确定各分过程的速度，如铁离子还原反应速度 $i_{(\mathrm{Fe}^{3+}\rightarrow\mathrm{Fe}^{2+})}$ 和析氢速度 $i_{(\mathrm{H}^+\rightarrow\mathrm{H}_2)}$。从图 3.25 可看出，在腐蚀电势 φ_{corr} 下

$$i_{\mathrm{corr}} = i_{(\mathrm{Fe}^{3+}\rightarrow\mathrm{Fe}^{2+})} + i_{(\mathrm{H}^+\rightarrow\mathrm{H}_2)} \tag{3.92}$$

此式满足了混合电势理论的电荷守恒原理。

氧化剂的作用不但取决于它的氧化 – 还原电势，还取决于它的还原动力学过程。上例中加入 Fe^{3+} 后的腐蚀电势变高，腐蚀速度增加，这是由于电势 $\varphi_{0,\mathrm{Fe}^{3+}/\mathrm{Fe}^{2+}}$ 相当高，而且它在金属 M 表面上的交换电流 $i_{\mathrm{Fe}^{3+}/\mathrm{Fe}^{2+}(\mathrm{M})}^0$ 也相当高。如果它在 M 上的交换电流很小，如图 3.26

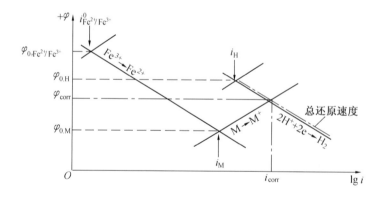

图 3.26　交换电流对腐蚀速度的影响

所示，它的还原速度远小于主还原过程的速度（相差一个数量级以上），几乎不影响总还原速度，因此，加入 Fe^{3+} 对腐蚀电势和腐蚀速度不发生影响。这说明，不但氧化剂的可逆电势重要，其交换电流对腐蚀的影响也很大（式(3.42)）。

氧化剂的加入可以提高腐蚀电势，加快腐蚀速度，但并非所有体系都有此规律。有时加入氧化剂对体系的腐蚀速度无显著影响，尤其是当加入氧化剂导致金属发生钝化时，尽管会使腐蚀电势升高，但同时也使腐蚀速度减小。

三、多电极体系的腐蚀行为

工业上使用的多元或多相合金以及不同金属组合件，它们在电解液中构成了多电极腐蚀系统。因为各电极面积不等，根据混合电势理论，在总的混合电势下，各电极总的阳极电

流强度 $\sum I_A$ 等于总的阴极电流强度 $\sum I_C$

$$\sum I_A = \sum I_C \qquad (3.93)$$

由此可确定各金属的腐蚀电势和腐蚀速度。

由于各电极反应速度与过电势的关系并不完全清楚,因此用解析法求解较困难。如果忽略溶液的电阻,用图解法求解则较容易。假定有五种金属构成了五电极的腐蚀系统,分别测出各金属在此溶液中的平衡电势和阴、阳极极化曲线,如果各金属的平衡电势依次为 $\varphi_{0,5} > \varphi_{0,4} > \varphi_{0,3} > \varphi_{0,2} > \varphi_{0,1}$。直角坐标纸上画出各电极的阴、阳极极化曲线,如图 3.27。然后用图解法求总的阳极极化曲线和总的阴极极化曲线,方法是:选定一系列电势,对应每一个电势把各电极的阳极电流加起来,得到该电势下总的阳极电流 $\sum I_A$。把各电势下总的阳极电流对应的点连起来,得到如图 3.27 中 $\varphi_{0,1}pqS$ 总的阳极

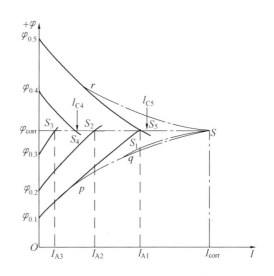

图 3.27　多电极腐蚀体系极化图

极化曲线。同理求出总的阴极极化曲线 $\varphi_{0,5}rS$。由两总极化曲线的交点 S 可得混合电势 φ_{corr} 和总腐蚀电流 i_{corr} 为

$$I_{corr} = I_{A1} + I_{A2} + I_{A3} \qquad (3.94)$$

从这个腐蚀极化图可看出:混合电势 φ_{corr} 处于最高电势 $\varphi_{0,5}$ 与最低电势 $\varphi_{0,1}$ 之间。电势低于 φ_{corr} 的金属为腐蚀系统的阳极,发生腐蚀;电势高于 φ_{corr} 的金属为阴极,被保护。

从 $E_{corr}S$ 水平线与各有关极化曲线的交点 S_1、S_2、S_3、S_4 和 S_5,可得各金属上的氧化或还原电流。其中 I_{A1}、I_{A2} 和 I_{A3} 为阳极溶解电流,且 $I_{A1} > I_{A2} > I_{A3}$。说明金属 1 的腐蚀电流最大,金属 2 次之,金属 3 的腐蚀速度最小。这三种金属腐蚀总电流等于 I_{corr},I_{C4} 和 I_{C5} 为还原电流,$I_{C5} > I_{C4}$,说明金属 5 为主阴极,金属 4 也是阴极,被保护。

从多电极体系腐蚀极化图还可看出,电极反应的极化度变小,即极化曲线变得平坦,则该电极在电流加合时起的作用将变大,可能对其他电极的极性和电流产生较大的影响。例如,如果减小最有效的阴极极化度,有可能使中间的阴极变为阳极。反之,减小最强阳极的极化度,可促使中间的阳极转化为阴极。

四、差异效应

将一块锌试片浸在盐酸溶液中,如果溶于酸中的氧气量小到可忽略不计,就可认为锌的腐蚀完全由 H^+ 离子去极化反应引起。因此,可通过测量单位时间内锌试样上的析氢量来表示锌的腐蚀速度。如图 3.28 所示,在图中开关 K 断开的情况下,锌试样处于自腐蚀状态,测得单位时间内的析氢量,即锌的自腐蚀速度为 v_0。然后接通开关 K,使锌试样与同溶液中电势高的金属铂连通,使锌阳极极化;或者将 Zn 试样与外电源的正极连接,使锌阳极极化,锌的电势由 φ_{corr} 正移至 φ_g,即阳极极化值 $\Delta\varphi = \varphi_g - \varphi_{corr}$(见图 3.29)。这时发现,锌试样总的溶解速度增大了,但锌上的析氢速度 v_1 却比未极化时的 v_0 小了,其差值为

$$\Delta v = v_0 - v_1 \qquad\qquad (3.95)$$

这种现象称为差异效应。

图 3.28　差异效应现象测试

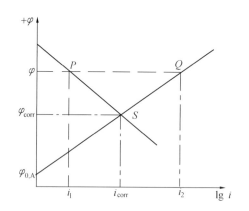

图 3.29　差异效应的极化图

差异效应反映了阳极极化对微电池腐蚀作用的影响。阳极极化使整个试样的溶解速度增大,但却使试样中由微阴极引起的"自腐蚀速度"减小。如图 3.29 所示,这时锌的阳极溶解电流 i_2(即 $\varphi_g Q$ 段)由两部分组成:一部分为锌上微电池引起的"自腐蚀速度"i_1(即 $\varphi_g P$ 段),这体现为析氢速度 v_1;另一部分由外加阳极 Pt 引起,或外加阳极极化电流($i_2 - i_1$)引起,相当于图中 PQ 段,在图 3.28 中这体现为 Pt 上的析氢速度。由图 3.29 很明显看出,阳极极化后,锌的总溶解速度由 i_{corr} 增至 i_2;而由锌上微电池引起的自腐蚀速度却由 i_{corr} 减小到 i_1。差异效应指的就是这一现象。

差异效应也可利用腐蚀极化图来说明。例如,锌在酸性溶液中的腐蚀极化图可由图 3.30 中 $\varphi_{0,A}B$ 阳极极化曲线和 $\varphi_{0,C}D$ 阴极极化曲线构成。二者相交于点 S,可得腐蚀电位 φ_{corr} 和自腐蚀电流 I_{corr}。当锌与铂电极连接后,正电势的铂为阴极,锌被阳极极化。图中 $\varphi_{0,Pt}M$ 表示铂的阴极极化曲线。如果把腐蚀着的锌看成二电极体系,则加入铂后就构成了三电极体系。因铂电势较高,作为阴极,因此需要把两条阴极极化曲线 $\varphi_{0,C}D$ 与 $E_{0,Pt}M$ 加合,求出总的阴极极化曲线 $\varphi_{0,Pt}N$,此曲线与锌阳极极化曲线 $\varphi_{0,A}B$ 相交于 Q。Q 对应的电位即是锌和铂的

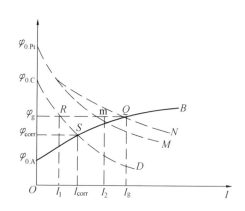

图 3.30　说明差异效应的腐蚀极化图

混合电势 φ_g;Q 对应的电流即为锌的总溶解电流 I_{corr}。$\varphi_g Q$ 线与 $\varphi_{0,C}D$ 线的交点 P 对应的电流 I_1,表示与铂电极连接后锌的自腐蚀电流;$\varphi_g Q$ 与 $\varphi_{0,Pt}M$ 线的交点对应的电流 I_2,表示由铂电极引起的锌溶解速度。$I_g = I_1 + I_2 > I_{corr}$,说明锌与铂连接后总的溶解速度增加了。但锌电极本身的微电池腐蚀电流 I_1 却比 I_{corr} 减小了,锌接上铂阴极后,因为阳极极化,使锌上微电池腐蚀作用减小了,($I_{corr} - I_1$)就是正的差异效应。

但实践中也发现有差异效应接近于零和负差异效应现象。在阴极去极化反应完全由扩散控制时,可能出现 $v_1 \approx v_2 = i_1$,因此差异效应接近于零: $\Delta v = v_0 - v_1 \approx 0$。

负差异效应是反常情况,不能由简单的腐蚀动力学说明。出现负差异效应的可能原因有三:第一,由于金属的阳极极化,金属表面状态较极化前有剧烈的改变,这种改变又恰好能使金属的自腐蚀速度剧烈增加,这样就会出现负差异效应。例如,Al 和 Mg 及其合金,从热力学上来说是很活泼的金属,它们与 H_2O 作用而析出 H_2 的化学亲和势是很大的,但由于这些金属表面上存在着牢固完整的氧化膜,故通常在中性水溶液中的腐蚀速度仍比较小。但是,如果在含 Cl^- 离子的溶液中阳极极化,就会使这些金属表面上的氧化膜遭到破坏,而使析氢自腐蚀的反应速度剧烈增加。因此,这类金属在含 Cl^- 离子的中性溶液中会出现负差异效应。第二,有些金属在一定条件下阳极极化时,除了阳极溶解外,同时还有未溶解的金属微小晶粒或粉尘状粒子脱落。在这种情况下,如果用称量金属试样的重量来测定腐蚀速度,就会得到过大的"自腐蚀速度"的数值,从而出现负差异效应。第三,有些金属在一些溶液中阳极溶解的直接产物是低价离子,在溶液中这些低价离子被化学氧化成为最终高价离子产物。如果按最终产物的价数,用法拉第定律从外测阳极电流密度来计算金属的阳极溶解速度的话,就会得出金属的实际失重远大于按法拉第定律计算所得的失重结果,从而出现表观上的负差异效应。

第4章 析氢腐蚀与吸氧腐蚀

金属在酸中腐蚀时,设酸溶液中除 H^+ 以外没有其他的氧化剂,氢离子的还原反应则是惟一的阴极反应。因此,放氢反应的研究对了解金属的析氢腐蚀起着重要的作用。

在中性或碱性介质中,氢离子浓度比较低,所以析氢平衡电势也比较低。对某些不太活泼的金属,其阳极溶解平衡电势又比较高,则这些金属在中性或碱性介质中的腐蚀溶解的共轭反应往往不是氢的析出反应,而是溶解氧的还原反应,即氧去极化反应促使了作为阳极的金属不断被腐蚀。这种腐蚀过程称之为吸氧腐蚀。

在金属与电解液腐蚀系统中,既要有阳极的溶解,即阳极区金属的离子化过程,也要有在阴极区腐蚀剂被还原的过程。阴极过程的种类有:

① 氢的析出反应——在酸性溶液中 H^+ 离子放电

$$H^+ + e \longrightarrow H$$

$$H + H \longrightarrow H_2$$

② 氧的还原——溶液中有溶解氧时,氧分子被还原

在中性或碱性溶液中

$$\frac{1}{2}O_2 + H_2O + 2e \longrightarrow 2OH^-$$

在酸性溶液中

$$\frac{1}{2}O_2 + 2H^+ + 2e \longrightarrow H_2O$$

③ 高价金属离子还原,如 Fe 锈蚀产物中的三价铁离子还原

$$Fe_3O_4 + H_2O + 2e \longrightarrow 3FeO + 2OH^-$$

或

$$Fe(OH)_3 + e \longrightarrow Fe(OH)_2 + OH^-$$

④ 贵金属离子沉积,例如 Cu^{2+} 在铁或铝上沉积

$$Cu^{2+} + 2e \longrightarrow Cu$$

⑤ 氧化性酸或某些负离子还原

$$NO_3^- + 2H^+ + 2e \longrightarrow NO_2^- + H_2O$$

⑥ 某些有机化合物还原——多见于化工器械的腐蚀,如

$$RO + 4H^+ + 4e \longrightarrow RH_2 + H_2O$$

或

$$R + 2H^+ + 2e \longrightarrow RH_2$$

式中,R 为有机分子中的基或有机分子。

以上阴极反应过程的电子均来自于阳极金属,从而促使阳极金属离子不断进入溶液,其中氢的析出反应和氧还原反应是最常见的阴极过程。

4.1 析氢腐蚀

一、析氢腐蚀的必要条件

以氢离子还原反应为阴极过程的腐蚀称为析氢腐蚀(Hydrogen Evolution Corrosion)。发

生析氢腐蚀的必要条件是,金属的电极电势 φ_M 必须低于氢离子的还原反应电势(析氢电势 φ_H),即

$$\varphi_M < \varphi_H \qquad (4.1)$$

析氢电势等于氢的平衡电势 $\varphi_{0,H}$ 与析氢过电势 η_H 之差

$$\varphi_H = \varphi_{0,H} - \eta_H \qquad (4.2)$$

氢的平衡电势 $\varphi_{0,H}$ 可实验测定,也可根据 Nernst 方程式计算

$$\varphi_{0,H} = E_H^\ominus + \frac{2.3RT}{F}\lg a_{H^+} \qquad (4.3)$$

因 $\varphi_H^\ominus = 0$,pH $= -\lg a_{H^+}$,25℃时 $2.3RT/F = 0.059\ 1$ V,所以

$$\varphi_{0,H} = \frac{2.3\mathrm{R}T}{F}\mathrm{pH} \qquad (4.4)$$

25℃时,$E_{0,H} = -0.059\ 1$ pH(单位为 V,相对于 SHE)。

析氢过电势 η_H 与通过的阴极电流密度、阴极材料和溶液组成等因素有关。可通过实验测定,也可用 Tafel 方程式计算(下述)。

可见,一种金属在给定的腐蚀介质中是否会发生析氢腐蚀,可通过上述计算来判断。一般来说,电势较低的金属,如 Fe、Zn 等在不含氧的非氧化性酸中,以及电势非常低的金属,如 Mg,在中性或碱性溶液中都发生析氢腐蚀,但是,对于一些强钝化性金属,如 Ti、Cr,从热力学计算可满足析氢腐蚀条件,但由于钝化膜在稀酸中仍很稳定,实际电势高于析氢电势,因而不发生析氢腐蚀。

二、析氢过电势

氢离子阴极去极化反应主要由下列几个连续步骤组成:

① 水化氢离子 $H^+ \cdot H_2O$ 向阴极表面迁移。

② 水化氢离子在电极表面接受电子还原,同时脱去水分子,变成表面吸附氢原子 H_{ad}

$$H^+ \cdot H_2O + e \longrightarrow H_{ad} + H_2O$$

③ 吸附氢原子除了可能进入金属内部外,大部分在表面扩散并复合形成氢分子

$$H_{ad} + H_{ad} \longrightarrow H_2 \uparrow$$

吸附氢原子也可发生电化学脱附

图 4.1　氢电极反应示意图

$$H_{ad} + H^+ \cdot H_2O + e \longrightarrow H_2 \uparrow + H_2O$$

④ 氢分子聚集成氢气泡逸出。

这些步骤中,如果某一步骤进行得较缓慢,就会使整个氢去极化反应受到阻滞,由阳极迁移过来的电子就会在阴极积累,使阴极电势向负方向移动,从而产生一定的过电势。

大量实验结果表明,析氢过电势 η_H 与阴极电流密度 i_C 之间存在下列关系

$$\eta_H = a_H + b_H \lg i_C \qquad (4.5)$$

式中 a_H 和 b_H 为常数,这就是 Tafel 经验方程式。进一步研究表明,对于析氢反应,电流密度在 $10^{-9} \sim 100$ A·cm^{-2} 这样宽的区间范围内,Tafel 关系都成立。且从电极过程动力学理论可有 a_H 和 b_H 的理论表达式(式3.29 和 3.22)

$$a_H = \frac{-2.3RT}{\beta Fn} \lg i_H^0 \qquad (4.6)$$

$$b_H = \frac{2.3RT}{aFn} \qquad (4.7)$$

此规律是由析氢反应的活化极化引起的,因此,氢去极化反应的控制步骤不可能是步骤①和④。迟缓放电理论认为第②步是整个析氢过程的控制步骤,该步骤最慢,而迟缓复合理论则强调第③步为控制步骤。根据迟缓放电理论求得的 b_H 值为 118 mV(25℃,见式 4.7),与大多数金属电极上实测的 b_H 值大致相同,因此迟缓放电理论更具有普遍意义。但也有少数金属(如 Pt 等),用迟缓复合理论解释其析氢过电势的成因更合适。

在析氢腐蚀中,金属或合金在酸中发生均匀腐蚀时,如果作为阴极的杂质或合金相具有较低的析氢过电势,则腐蚀速度较大,反之,若杂质或阴极相上的析氢过电势较大,则腐蚀速度较小。

图 4.2 显示了不同金属析氢过电势 η_H 随阴极电流密度的变化。由图可看出,析氢过电势与阴极电流密度的对数成直线关系,与(4.5) Tafel 方程式所描述的相吻合。通常常数 a_H 与电极材料性质、表面状况、溶液组成和温度有关,其数值等于单位电流密度下的氢过电势。a_H 愈大,在给定电流密度下的氢过电势愈大。而常数 b_H 与电极材料无关,各种金属阴极上析氢反应的 b_H 值大致相同,约在 0.11 ~ 0.12 V 之间(表 4.1)。从图 4.2 中可看出不同金属的析氢 Tafel 直线基本平行。

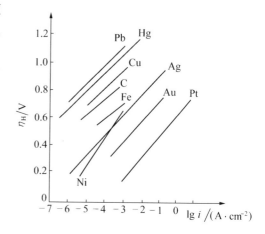

图 4.2　不同金属上的析氢过电势与电流密度的关系

表 4.1 列出了不同金属上析氢反应的 Tafel 常数 a_H 和 b_H 值,其中 a_H 值是电流密度为 1 A/cm² 时的析氢过电势。根据 a_H 值的大小,可将金属大致分成三类,由此可看出金属材料对析氢过电势的影响:

① $a_H > 1$ V 的高氢过电势的金属。

② a_H 在 0.5 ~ 1.0 V 之间的中等氢过电势的金属。

③ $a_H < 0.5$ V 低氢过电势的金属。

不同金属材料的 a_H 不同,这主要是因为不同金属上析氢反应的交换电流密度 i_H^0 不同(式 4.6 和表 4.2),或是析氢反应机理不同引起的。例如,低氢过电势的金属,如 Pt、Pd 等、对氢离子放电有很大的催化活性,使析氢反应的交换电流密度很大(表 4.2),同时吸附氢原子的能力也很强,从而造成氢在这类金属上还原反应过程中最慢的步骤为吸附氢原子的复合脱附。高过电势金属对氢离子放电反应的催化能力很弱,因而 i_H^0 很小,因此,这类金属上氢离子的迟缓放电构成了氢去极化过程的控制步骤。对于中等氢过电势的金属,如 Fe、Ni、Cu 等,氢去极化过程中最慢的步骤可能是吸附氢的电化学脱附反应

$$H_{ad} + H^+ \cdot H_2O + e \longrightarrow H_2 + H_2O$$

表 4.1　不同金属析氢反应的 Tafel 常数 a_H 和 b_H 值(25℃)

金属	酸性溶液		碱性溶液	
	a_H/v	b_H/v	a_H/v	b_H/v
Pt	0.10	0.03	0.31	0.10
Pd	0.24	0.03	0.53	0.13
Au	0.40	0.12		
W	0.43	0.10		
Co	0.62	0.14	0.60	0.14
Ni	0.63	0.11	0.65	0.10
Mo	0.60	0.08	0.67	0.14
Fe	0.70	0.12	0.76	0.11
Mn	0.80	0.10	0.90	0.12
Nb	0.80	0.10		
Ti	0.82	0.14	0.83	0.14
Bi	0.84	0.12		
Cu	0.87	0.12	0.96	0.12
Ag	0.95	0.10	0.73	0.12
Gc	0.97	0.12		
Al	1.00	0.10	0.64	0.14
Sb	1.00	0.11		
Be	1.08	0.12		
Sn	1.20	0.13	1.28	0.23
Zn	1.24	0.12	1.20	0.12
Cd	1.40	0.12	1.05	0.16
Hg	1.41	0.114	1.54	0.11
Tl	1.55	0.14		
Pb	1.56	0.11	1.36	0.25

表 4.2　不同金属上析氢反应的交换电流密度[*]

金属	$\lg i_H^0/(A\cdot cm^{-2})$	金属	$\lg i_H^0/(A\cdot cm^{-2})$	金属	$\lg i_H^0/(A\cdot cm^{-2})$
Pd	-3.0	Nb	-6.8	Fe	$-5.8(1.0\ mol\cdot L\ HCl)$
Pt	-3.1	Ti	-8.3	W	-5.9
Rh	-3.6	Zn	$-10.3(0.5\ mol\cdot L\ H_2SO_4)$	Cu	$-6.7(0.5\ mol\cdot L\ H_2SO_4)$
Ir	-3.7	Cd	-10.8	Pb	-12.0
Ni	-5.2	Mn	-10.9	Hg	-13.0
Au	-5.4	Tl	-11.0		

注·除注明者外,其余为 $1\ mol\cdot L^{-1}\ H_2SO_4$ 中的数据。

电极表面状态对析氢过电势也有影响。因此相同的金属材料,粗糙表面上的氢过电势比光滑表面上的要小,这是因为粗糙表面上的真实表面积比光滑表面的要大。

如果溶液中含有铂离子,它们将在腐蚀金属 Fe 上析出,形成附加阴极。由于氢在 Pt 上的析出过电势比在 Fe 上小得多,从而加速了 Fe 在酸中的腐蚀(图 4.3)。相反,如果溶液中含有某种表面活性剂,会在金属表面吸附并阻碍氢的析出,从而显著提高析氢过电势。这种表面活性剂就可作为缓蚀剂,防止金属在酸中腐蚀。

溶液的 pH 值对析氢过电势的影响是:在酸性溶液中,氢过电势随 pH 增加而增大;在碱性溶液中,氢过电势随 pH 增加而减小。

溶液温度升高,氢过电势减小。一般温度每升高 1℃,氢过电势约减小 2 mV。

三、析氢腐蚀的控制过程

析氢腐蚀速度可根据阴、阳极极化性能,分为阴极控制、阳极控制和混合控制。

1.阴极控制

图 4.4 为纯锌和含不同杂质的工业锌在酸中的腐蚀极化图,由于 Zn 的溶解反应有低的活化极化,而氢在 Zn 上的析出过电势却非常高,因此 Zn 的析氢腐蚀为阴极控制。若 Zn 中含有较低的氢过电势的金属杂质,如 Cu、Fe 等,阴极极化减小,腐蚀速度变大;相反,如果 Zn 中加入汞,由于汞上的析氢过电势很高,可使 Zn 的腐蚀速度大大下降。应注意到,不同金属上阴极析氢极化曲线,不但极化度不同,交换电流密度也发生改变。交换电流密度变小,相当于极化增大。图中的横坐标为对数刻度,即使极化曲线向右移动较小,腐蚀电流 i_{corr} 也会有很大的增加。事实上,随 Zn 中杂质的性质和含量不同,Zn 在酸中的溶解速度可在 3 个数量级(1 ~ 1 000)之内变化。腐蚀电势的测量表明,伴随着腐蚀速度降低,腐蚀电势变低。这与图 4.4 所表示的一致,表明腐蚀速度受阴极过程控制。

图 4.3 添加铂盐对酸中铁腐蚀的影响

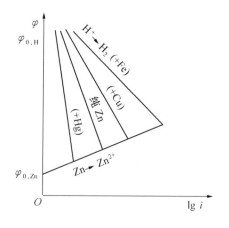

图 4.4 纯 Zn 和含杂质的 Zn 在酸中的溶解(阴极控制)

2.阳极控制

阳极控制的析氢腐蚀主要发生在铝、不锈钢等钝化金属在稀酸中的腐蚀。这种情况下,金属离子必须穿透氧化膜才能进入溶液,因此其阳极极化程度很高。图 4.5 为铝在弱酸中的析氢腐蚀极化图,为阳极控制。

当溶液中有氧存在时,铝、钛、不锈钢等金属表面钝化膜的缺陷处易被修复,因而使其腐蚀速度降低;当溶液中有 Cl⁻ 离子时,其钝化膜易被破坏,从而使腐蚀速度大大增加。这可能是由于 Cl⁻ 离子的易极化性质,容易吸附在氧化膜表面,形成含氯离子的表面化合物(氧化 – 氯化物而不是纯氧化物)。由于这种化合物的晶格缺陷及较高的溶解度,导致氧化膜的局部破裂。另外,由于吸附氯离子排斥电极表面的电子,也会促使金属的离子化。

3.混合控制

铁和钢在酸性溶液中的析氢腐蚀中存在着阴、阳极混合控制,因为阴、阳极极化大约相同。图 4.6 为铁和不同成分的碳钢的析氢腐蚀极化图。在给定电流密度下,碳钢的阳极和阴极极化都比纯 Fe 的低,这意味着碳钢的析氢腐蚀速度比纯 Fe 大。钢中含有杂质 S 时,可使析氢腐蚀速度增大。因为一方面可形成 Fe – FeS 局部微电池,加速腐蚀;另一方面,钢中的硫可溶于酸中,形成 S^{2-} 离子。由于 S^{2-} 易极化而吸附在铁表面,强烈催化电化学过程,使阴、阳极极化度都降低,从而加速腐蚀。这与少量(每千克中含几毫克)硫化物加入酸中对钢的腐蚀起刺激作用的效果类似。

图 4.5　铝在弱酸中的腐蚀(阳极控制)

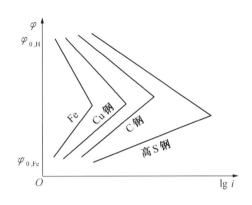

图 4.6　铁和碳钢的析氢腐蚀(混合控制)

若将含 S 的钢中加入 Cu 或 Mn,其作用有二:一是其本身是阴极可加速 Fe 的溶解,另一方面却可抵消 S 的有害作用。因为溶解的 Cu^+ 又沉积在 Fe 表面,与吸附的 S^{2-} 离子形成 Cu_2S,在酸中不溶(溶度积为 10^{-48})。因此可消除 S^{2-} 对电化学反应的催化作用。加入 Mn 也可抵消 S 的有害作用,因为一方面可形成低电导的 MnS,另一方面减少了铁中的 S 含量,而且 MnS 比 FeS 更易溶于酸中。

从析氢腐蚀的阴极、阳极和混合控制可看出,腐蚀速度与腐蚀电势间的变化无简单的相关性。同样使腐蚀速度增加的情况下,阴极控制通常使腐蚀电势变正(见图 4.4);阳极控制使电势变负(图 4.5);混合控制下腐蚀电势可变正,亦可变负,视具体情况而定(图 4.6)。

四、减小析氢腐蚀的途径

析氢腐蚀多数为阴极控制或阴、阳极混合控制,腐蚀速度主要决定于析氢过电势的大小。因此,为了减小或防止析氢腐蚀,应设法减小阴极面积,提高析氢过电势。对于阳极钝化控制的析氢腐蚀,则应加强钝化,防止活化。减小和防止析氢腐蚀的主要途径如下:

① 减少或消除金属中的有害杂质,特别是析氢过电势小的阴极性杂质。溶液可能在金属上析出贵金属,贵金属的析出提供了有效的阴极。如果此析出贵金属的析氢过电势很小,则会加速腐蚀,也应设法去除。

② 加入氢过电势大的成分,如 Hg、Zn、Pb 等。

③ 加入缓蚀剂,增大析氢过电势。如酸洗缓蚀剂若丁(Rodine),其有效成分为二邻甲苯硫脲。

④ 降低活性阴离子成分如 Cl^-、S^{2-} 等。

4.2　吸氧腐蚀

一、吸氧腐蚀的必要条件

在中性或碱性介质中，氢离子浓度往往比较低，所以析氢平衡电势也比较低。对某些不太活泼的金属而言，其阳极溶解平衡电势又较高，因此这些金属在中性或碱性介质中的腐蚀溶解的共轭反应通常不是氢的析出反应，而是溶解氧的还原反应。以氧的还原反应为阴极过程的腐蚀，称为氧还原腐蚀(Oxygen Reduction Corrosion)或吸氧腐蚀(Oxygen-Consuming Corrosion)。发生吸氧腐蚀的必要条件是金属的电势比氧还原反应的电势低

$$\varphi_M < \varphi_{O_2} \tag{4.8}$$

在中性和碱性溶液中氧还原反应为

$$O_2 + 2H_2O + 4e \longrightarrow 4OH^-$$

其平衡电势为

$$\varphi_{O_2} = \varphi^{\ominus} + \frac{2.3RT}{4F} \lg \frac{p_{O_2}}{a_{OH^-}^4} \tag{4.9}$$

$\varphi^{\ominus} = 0.401$ V(SHE)，$p_{O_2} = 0.2 \times 10^5$ Pa，当溶液 pH = 7 时，氧还原反应电势为

$$\varphi_{O_2} = 0.401 + \frac{0.0591}{4} \lg \frac{0.21}{(10^{-7})^4} = 0.805 \text{ V(SHE)}$$

在酸性溶液中氧的还原反应为

$$O_2 + 4H^+ + 4e \longrightarrow 2H_2O$$

其平衡电势为

$$\varphi_{O_2} = \varphi^{\ominus} + \frac{2.3RT}{4F} \lg(p_{O_2} \cdot a_{H^+}^4) \tag{4.10}$$

$\varphi^{\ominus} = 1.229$ V(SHE)，$p_{O_2} = 0.2 \times 10^5$ Pa。因此，氧的平衡电势与溶液 pH 值的关系为

$$\varphi_{O_2} = 1.22 - 0.059 \ 1pH \tag{4.11}$$

自然界中，溶液与大气相通，溶液中溶解有氧。在中性溶液中氧的还原电势为 0.805 V。可见，只要金属在溶液中的电势低于这一数值，就可能发生吸氧腐蚀。所以，许多金属在中性或碱性溶液中，在潮湿大气、淡水、海水、潮湿土壤中，都能发生吸氧腐蚀，甚至在酸性介质中也会有部分吸氧腐蚀。不难看出，与析氢腐蚀相比，吸氧腐蚀具有更普遍更重要的意义。

二、氧的阴极还原过程及其过电势

吸氧腐蚀的阴极去极化剂是溶液中溶解的氧。随着腐蚀的进行，消耗掉的氧，需空气中的氧来补充。氧从空气中进入溶液并迁移到阴极表面发生还原反应，此过程包括：

① 氧穿过空气/溶液界面进入溶液；

② 在溶液对流作用下，氧迁移到阴极表面附近；

③ 在扩散层范围内，氧在浓度梯度作用下扩散到阴极表面；

④ 在阴极表面氧分子发生还原反应，也叫氧的离子化反应。

这四个步骤中，步骤 1 和 2 一般不成为控制步骤，多数情况下步骤 3 为控制步骤，在加

强搅拌或流动的腐蚀介质中,步骤 4 可成为控制步骤。

这是因为氧在空气与溶液间存在着溶解平衡。除非在除去空气的密闭体系中或温度接近(或超过)沸点的敞开体系中,否则溶液中总含有氧。虽然氧不存在电迁移作用,但溶液对流对氧的传输远远超过氧的扩散速度,而在靠近电极表面附近时,对流速度逐渐减小。在自然对流下,稳态扩散层厚度约 0.1 ~ 0.5 mm。此扩散层内,氧的传输只有靠扩散进行。

因此,多数情况下,吸氧腐蚀为阴极氧的扩散控制。在氧的扩散控制下,式(3.61)适用。相应氧的极限扩散电流为

$$i_L = \frac{nFDC^0}{\delta} \tag{4.12}$$

室温下氧在水中的溶解度很小。如 20℃时,每千克被空气($P_{O_2} = 0.21 \times 10^5$ Pa)饱和的纯水中大约含 40 mg 的氧。在每千克 5℃的海水中氧含量约 10 mg(约 0.3 mol/m³)。如此低的溶解度意味着氧阴极还原的极限电流密度很小,典型情况下,取扩散层有效厚度 $\delta = 0.1$ mm,氧在水中的扩散系数 $D = 10^{-9}$ m²/S,氧在海水中的溶解度 $C^0 = 0.3$ mol/m³,氧还原反应中的电子数 $n = 4$,代入式(4.12)可得氧的极限扩散电流约

$$i_L = \frac{nFDC^0}{\delta} = \frac{4 \times 96\,500 \times 10^{-9} \times 0.3}{10^{-4}} = 1.16 \text{ A·m}^{-2}$$

由式(1.12)可知,腐蚀速度约为 1 mm/a。也就是说,这种条件下,不管腐蚀电池的电动势大小如何,腐蚀速度被氧的阴极扩散速度限制在 1 mm/a 以内。但如果搅拌溶液,或者在流动的溶液中,特别是海水飞溅区的腐蚀,由于氧的扩散速度大大加快,金属的腐蚀速度可能由氧的阴极还原反应即氧的离子化反应速度控制。氧分子阴极还原总反应包含 4 个电子,反应机理相当复杂。通常有中间态粒子或氧化层形成。不同溶液中反应机理还不一样。有些问题至今尚未认识清楚。

在酸性溶液中,氧还原总反应为

$$O_2 + 4H^+ + 4e \longrightarrow 2H_2O$$

可能由下列一系列步骤组成,其中第一步可能为控制步骤。

$$O_2 + e \longrightarrow O_2^-$$

$$O_2^- + H^+ \longrightarrow HO_2$$

$$HO_2 + e \longrightarrow HO_2^-$$

$$HO_2^- + H^+ \longrightarrow H_2O_2$$

$$H_2O_2 + H^+ + e \longrightarrow H_2O + HO$$

$$HO + H^+ + e \longrightarrow H_2O$$

在中性和碱性溶液中。氧还原总反应为

$$O_2 + 2H_2O + 4e \longrightarrow 4OH^-$$

可能分成下列几个基本步骤,第二步可能为控制步骤。

$$O_2 + e \longrightarrow O_2^-$$

$$O_2^- + H_2O + e \longrightarrow HO_2^- + OH^-$$

$$HO_2^- + H_2O + 2e \longrightarrow 3OH^-$$

实验证明,大多数金属氧的还原反应过程中有中间产物 H_2O_2 或二氧化一氢离子 HO_2^-

生成,说明上述机理的合理性。

当氧离子化反应为控制步骤时,阴极过电势服从 Tafel 公式

$$\eta_{a'O_2} = a' + b' \lg i_C \tag{4.13}$$

式中 a' 和 b' 为常数,其中 a' 为单位电流密度下的氧过电势,它与电极材料、表面状态、溶液组成和温度有关;b' 与电极材料无关,25℃时约为 0.116 V。由表 4.3 可看出,氧的过电势都较高,多在 1 V 以上。

表 4.3　不同金属上的氧离子化过电势($i_C = 1\ \text{mA·cm}^{-2}$)

金　　属	氧过电位 η_{O_2}/V	金　　属	氧过电位 η_{O_2}/V
Pt	0.70	Cr	1.20
Au	0.85	Sn	1.21
Ag	0.97	Co	1.25
Cu	1.05	Fe_3O_4	1.26
Fe	1.07	Pb	1.44
Ni	1.09	Hg	1.62
石墨	1.17	Zn	1.76
不锈钢	1.18	Mg	2.55

图 4.7 给出氧去极化过程的阴极极化曲线,整个阴极极化曲线可分成三个区段:

① 当阴极电流密度较小且供氧充分时,相当于极化曲线的 $\varphi_{0,O_2}AB$ 段,这时过电势与电流密度的对数成直线关系,符合式(4.13),说明阴极极化过程的速度主要决定于氧的离子化反应。

② 当阴极电流密度增大,相当于图中 BCD 段,因氧的扩散速度有限,供氧受阻,出现了明显的浓差极化。氧浓差过电势 η_{C,O_2}(取正值)为

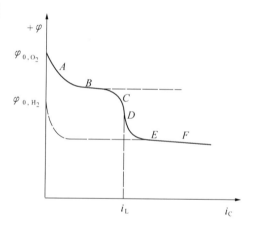

$$\eta_{C,O_2} = -\frac{2.3RT}{nF} \lg\left(1 - \frac{i_C}{i_L}\right) \tag{4.14}$$

这时阴极过程受氧的离子化反应和扩散共同控制,总的阴极过电势为

图 4.7　氧去极化过程的总极化曲线

$$\eta_{O_2} = \eta_{a,O_2} + \eta_{c,O_2} = a' + b' \lg i_C - \frac{2.3RT}{nF} \lg\left(1 - \frac{i_C}{i_L}\right) \tag{4.15}$$

③ 当 $i_C \approx i_L$ 时,由式(4.14)可知,$\eta_{C,O_2} \to \infty$,实际上不会发生这种情况。因为当电势降低到一定的数值时,另外的还原反应就开始了。例如,达到氢的平衡电势后。氢的去极化过程(图中 $\varphi_{0,H_2}EF$ 曲线)就开始与氧的去极化过程同时进行(图中 DEF 段),两条极化曲线加合,得到总的阴极极化曲线 $\varphi_{0,O_2}ABCDEF$ 曲线。

三、吸氧腐蚀的控制过程及特点

金属发生氧去极化腐蚀时,通常阳极过程发生金属活性溶解,腐蚀过程处于阴极控制之下。氧去极化腐蚀速度主要取决于溶解氧向电极表面的传递速度和氧在电极表面上的放电

速度。因此,可粗略地将氧去极化腐蚀分为三种情况:

① 如果腐蚀金属在溶液中的电势较高,腐蚀过程中氧的传递速度又很大,则金属腐蚀速度主要由氧在电极上的放电速度决定,这时阳极极化曲线与阴极极化曲线相交于氧还原反应的活化极化区(图4.8交点 K)。例如,铜在强烈搅拌的敞口溶液中的腐蚀。

② 如果腐蚀金属在溶液中的电势很低,腐蚀过程中氧的传输速度太小,阴极过程将由氧去极化和氢离子去极化两个反应共同组成。由图4.8中交点 M 可知,此时腐蚀电流大于氧的极限扩散电流。例如,镁在中性介质中的腐蚀。

③ 如果腐蚀金属在溶液中的电势较低,且处于活性溶解状态,而氧的传输速度又有限,则金属腐蚀速度将由氧的极限扩散电流密度决定。如图4.9,阳极极化曲线和阴极极化曲线相交于氧的扩散控制区(如点 L)。

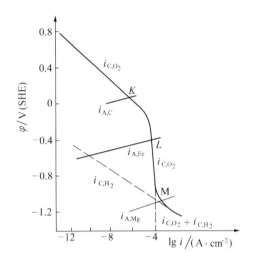

图 4.8　不同金属在中性溶液中的腐蚀极化图

多数情况下,氧向电极表面的扩散决定了整个吸氧腐蚀过程的速度。因为氧在水溶液中的溶解度是有限的。例如,对于水与空气呈平衡状态的体系,水中氧的溶解度仅为 10^{-4} mol·L^{-1}。因此,这类介质中,吸氧腐蚀速率往往被氧向金属表面的扩散速度所控制,而不是被活化控制。也就是说,金属腐蚀速度与氧在阴极还原的极限扩散电流密度相一致。

扩散控制的腐蚀过程,由于腐蚀速度是由氧的扩散速度决定的,因而在一定范围内,腐蚀电流将不受阳极极化曲线的斜率和起始电势的影响。如图4.9中 A、B、C 三种合金的阳极极

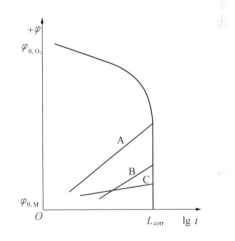

图 4.9　不同合金在吸氧腐蚀的阴极扩散控制下具有相同的腐蚀速度

化曲线不同,但腐蚀电流都一样,这种情况下腐蚀速度与金属本身的性质无关,例如钢铁在海水中的腐蚀。普通碳钢和低合金钢的腐蚀速度没有明显区别。

扩散控制的腐蚀过程,金属中不同的阴极性杂质或微阴极数量的增加,对腐蚀速度的增加只起很小的作用。图4.10为不同的锌合金在充空气的 0.1 mol·L^{-1} KCl 溶液中吸氧量(mL)随时间的变化。可见与酸性溶液中的析氢腐蚀(图4.2)截然不同,杂质对锌合金的吸氧腐蚀不产生影响,不同锌合金的吸氧腐蚀速度差别很小。这是因为当微阴极在金属表面分散得比较均匀时,即使阴极的总面积不大,实际上可用来输送氧的溶液体积基本上都已被用于氧向阴极表面的扩散了(图4.11)。继续增加微阴极的数量或面积并不会引起扩散过程的显著加强,因而不会显著增加腐蚀速度。

图 4.10　不同锌合金在充空气的 $0.1\ \text{mol}\cdot\text{L}^{-1}$ KCl 溶液中腐蚀量随时间的变化

图 4.11　氧向微阴极扩散途径示意图

四、影响吸氧腐蚀的因素

如果吸氧腐蚀受阴极控制,且供氧速度很快,腐蚀电流小于氧的极限扩散电流。则金属的腐蚀速度主要取决于阴极氧还原反应的活化过电势。因而金属中的阴极杂质、合金成分和组织、微阴极面积等都将影响吸氧腐蚀速度。但大多数情况下,供氧速度有限,吸氧腐蚀受氧的扩散过程控制。这种情况下,金属的腐蚀速度就等于氧的极限扩散电流密度

$$i_{\text{corr}} = i_{\text{L},\text{O}_2} = nFD_{\text{O}_2}C_{\text{O}_2}^0/\delta \tag{4.16}$$

因此,凡是影响氧的极限扩散电流密度 i_{L} 的因素,也就是说,凡是影响溶液中溶解氧的浓度 $C_{\text{O}_2}^0$、氧的扩散系数 D_{O_2} 以及扩散层厚度的因素,都将对腐蚀速度的大小产生影响。

1.溶解氧浓度的影响

随着溶解氧浓度的增大,氧的极限扩散电流密度增大,导致吸氧腐蚀速度增大,如图 4.12。氧含量高的阴极极化曲线 2 比氧含量低的曲线 1 初始电势高,即 $\varphi_{0,2} > \varphi_{0,1}$,且极限扩散电流密度大,因而氧含量高的腐蚀速度大($i_{\text{corr2}} > i_{\text{corr1}}$),腐蚀电势也较高($\varphi_{\text{corr2}} > \varphi_{\text{corr1}}$)。但如果腐蚀金属具有钝化特性,则当氧浓度增大到一定程度时,由于 i_{1,O_2} 达到了该金属的致钝电流密度 i_{pp}(详见下章),则该金属反而由活化状态转为钝态,氧去极化的腐蚀速度将显著降低(图 5.8)。可见,溶解氧对金属腐蚀往往有着相反的双重影响,这对研究具有钝化行为的金属在中性溶液中的腐蚀有重要意义。

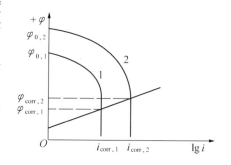

图 4.12　氧浓度对扩散控制的
腐蚀过程影响示意图
1—氧浓度小;　2—氧浓度大。

2.温度的影响

一般地讲,溶液温度升高有利于溶液的热运动及提高界面电极反应速度。温度升高,溶液粘度降低,从而溶解氧的扩散系数增大,故温度升高会加速腐蚀。但对于敞开体系,当温度升到一定程度,尤其接近沸点时,氧的溶解度急剧降低,而使腐蚀速度减小。因此,如图 4.13 所示,敞开体系下铁在水中的腐蚀速度在 80℃ 附近达到最大值。对于封闭体系,温度升高使气相中氧分压增大,有增加氧溶解度的趋势,这与温度升高使氧在溶液中溶解度降低的作用大致抵消,因此腐蚀速度将一直随温度升高而增大。

3.盐浓度的影响

溶盐量对金属的腐蚀有着双重作用。一方面,在中性溶液中,当盐的浓度较低时,随着盐浓度增加,溶液的电导率增大,腐蚀速度有所上升。例如,当 NaCl 质量分数增到 3%时(大约相当于海水中 NaCl 的含量),铁的腐蚀速度达到最大值,如图 4.14。另一方面,随 NaCl 浓度进一步增加,由于氧的溶解度显著降低,反而使铁的腐蚀速度下降。

图 4.13　温度对铁在水中腐蚀速度的影响

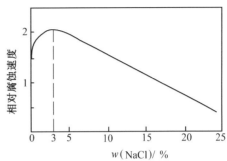

图 4.14　NaCl 浓度对铁在充气溶液中腐蚀速度的影响

4.溶液搅拌和流速的影响

溶液搅拌或流速增加,可使扩散层厚度减小,氧的极限扩散电流增加,因而腐蚀速度增大。如图 4.15 所示,在层流区内,腐蚀速度随流速的增加而缓慢上升。当流速增加到开始出现湍流的速度,即临界速度为 v_{cri} 时,湍流液体击穿了紧贴金属表面的、几乎静止的边界层,并使保护膜发生一定程度的破坏,因此腐蚀速度急剧增加。实际上腐蚀类型已由层流下的均匀腐蚀,变成为湍流下的磨损腐蚀(即湍流腐蚀)。当流速上升到某一数值后,阳极极化曲线不会再与吸氧反应极化曲线的浓差极化部分相交,而与活化极化部分相交(如图 4.15b)。这时腐蚀速度不再受阳极氧的极限扩散电流控制,腐蚀类型也不再是全面腐蚀,而变为湍流腐蚀了。随着流速进一步提高到高流速区,将引起空泡腐蚀(见 7.4 节)。

(a) 流速对腐蚀速率及腐蚀类型的影响

(b) 不同流速下的吸氧腐蚀图

图 4.15　溶液流速对吸氧腐蚀的影响

流速 $v_1 < v_{cri} < v_2 < v_3$

1—层流区全面腐蚀;　2—湍流区湍流腐蚀;
3—高流速区空泡腐蚀。

有钝化倾向的金属或合金尚未进入钝态时,增加溶液流速或加强搅拌作用都可能使阴极极限扩散电流密度达到或超过致钝电流密度,从而促使金属或合金钝化,降低腐蚀速度(图 5.9)。

五、 析氢腐蚀与吸氧腐蚀的比较

析氢腐蚀和吸氧腐蚀各自的阴极过程特征及二者对照比较见表4.4。

表 4.4　析氢腐蚀与吸氧腐蚀的比较

比较项目	析氢腐蚀	吸氧腐蚀
去极化剂性质	带电氢离子,迁移速度和扩散能力都很大	中性氧分子,只能靠扩散和对流传输
去极化剂浓度	浓度大;酸性溶液中 H^+ 放电;中性或碱性溶液中去极化反应为 $H_2O + e \rightarrow H + OH^-$	浓度不大,其溶解度通常随温度升高和盐浓度增大而减小
阴极控制原因	主要是活化极化 $$\eta_{H_2} = \frac{2.3RT}{anF} \lg \frac{i_C}{i^0}$$	主要是浓差极化 $$\eta_{O_2} = \frac{2.3RT}{nF} \lg \left(1 - \frac{i_C}{i_L} \right)$$
阴极反应产物	以氢气泡逸出,电极表面溶液得到附加搅拌	产物 OH^-,只能靠扩散或迁移离开无气泡逸出,得不到附加搅拌

第5章 金属的钝化

5.1 钝化现象与阳极钝化

一、钝化现象

钝化的概念最初来自法拉第对铁在硝酸溶液中变化的观察。若把一块工业纯铁放入不同浓度的硝酸中,就会发现铁的溶解速度并不随硝酸浓度的增长而单调增加,而是当硝酸增加到一定浓度后,铁的溶解速度开始急剧下降,当继续增加硝酸浓度,铁的溶解速度将仍然很低,如图 5.1 所示。铁在室温浓硝酸中不发生反应,而变得稳定了。这一异常现象称为钝化(Passivation)。即在某些环境条件下金属失去了化学活性。而且发现,经过浓硝酸处理过的铁再放入稀硝酸(或水、水蒸汽和其他介质)中,也能使这种稳定性保持一定时间。

其他金属如铬、镍、钴、钼、铝、钽、铌、钨、钛等也同样具有这种钝化现象。其他强氧化剂

图 5.1 铁的溶解速度与 HNO_3 质量分数的关系(质量分数为 25%)

(如硝酸钾等)也可引起一些金属产生钝化;而其他非氧化性介质也能使某些金属(如镁在氢氟酸中,铝和铌在盐酸中)产生钝化,溶液或大气中的氧也是一种钝化剂。除此以外,一些具有活化 – 钝化转变的金属,当外加阴极极化时,也可使其转入钝化状态。

钝化前后,金属或合金有几个显著的变化:

(1)金属的腐蚀速度显著降低

金属处在钝化状态时,其腐蚀率非常低。当由活化态转入钝化态时,腐蚀速率将减小 $10^4 \sim 10^8$ 数量级。这主要是由于腐蚀体系中的金属表面形成了一层极薄的钝化膜。钝化膜的厚度一般为 3 nm 或更薄,它是一层具有很高电阻的半导体氧化膜或者是气体等物质的吸附膜。膜内含有相当量的结合水,其性质极为脆弱,当从金属表面除去或从腐蚀环境中取出时,其钝化将发生变化。

(2)金属的电极电势发生突变,且明显正移

钝化会使金属的电势朝正方向移动 0.5 ~ 2 V 左右。例如,铁钝化后电势由 – 0.5 ~ + 0.2 V 升高到 + 0.5 ~ + 1.0 V;铬钝化后电势由 – 0.6 ~ + 0.4 V 升高到 + 0.8 ~ + 1.0 V。因此有人这样描述钝化:当活泼金属的电极电势变得接近于较不活泼贵金属的电极电势时,活泼的金属就钝化了。

(3)近代表面测试分析仪器可以发现该金属或合金的表面发生了变化

随着测量技术的进步,特别是电化学技术、示踪原子,椭圆偏振法和俄歇电子能谱与 X 光电子能谱等近代表面分析仪器的广泛应用,使得较深入地研究金属的钝化过程成为可能。在有关金属钝化方面,依然有大量未知的问题有待于进一步研究。

二、阳极钝化

由钝化剂引起的金属钝化,通常称为"化学钝化"。阳极极化也可引起金属的钝化。某些金属在一定的介质中(通常不含有 Cl⁻ 离子),当外加阳极电流超过某一定数值后,可使金属由活化状态转变为钝态,称为阳极钝化或电化学钝化。如 18 – 8 型不锈钢在质量分数为 30%的硫酸中会发生溶解。但若外加电流使其阳极极化,当极化到 – 0.1 V(SCE)之后,不锈钢的溶解速度将迅速下降至原来的数万分之一。并且在 – 0.1 ~ 1.2 V(SCE)范围内一直很稳定。Fe、Ni、Cr、Mo 等金属在稀硫酸中均可因阳极极化而引起钝化。

金属钝化过程比较复杂,至今还不能用严格的数学解析方法表达出来,目前只是运用图形分析方法描述钝化过程。金属的阳极钝化可以用控制阳极电势(恒电势法)或控制阳极电流(恒电流法)的方法来达到,见图 5.2。用恒电势法测得的金属阳极极化曲线所反映的电化学行为比较显著,可以较方便地分析各种金属的钝化、活化规律,如图 5.2(a)所示。若采用恒电流法则很难观察

(a) 控制电势法 (b) 控制电流法

图 5.2 不同方法测得的阳极钝化曲线

到钝化区内电流随电势的变化,如图 5.2(b)所示。正常测定得 ABCD 曲线,返程则得到 DFA 曲线,都无法得到如图 5.2(a)所示的曲线。

图 5.3 是用控制电势法测得的具有活化 – 钝化行为的金属,如不锈钢的阳极极化曲线示意图。它揭示了金属活化、钝化的各特性点和特征区。由图可知,从金属的开路电势 φ_0 起,随着电势逐渐升高,电流迅速增大,在 B 点达到最大值。电势继续升高,电流却开始大幅度下降,到达 C 点后,电流保持一个很小的数值,而且在 CD 电势范围内电势急剧增加,电流几乎不随电势而改变。超过 D 点后,电流又随电势升高而增大。因此,可将此阳极极化曲线划分成几个不同的区段:

图 5.3 可钝化金属典型阳极极化曲线示意图

1.活性溶解区 AB 段

金属进行正常的阳极溶解,溶解速度受活化极化控制,其中直线部分为 Tafel 直线。

2.活化 – 钝化过渡区 BC 段

点 B 对应的电势称为初始钝化电势 φ_{pp}(Primary Passive Potential),也叫致钝电势。点 B

对应的临界电流密度称为致钝电流密度,用 i_{pp} 表示。因为一旦电流密度超过 i_{pp},电势大于 φ_{pp},金属就开始钝化,此时电流密度急剧降低。但 BC 段为活化–钝化过渡区,在此电势区间,金属表面状态发生急剧变化,并处于不稳定状态。

3. 稳定钝化区 CD

当电势达到 C 点后,金属转入完全钝态,通常把这点的电势称为初始稳态钝化电势 φ_p。CD 电势范围内的电流密度通常很小,在 $\mu A/cm^2$ 数量级,而且几乎不随电势变化。这一微小的电流密度称为维钝电流密度 i_p。维钝电流密度很小,反映了金属在钝态下的溶解速度很小。

4. 过钝化区 DE 段

电势超过 D 点后电流密度又开始增大。D 点的电势称为过钝化电势 φ_{tp}(Transpassive Potential)。此电势区段电流密度又增大了,通常是由于形成了可溶性的高价金属离子,如不锈钢在此区段因有高价铬离子形成,引起钝化膜的破坏,使金属又发生了腐蚀。

5. 氧析出区 EF 段

当达到氧的析出电势后,电流密度增大,这是由于氧的析出反应造成的。对于某些体系,不存在 DE 过钝化区,直接达到 EF 析氧区,如图 5.3 中虚线 DGH 所示。

由此可见,通过控制电势法测得的阳极极化曲线,可显示出金属是否具有钝化行为以及钝化性能的好坏。可以测定各钝化特征参数,如 φ_{pp}、i_{pp}、φ_p、φ_{tp} 及稳定钝化电势范围等。同时还可用来评定不同金属材料的钝化性能,以及不同合金元素或介质成分对钝化行为的影响。

5.2　金属的自钝化

上节讨论了借助外加电源进行阳极极化而使金属发生钝化的"阳极钝化"。本节讨论在没有任何外加极化的情况下,由于腐蚀介质的氧化剂(去极化剂)的还原引起的金属钝化,即金属的自钝化。实现金属的自钝化,必须满足下列两个条件:

① 金属的致钝电势 φ_{pp} 必须高于氧化剂的氧化–还原平衡电势 $\varphi_{0,C}$,即 $\varphi_{0,C} > \varphi_{pp}$;

② 在致钝电势 φ_{pp} 下,氧化剂阴极还原反应的电流密度 i_C 必须大于该金属的致钝电流密度 i_{pp},即在 φ_{pp} 下 $i_C > i_{pp}$。这样才能使金属的腐蚀电势落在该金属的阳极钝化电势范围内,如图 5.4 中的交点 e。

因为金属腐蚀是腐蚀体系中阴、阳极共轭反应的结果。对于一个可能钝化的金属腐蚀体系,如具有活化–钝化行为的金属在一定的腐蚀介质中,金属的腐蚀电势能否落在钝化区,不仅取决于阳极极化曲线上钝化区范围的大小,还取决于阴极曲线的形状和位置。图 5.4 表示阴极极化对钝化的影响。假若图中阴极极化过程为活化控制,极化曲线为 Tafel 直线,但可能有三种不同的交换电流,因此阴极极化的影响可能出现三种不同的情况。

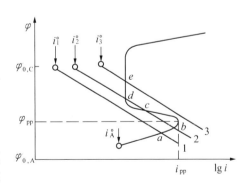

图 5.4　阴极极化对钝化的影响

第一种情况,图5.4中阴极极化曲线1与阳极极化曲线只有一个交点 a,该点处于活化区。点 a 对应着该腐蚀系统的腐蚀电位和电流,此种情况如钛在不含空气的稀硫酸或稀盐酸中的腐蚀及铁在稀硫酸中的腐蚀。第二种情况,图5.4中阴极极化曲线2与阳极极化曲线有三个交点,点 b 在活化区,点 d 在钝化区,点 c 处于过渡区,所以金属处于不稳定状态。金属可能处于活化态,也可能处于钝化态,即钝化很不稳定。这种情况如不锈钢浸在除去氧的酸中,钝化膜遭到破坏又得不到及时修补,使金属腐蚀。点 b 和 d 各处于稳定的活化区和钝化区,分别对应着高的腐蚀速度和低的腐蚀速度。第三种情况,图5.4中阴极极化曲线3与阳极极化曲线交于钝化区的点 e,这类体系金属或合金处于稳定的钝态。金属会自发地钝化,所以叫自钝化。如不锈钢或钛处于含氧的酸溶液中,铁在浓硝酸中就属于此类情况。

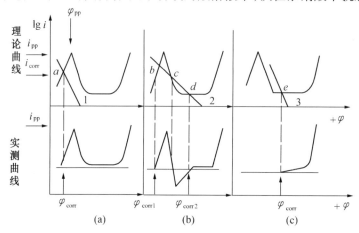

图5.5　阴极极化曲线对钝态稳定性的影响

下面将这三种情况的理论极化曲线与实测极化曲线做一对比。图5.5示出了它们的对应关系。从中可看出,金属钝态稳定性与阴极极化是密切相关的。实测曲线的起始电势对应着腐蚀系统的混合电势,即理论曲线图中阴、阳极极化曲线的交点位置。图中第二种情况,c – d 间对应着实测极化曲线出现负电流,这显然是由于腐蚀系统的还原速度大于氧化速度的缘故。由图还可看出,只有当阴极电流密度超过阳极的最大电流密度(i_{pp})时,即图中第三种情况,该金属才可能发生钝化。因此可以得出这样一个结论,即金属腐蚀系统中的致钝电流 i_{pp} 愈小,致钝电势 φ_{pp} 愈低,则金属愈易钝化,耐蚀性愈好。金属自动进入钝态与很多因素有关,如材料性质、氧化剂的氧化性强弱、浓度、溶液组分、温度等。

不同的金属具有不同的自钝化趋势。常见金属自钝化按趋势减小顺序依次为:Ti、Al、Cr、Be、Mo、Mg、Ni、Co、Fe、Mn、Zn、Cd、Sn、Pb、Cu。但这一趋势并不代表总的腐蚀稳定性,只能表示钝态所引起的阳极过程阻滞而使腐蚀稳定性增加。如果将容易产生自钝化金属和钝性较弱的金属合金化,同样可使合金的自钝化趋势得到提高,使耐蚀性明显增大,此外,在可钝化金属中添加一些阴极性组分(如 Pt、Pd)进行合金化,也可促进自钝化,并提高合金的热蚀性,这是因为腐蚀表面与附加的阴极性成分相接触,从而引起表面活性区阳极极化加剧而进入钝化区的缘故。

自钝化的难易不但与金属材料本身有关,同时还受电极还原过程的条件所控制,较常见的有,由电化学反应控制的还原过程引起的自钝化和由扩散控制的还原过程引起的自钝化。上面已阐述过的三种阴极极化的第三种情况就是属于前者,图5.6铁和镍在硝酸中的腐蚀就是这种情况的典型例证。该图说明了氧化剂浓度和金属材料对自钝化的影响。当铁在稀硝酸中时,因 H^+ 和 NO_3^- 的氧化能力或浓度都不够高,它们只有小的阴极还原速度(i_{C,H^+} 或 $i_{C,NO^{3-}}$),这就不足以使铁的阳极极化提高到铁的致钝电势 $E_{pp,Fe}$ 和致钝电流 $i_{pp,Fe}$。结果腐蚀电势和腐蚀电流密度稳定在极化曲线的交点 1 或 2,因此铁被剧烈地溶解。若把硝酸浓度提高,则 NO_3^- 的初始电位就会向正移,使腐蚀电势和腐蚀电流密度相交于交点 3,此时铁就进入了钝态。可是在这种情况下,对于致钝电势较高的 Ni 来说,却反而落入交点 4,进入活化区。由此可见,对于金属腐蚀,不是所有的氧化剂都能作为钝化剂,只有初始还原电势高于金属的阳极致钝电势且极化阻力(阴极极化曲线斜率)较小的氧化剂,才有可能使金属进入自钝化。

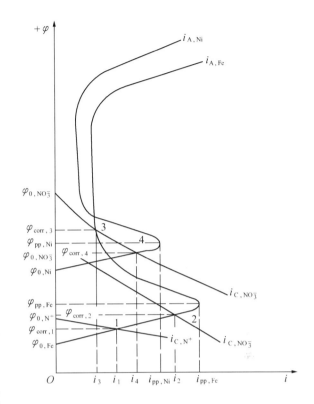

图 5.6 氧化剂浓度和金属材料对自钝化的影响

若自钝化的电极还原过程是由扩散控制,则自钝化不仅与进行电极还原的氧化剂浓度有关,还取决于影响扩散的其他因素,如金属转动、介质流动和搅拌等。由图 5.7 可见,当氧浓度较小时,极限扩散电流密度(i_{L1})小于致钝电流密度($i_{pp,Fe}$),使共轭阴、阳极极化曲线交于点 1 活化区,金属便不断地溶解。如提高氧浓度,使 $i_{12} > i_{pp,Fe}$ 时,则金属便进入钝化状态,其腐蚀稳定电势交于阳极极化曲线的钝化区。此时氧通过共轭极化使金属溶解,同时又与溶解的金属产物结合而使金属表面发生钝化。若提高介质同金属表面的相对运动速度(如搅拌),则由于扩散层变薄,进而提高了氧的还原速度,使 $i_{12} > i_{pp}$(图 5.8)。这样共轭极化曲线便交于点 2,进入钝化区。

溶液组分如溶液酸度、卤素离子、络合剂等也能影响金属钝化。通常金属在中性溶液中比较容易钝化,这与离子在中性溶液中形成的氧化物或氢氧化物的溶解度较小有关。在酸性或碱性溶液中金属较难钝化,这是因为在酸性溶液中金属离子

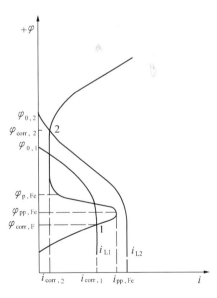

图 5.7 氧化剂浓度的影响

不易形成氧化物,而在碱性溶液中又可能形成可溶性的酸根离子(例如 MO_2^-)的缘故。许多阴离子(尤其是卤素离子)的存在,甚至可以使已经钝化了的金属重新活化。例如,氯离子的存在可以使不锈钢出现点蚀现象。活化剂浓度越高,破坏越快。活化剂除氯外,按其活化能力的大小可排列为如下次序

$$Cl^- > Br^- > I^- > F^- > ClO_4^- > OH^- > SO_4^{2-}$$

条件不同,此次序会有所变化。

电流密度、温度以及金属表面状态对金属钝化也有显著影响。例如,当外加阳极电流密度大于致钝电流密度 i_{pp} 时,可使金属进入钝化状态。将阳极电流

图 5.8 搅拌的影响

密度提高,可加速金属钝化、缩短钝化时间。温度对金属钝化影响也很大,当温度升高时,往往由于金属阳极致钝电流密度的变大及氧在水中溶解度的下降,使金属难于钝化。反之,温度降低,金属容易出现钝化。

金属表面氧化物的存在促使金属钝化。用氢气处理后的铁暴露于空气中后,其表面形成氧化膜,若在碱中进行阳极极化,其表面会立即出现钝化。若未在空气中暴露,处理后直接在碱中进行阳极极化,则需经较长时间后材料表面才能出现钝化。

5.3 钝化理论

金属钝化是一种界面现象,它没有改变金属本体的性能,只是使金属表面在介质中的稳定性发生了变化。金属由活性状态变为钝态是一个很复杂的过程,目前对其机理还存在着不同的看法,还没有一个完整的理论可以解释所有的钝化现象。下面扼要介绍目前认为能较满意地解释大部分实验事实的两种理论,即成相膜理论和吸附理论。

一、成相膜理论

金属表面生成一层致密的、覆盖性良好的固体产物薄膜。这层产物膜构成独立的固相膜层,把金属表面与介质隔离开来,阻碍阳极过程的进行,导致金属溶解速度降低。正是这层膜的作用使金属处于钝态。

成相膜理论的证据是能够直接观察到钝化膜的存在,除了用椭圆偏光法已经直接观察到成相膜的存在外,用 X 射线及电子衍射、电子探针、原子吸收、电化学法等也能测定出膜的结构、成分和厚度。如测出铁在硝酸溶液中的钝化膜厚度为 2.5 ~ 3.0 nm,碳钢的约为 9 ~ 10 nm,不锈钢上的钝化膜约为 0.9 ~ 1.0 nm。利用电子衍射对钝化膜进行相分析,证实了大部分钝化膜是由金属氧化物组成的。例如,铁的钝化膜是 $\gamma - Fe_2O_3$,$\gamma - FeOOH$。铝的钝化膜是无孔的 $\gamma - Al_2O_3$。除此以外,有些钝化膜是由金属难溶盐组成的,如硫酸盐、铬酸盐、磷酸盐、硅酸盐等。由于膜的溶解是一个纯粹的化学过程,其溶解速度应与电势无关。

钝化膜极薄,金属离子和溶液中某些阴离子可以通过膜进行迁移,即成相膜具有一定的离子导电性。因而金属达到钝态后并未完全停止溶解,只是溶解速度降低了。

如果将钝化金属通以阴极电流进行活化,得到的阴极充电曲线上往往出现电势变化缓

慢的水平阶段,如图 5.9 所示。这表明还原钝化膜时,需要消耗一定的电量。在某些如 Ca、Ag、Pb 等金属上呈现出的活化电势与致钝电势很相近,这说明这些金属上钝化膜的生长与消失是在接近于可逆的条件下进行的。这些电势往往与该金属的已知化合物的热力学平衡电势相近,而且电势随溶液 pH 值的变化规律与氧化物电极反应的平衡电极电势相符合,即与下述电极反应的电极电势相符

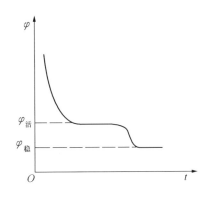

图 5.9 钝态金属的阴极
充电曲线示意图

$$M + nH_2O \Longrightarrow MO_n + 2nH^+ + 2ne$$
或 $$M + nH_2O \Longrightarrow M(OH)_n + nH^+ + ne$$

此外,根据热力学计算,多数金属氧化物的生成电势都比氧的析出电势低得多。因此,金属有可能不通过原子氧或分子氧的作用,而直接由阳极反应生成氧化物。以上事实证明了成相膜的存在,有力地支持了这一理论。

只有在金属表面上直接生成固相产物才能导致钝化。这种表面膜层很可能是由于表面金属原子与定向吸附的水分子(酸性溶液),或与吸附的 OH^- 离子(碱性溶液)之间的相互作用而形成的。一旦钝化膜形成,在适当的条件下,膜会继续增长。这可能是金属离子与阴离子在膜/溶液界面上,或在金属/膜界面上(由膜的性质而定)发生进一步作用的结果。

卤素等阴离子对金属钝化现象的影响有两方面。当金属还处在活化态时,它们可以和水分子以及 OH^- 离子等在电极表面上竞争吸附,延缓或阻止钝化过程的进行;当金属表面上存在固相的钝化膜时,它们又可以在金属氧化物与溶液之间的界面上吸附,凭借着扩散和电场作用进入氧化膜内,成为膜层内的杂质组分,这种掺杂作用能显著地改变膜层的离子电导和电子电导性,使金属的氧化速度增大。

二、吸附理论

吸附理论把腐蚀金属的钝化归因于氧或含氧粒子在金属表面上吸附,改变了金属/溶液界面的结构,并使阳极反应的活化能显著提高。吸附理论认为金属的钝化是由于金属本身的活化能力降低,而不是膜的隔离作用。

此理论的主要实验依据是测量电量的结果。因为某些情况下,只需要在每平方厘米电极上通过十分之几毫库仑的电量就能使金属产生钝化。例如,铁在 $0.05\ mol\cdot L^{-1}$ NaOH 溶液中用 $10^{-5}\ A\cdot cm^{-2}$ 的电流极化时发现,只需要通过 $0.3\ mC\cdot cm^{-2}$ 的电量就能使铁钝化,这种电量远不足以生成氧的单分子吸附层。其次是测量界面电容,该理论认为:如果界面上产生了即使是极薄的膜,界面电容值应比自由表面上双电层的数值要小得多(因为 $C = D/4\pi \cdot d$)。但测量结果表明,在 1Cr18Ni9 不锈钢表面上,金属发生钝化时界面电容改变不大,无法说明成相氧化物膜的存在。又如在铂电极上只要有 6% 的表面充氧,就能使铂的溶解速度降低 4 倍,若有质量分数为 12% 的铂表面充氧,则其溶解速度就会降低 16 倍之多。实验表明,金属表面所吸附的单分子层不一定必须要完全遮盖表面,只要在最活泼、最先溶解的表面(如金属晶格的顶角及边缘)吸附着单分子层,便能抑制阳极过程,使金属钝化。

在金属表面吸附的含氧粒子究竟是哪一种,这要由腐蚀系统中的介质条件来定。可能

是 OH⁻离子,也可能是 O²⁻离子,多数情况中还可能是氧原子。实际上,引起钝化的吸附粒子不只限于氧粒子,如汞和银在氯离子作用下也可以发生钝化。吸附粒子为什么会降低金属本身反应能力呢? 这主要是因为金属表面的原子－离子价键处于未饱和态,当含有氧粒子时,易于吸附在金属表面,使表面的价键饱和,失去原有的活性。同时,由于氧吸附层形成过程中不断地把原来吸附在金属表面的 H_2O 分子层排挤掉,这样就降低了金属离子的水化速度,即减慢了金属的离子化过程。

吸附理论还能解释一些成相膜理论难以解释的事实。例如,不少无机阴离子能在不同程度上引起金属钝态的活化或阻碍钝化过程的发展,而且常常是在较高的电势下显示其活化作用,这一点用成相膜理论很难说清楚。从吸附理论出发,认为钝化是由于表面上吸附了某种含氧粒子所引起的,而各种阴离子在足够高的电势下,可能或多或少地通过竞争吸附,从电极表面上排除引起钝化的含氧粒子,这就解释了上述事实。根据吸附理论还可解释 Cr、Ni、Fe 等金属及其合金上出现的过钝化现象。我们知道,增大极化电势可以引起两种后果:一是含氧粒子表面吸附量随着电势升高而增多,导致阻化作用的加强;另一是电势升高,增强了界面电场对金属溶解的促进作用。这两种作用在一定电势范围内基本上相互抵消,因而有几乎不随电势变化的稳定钝化电流。在过钝化电势范围内则是后一因素起主导作用,使在一定正电势下生成可溶性、高价的金属含氧离子(如 CrO_4^{2-}),此种情况氧的吸附不但不起阻化作用,反而促进高价金属离子的生成。

三、两种理论的比较

这两种钝化理论都能较好地解释大部分实验事实,也都有大量的实验事实作为支持,说明这两种理论都部分反映了钝化现象的本质,然而无论哪一种理论都不能较全面、完整地解释各种钝化机理。这两种理论的相同之处是都认为由于在金属表面生成一层极薄的钝化膜而阻碍了金属的溶解,而对于表面成膜的解释,却各不相同。吸附理论认为,只要形成单分子层的二维膜就能导致金属产生钝化;而成相膜理论认为,要使金属得到保护(不溶解),至少要形成几个分子层厚的三维膜,而最初形成的单分子吸附膜只能减轻金属的溶解,增厚的成相膜才能达到完全钝化。两种钝化理论之间的差别涉及对钝化、吸附膜和成相膜的定义问题,并无多大本质性区别。事实上,金属在钝化过程中的不同条件下,吸附膜和成相膜可分别起主要作用。

因此,在不同的具体条件下,表面无论形成成相膜还是吸附性氧化物膜,都有可能成为钝化的原因。弄清楚在什么条件下生成成相膜,什么条件下生成吸附膜,以及钝化膜的组成与结构等问题,正是当前在进一步深入研究的课题。

第6章 局部腐蚀

6.1 局部腐蚀与全面腐蚀的比较

金属腐蚀按腐蚀形态分为全面腐蚀和局部腐蚀两大类。

全面腐蚀(General Corrosion)通常是均匀腐蚀(Uniform Corrosion),它是一种常见的腐蚀形态。其特征是腐蚀分布于金属整个表面,腐蚀结果使金属变薄。例如钢或锌浸在稀硫酸中,以及某些金属材料在大气中的腐蚀等。

全面腐蚀的电化学过程特点是腐蚀电池的阴、阳极面积非常小,甚至在显微镜下也难以区分,而且微阴极和微阳极的位置变换不定,整个金属表面在溶液中都处于活化状态,金属表面各点随时间有能量起伏,能量高时(处)为阳极,能量低时(处)为阴极,因而整个金属表面都遭到腐蚀。

局部腐蚀(Localized Corrosion)是相对全面腐蚀而言的。其特点是腐蚀仅局限或集中在金属的某一特定部位。局部腐蚀时阳极和阴极区一般是截然分开,其位置可用肉眼或微观检查方法加以区分和辨别。腐蚀电池中的阳极溶解反应和阴极区腐蚀剂的还原反应在不同区域发生,而次生腐蚀产物又可在第三地点形成。

局部腐蚀可分为电偶腐蚀、点蚀、缝隙腐蚀、晶间腐蚀、选择性腐蚀、磨损腐蚀、应力腐蚀断裂、氢脆和腐蚀疲劳等。后四种属于应力作用下的腐蚀,下一章讨论。

全面腐蚀虽可造成金属的大量损失,但其危害性远不如局部腐蚀大。因为全面腐蚀速度易于测定,容易发觉,而且在工程设计时可预先考虑留出腐蚀余量,从而防止设备过早地被腐蚀破坏。某些局部腐蚀则难以预测和预防,往往在没有先兆的情况下,使金属突然发生破坏,常造成重大工程事故或人身伤亡。局部腐蚀很普遍,经对767例腐蚀失效事故进行统计,得出:全面腐蚀占17.8%,局部腐蚀占80%左右,其中点蚀、应力腐蚀和腐蚀疲劳占有较大比例。

引起局部腐蚀的原因很多,例如下列各种情况:

① 异种金属接触引起的宏观腐蚀电池(电偶腐蚀)。也包括阴极性镀层微孔或损伤处所引起的接触腐蚀。

② 同一金属上的自发微观电池。如晶间腐蚀、选择性腐蚀、孔蚀、石墨化腐蚀、剥蚀(层蚀)以及应力腐蚀断裂等。

③ 由差异充气电池引起的局部腐蚀,如水线腐蚀、缝隙腐蚀、沉积腐蚀、盐水滴腐蚀等。

④ 由金属离子浓差电池引起的局部腐蚀。

⑤ 由膜 – 孔电池或活性 – 钝性电池引起的局部腐蚀。

⑥ 由杂散电流引起的局部腐蚀。

在发生局部腐蚀的情况下,阳极区面积通常比阴极区面积小得多,使阳极区腐蚀非常强烈,虽然金属失重不大,但危害性很大。例如点蚀能使容器穿孔而报废,晶间腐蚀能使晶粒间丧失结合力,导致材料的强度丧失。表 6.1 总结了全面腐蚀和局部腐蚀的主要区别。

表 6.1　全面腐蚀与局部腐蚀的比较

项目	全面腐蚀	局部腐蚀
1.腐蚀形貌	腐蚀分布在整个金属表面上。	腐蚀破坏集中在一定区域,其他部分不腐蚀
2.腐蚀电池	阴、阳极在表面上变幻不定,阴、阳极不可辨别	阴,阳极可以分辨
3.电极面积	阳极面积 = 阴极面极	阳极面积≪阴极面积
4.电势	阳极电势 = 阴极电势 = 腐蚀电势	阳极电势 < 阴极电势
5.腐蚀产物	可能对金属有保护作用	无保护作用

从图 6.1 所示的腐蚀极化图也可看出局部腐蚀与全面腐蚀的区别。图中(a)为局部腐蚀的极化图。由于局部腐蚀阴、阳极间有欧姆电压降 IR_L,其中 I 为腐蚀电流强度,R_L 为溶液电阻。因此阳极电势 φ_A 比阴极电势 φ_C 低,二者之差等于 IR_L。全面腐蚀可忽略溶液电阻,如图 6.1(b),即 $IR_L \to 0$,使阴、阳极极化曲线交于一点,因此阴、阳极电势相等,都等于腐蚀电势。对于局部腐蚀,阴、阳

图 6.1　腐蚀极化图

极面积不等,因而稳态腐蚀下虽然阴、阳极通过的电流强度相等(即 I_{corr}),但阴、阳极电流密度不相等,故极化图横坐标只能用电流强度,而不能用电流密度。对于全面腐蚀,可把整个金属表面既看成阳极,又看成阴极,故稳态腐蚀下,不但阴、阳极电流强度相等,而且电流密度也相等,因此极化图的横坐标也可用电流密度表示。

6.2　电偶腐蚀

当两种电极电势不同的金属相接触并放入电解质溶液中时,即可发现电势较低的金属腐蚀加速,而电势较高的金属腐蚀速度减慢(得到了保护)。这种在一定条件(如电解质溶液或大气)下产生的电化学腐蚀,即由于同电极电势较高的金属接触而引起腐蚀速度增大的现象,称为电偶腐蚀或双金属腐蚀、接触腐蚀。

此种腐蚀实际为宏观原电池腐蚀,它是一种最普遍的局部腐蚀类型。这类腐蚀例子很多,如黄铜零件与纯铜管在热水中相接触造成的腐蚀。在此电偶腐蚀中黄铜腐蚀被加速,产生脱锌现象。如果黄铜零件接到一个镀锌的钢管上,则连接面附近的锌镀层变成阳极而被腐蚀,接着钢也逐渐产生腐蚀,黄铜在此电偶中却作为阴极而得到保护。又如,活塞式航空发动机由于汽缸(38CrMoAl 合金钢经氮化处理)的镜面与胀圈(生铁)倒角在特定的气体环境下相接触而引起的点状接触腐蚀。此外,碳钢与不锈钢、钢与轻金属相接触也会形成电偶腐蚀。有时虽然两种不同的金属没有直接接触,但在某些环境中甚至也有可能形成电偶腐蚀。如循环冷却水系统中铜部件可能被腐蚀,腐蚀下来的 Cu^{2+} 离子又通过介质扩散到轻金

属表面,沉积出铜。这些疏松微小的铜粒与轻金属间构成数量众多的电池效应,致使局部产生严重的侵蚀,这一情况称为间接电偶腐蚀。

一、电偶腐蚀的推动力与电偶序

在前面腐蚀电化学中已提及过电动序的概念。电动序即标准电势序,是由热力学公式计算得出的,它是按金属标准电极电势的高低排列成的次序表。此电势是指金属在活度为1的该金属盐的溶液中的平衡电势,该电势与实际金属或合金在介质中的电势可能相差甚远。电偶腐蚀与相互接触的金属在溶液中实际电势有关,由它构成了宏观腐蚀电池。产生电偶腐蚀的动力来自两种不同金属接触的实际电势差。一般说来,两种金属的电极电势差愈大,电偶腐蚀愈严重。

实际电势是指腐蚀电势序(电偶序)中的电势。电偶序是根据金属或合金在一定条件下测得的稳定电势(非平衡电势)的相对大小排列的次序。表6.2为常用材料在土壤中的电偶序,从近似电势值的大小可判断这些材料偶合时的阴、阳极性。

表6.2 常用材料在土壤中的电偶序

材　料	电势(近似值)/V
碳、焦炭、石墨	+0.1
高硅铸铁	+0.1
铜、黄铜、青铜	+0.1
软钢	+0.1
铅	-0.2
铸铁	-0.2
生锈的软钢	+0.1 ~ +0.2
干净的软钢	-0.5 ~ +0.2
铝	-0.5
锌	-0.8
镁	-1.3

在电偶序中通常只列出金属稳定电势的相对关系,而很少列出具体金属的稳定电势值。其主要原因是实际腐蚀介质变化很大,如海洋环境中海水的温度、pH值、成分及流速都很不稳定,测得的电势值波动范围大,数据重现性差,加上测试方法的差异,数据差别较大,因此只能提供一种经验性数据,但表中的上下关系却可以定性地比较出金属的腐蚀倾向。

电偶序数据也可作为其他环境中研究电偶效应的参考依据。但为了更好地考虑一些实际破坏事故。最好是实际测量有关金属或合金在具体环境介质中的稳定电势(自腐电势)和进行必要的电偶试验,以获取切实的结果。电偶的实际电势差是产生电偶腐蚀的必要条件,它标志着发生电偶腐蚀的热力学可能性,但它不能决定腐蚀电偶的效率,因还需知道极化性能以及腐蚀行为的特性等。

二、电偶腐蚀机理

由电化学腐蚀动力学可知,两金属偶合后的腐蚀电流强度与电势差、极化率及欧姆电阻有关。接触电势差愈大,金属腐蚀愈严重,因为电偶腐蚀的推动力愈大。电偶腐蚀速度又与电偶电流成正比,其大小可用下式表示

$$I_g = \frac{\varphi_C - \varphi_A}{\dfrac{P_C}{S_C} + \dfrac{P_A}{S_A} + R}$$ (6.1)

式中 I_g——电偶电流强度;

         φ_C、φ_A——阴、阳极金属偶接前的稳定电势;

         P_C、P_A——阴、阳极金属的极化率;

         S_C、S_A——阴、阳极金属的面积

         R—欧姆电阻(包括溶液电阻和接触电阻)。

    由式可知,电偶电流随电势差的增大和极化率、欧姆电阻的减小而增大,从而使阳极金属腐蚀速度加大,阴极金属腐蚀速度降低。

    在电偶腐蚀中,为了较好地表示两种金属偶接后阳极金属溶解速度增加了多少倍,常用电偶腐蚀效应表示之。例如,两种金属偶接后,阳极金属1的腐蚀电流 $i_{A,1}$ 与未偶合时该金属的自腐蚀电流 i_1 之比 γ 称为电偶腐蚀效应

$$\gamma = \frac{i_{A,1}}{i_1} = \frac{i_B + |i_{C,1}|}{i_1} \approx \frac{i_g}{i_1}$$ (6.2)

式中 i_g——阳极金属的电偶电流密度,即单位阳极面积上的电偶电流;

         $i_{C,1}$——阳极金属1上的阴极还原电流密度,相对于 i_g,$i_{C,1}$ 一般很小,可忽略。

    由式(6.2)可知,γ 越大,电偶腐蚀越严重。依据混合电位理论,利用腐蚀极化图可以更好地说明电偶腐蚀关系。图6.2为金属1和2偶接后的电极动力学行为。当两种不同的金属在同一电解液中组成电偶时,两者都发生极化。它们各自以一种新的速度重新进行着腐蚀。偶接后的腐蚀电势和极化参数有些什么改变呢?假设金属1的电势比金属2的电势低,且两者表面积相同,又同在一个腐蚀介质(如含有 H^+ 为去极化剂的溶液)中,此时两种金属都有其各自的电极反应

图6.2   电偶腐蚀极化图

二金属偶接之前,金属1和2的自腐蚀电势分别为 φ_1 和 φ_2;它们的自腐蚀电流分别为 i_1 和 i_2(图6.2)。i_1 和 φ_1 是由金属1的理论阳、阴极极化曲线 $i_{A,1}$ 和 $i_{C,1}$ 的交点决定的;i_2 和 φ_2 是由金属2的理论阴、阳极极化曲线 $i_{C,2}$ 和 $i_{A,2}$ 的交点决定的。曲线 i_A 是金属1的实际阳极极化曲线,代表金属1上氧化反应速度 $i_{A,1}$ 与还原反应速度 $i_{C,1}$ 之差,即 $i_A = i_{A,1} - i_{C,1}$。

    当两种金属偶接后,体系总的混合电势为 φ_g,即电偶电势。它是由总的氧化反应曲线 ($i_{A,1} + i_{A,2}$) 和总的还原反应曲线 ($i_{C,2} + i_{C,1}$) 的交点 S 决定的。由交点 S 作水平线,与纵轴相交得 φ_g。水平线 $\varphi_g S$ 与阳极极化曲线 i_A 的交点可得电偶电流 i_g,与 $i_{A,1}$ 和 $i_{C,1}$ 曲线的交

点可得 $i_{A,1}$ 和 $i_{C,1}$；同样与 $i_{A,2}$ 和 $i_{C,2}$ 曲线的交点可得 $i_{A,2}$ 和 $i_{C,2}$。电偶电势 φ_g 处于二金属的自腐电势 φ_1 和 φ_2 之间，可通过实验测得。根据实验测得的 φ_g 作水平线 E_gS，与阳极极化曲线 i_A 的交点也可得到电偶电流 i_g。i_g 也可由实验直接测得。

由图 6.2 可以看出，形成腐蚀电偶后，电极电势较低的金属 1 的腐蚀速度由 i_1 增加到 $i_{A,1}$ 表面腐蚀加速，而电极电势较高的金属 2 的腐蚀速度却由 i_2 减小到 $i_{A,2}$，即得到保护。由于 $i_{A,1} = i_g + i_{C,1}$，而 $i_{C,1}$ 已降到很小的数值，通常可忽略，因而可得电偶腐蚀效应 $\gamma = i_{A,1}/i_1 \approx i_g/i_1$。实验测得 i_g 和 i_1 后就可求得 γ 的近似值。由上述分析可看出，电偶腐蚀加速了电极电势较低金属的腐蚀，并使电极电势较高的金属得到保护，而且在二金属交界处腐蚀最严重(图 1.1(e))。

三、影响电偶腐蚀的因素

除了材料因素外，影响电偶腐蚀的因素还有：

1.面积效应

电偶腐蚀率与阴、阳极相的面积比有关。通常，增加阳极面积可以降低腐蚀率。电化学腐蚀原理表明小阳极和大阴极构成的电偶腐蚀最危险，如浸入海水中大铜板上带有铁铆钉试件的腐蚀就是如此，铁铆钉受到严重腐蚀，如图 6.3(a)；反之，大阳极和小阴极的连接，则危险性较小。如大铁板上带有铜铆钉，电偶效应就大大降低了，如图 6.4(b)。

若电偶腐蚀为阴极扩散控制的话，阴、阳极面积比对腐蚀速度影响的情况就较复杂了。如当阴极去极化剂(氧化剂)是氧，阴极过程往往受氧的扩散所控制，阴极金属仅起氧电极的作用。下面具体分析在这种情况下两种金属偶合面积比的影响问题。

将两种金属 1 和 2 联成电偶，浸入含氧的中性电解液中，电偶腐蚀受阴极氧的扩散控制。假定金属 2 的电极电势比金属 1 高，如 Pt 或不锈钢等惰性金属。如图 6.5 所示，当连成电偶后，其中 A_1 和 C_1 分别表示金属 1 的阳极区和阴极区；S_2 表示金属 2 的表面积。因金属 2 是惰性金属，忽略共阳极溶解电流 $I_{A,2}$，相当于在此金属上只发生氧的还原反应。

图 6.3 不同阴、阳极面积比时，电偶腐蚀示意图	图 6.4 大面积惰性阴极加速 电偶腐蚀示意图

根据混合电势理论，在电偶电势 φ_g 下，两金属总的氧化反应和还原反应电流相等，即

$$I_{A,1} = I_{C,1} + I_{C,2} \tag{6.3}$$

式中　　$I_{A,1}$——金属 1 的阳极溶解电流；

$I_{C,1}$——金属 1 上阴极还原反应电流；

$I_{C,2}$——金属 2 上还原反应电流。

设 S_1 和 S_2 分别为金属 1 和 2 的表面积，则

$$i_{A,1}S_1 = i_{C,1}S_1 + i_{C,2}S_2 \tag{6.4}$$

因阴极过程受氧的扩散控制,不管金属 1 还是金属 2,氧都是靠扩散到达 S_1 和 S_2,故其阴极电流密度相等,都等于氧的极限扩散电流密度 i_L

$$i_{C,1} = i_{C,2} = i_L \tag{6.5}$$

代入式(6.4),整理可得

$$i_{A,1} = i_L(1 + \frac{S_2}{S_1}) \tag{6.6}$$

此即"集氧面积原理"表达式。

因电偶电流为

$$I_g = I_{A,1} - I_{C,1} = I_{C,2} \tag{6.7}$$

$$i_g = i_L \frac{S_2}{S_1} \tag{6.8}$$

可见 i_g 与金属 2 的面积成正比,S_2 越大,"集氧作用"越大,i_g 越大,电偶腐蚀越严重。由式(6.8)代入式(6.6)可得金属 1 的腐蚀速度 $i_{A,1}$ 和电偶腐蚀效应 γ 为

$$i_{A,1} = i_g(1 + \frac{S_1}{S_2}) \tag{6.9}$$

$$\gamma = \frac{i_{A,1}}{i_{corr,1}} = \frac{i_g}{i_{corr,1}}(1 + \frac{S_1}{S_2})$$

因腐蚀受阴极氧的扩散控制,$i_{corr,1} = i_L$,故

$$\gamma = 1 + \frac{S_2}{S_1} \tag{6.10}$$

可见,当 $S_2 \gg S_1$ 时,电偶腐蚀速度大大增加。因此常用大面积的惰性电极(如不锈钢或Pt 片)进行加速电偶腐蚀试验。当 $S_2 \ll S_1$ 时,$\gamma \approx 1$,即很小的惰性电极对大面积金属总的腐蚀速度影响不大,但可能引起明显的局部腐蚀。因为 $i_{corr,1}$ 和 i_g 可实验测量,故可求得 $i_{A,1}$ 和 γ 等参数。

2.环境因素

通常,在一定的环境中耐蚀性较低的金属是电偶的阳极。但有时在不同的环境中同一电偶的电势会出现逆转,从而改变材料的极性。如钢和锌偶合后在一些水溶液中锌被腐蚀,钢得到了保护。若水温较高(80℃以上)时,电偶的极性就会逆转,钢成为阳极而被腐蚀。又如镁和铝偶合后在中性或微酸性氯化钠溶液中,镁呈阳极性,可是随着镁的不断溶解,溶液变碱性使铝反而成为阳极性了。

3.溶液电阻的影响

在双金属腐蚀的实例中很容易从连接处附近的局部侵蚀来识别电偶腐蚀效应。这是因为在电偶腐蚀中阳极金属的腐蚀电流分布是不均匀的,在连接处由电偶效应所引起的加速腐蚀最大,距离接合部位越远,腐蚀也越小。此外,介质的电导率也会影响电偶腐蚀率。如电导性较高的海水,可以使活泼金属的受侵面扩大(扩展到离接触点较远处),从而降低侵蚀的严重性。但在软水或大气中,侵蚀集中在接触点附近,侵蚀严重,危险性大。

四、控制电偶腐蚀的措施

前面已提及过两种金属或合金的电势差是电偶效应的动力,是产生电偶腐蚀的必要条

件,在实际结构设计中尽可能使相互接触金属间电势差达最小值。经验认为,电势差小于 50 mV 时电偶效应通常可以忽略不计。在飞行器结构中材料品种繁杂,某些零部件又往往因其特殊功用而需要采用某种规定的合金材料。因此,如何防止或减小电偶效应是一个相当重要的问题,除规定接触电势差小于一定值外,还应采用消除电偶效应的措施。飞机结构中规定金属或合金电势差在 0.25 V 以下的才允许接触,但还应采用相当程度的消除电偶效应的措施。如对于要搭接或对接的结构钢与铝合金,在较苛刻的使用环境下,所采用的防止电偶效应的办法是钢件镀 25～35 μm 的镉层后与铝合金之间夹绝缘胶;另外,外表面沿周缘涂一层 0.2 mm 左右厚的绝缘胶。又如将铜衬套压入铝合金基体,可将与铝接触部位的铜衬套镀镉,铝合金阳极极化并沿接触缝隙涂绝缘胶。此外,采用适当的表面处理、油漆层、环氧树脂以及其他绝缘衬垫材料,都会预防金属或合金的电偶腐蚀。

在生产过程中不要把不同金属的零件堆放在一起,在任何情况下有色金属零件都不能和黑色金属零件堆放在一起,以免引起锈蚀。铁屑落在镁合金零件上;用金刚砂砂纸打磨镁合金时,金刚砂粒落在或嵌入镁合金表面;用喷钢铁零件的砂子(里面含有铁锈、铁屑、热处理残盐等污物)喷镁合金零件等,都易引起镁合金锈蚀。

为了避免出现大阴极和小阳极的不利面积效应,螺钉、螺帽、焊接点等通常采用比基体稍稳定的材料,以使被固接的基体材料呈阳极性,避免强烈的电偶效应。或采用牺牲阳极保护法,接上比两接触金属更不耐蚀的第三块金属。

隔绝或消除阴极去极化剂(如溶解 O_2 和 H^+ 离子),也是防止电偶腐蚀的有效办法,因为这些物质是腐蚀体系中进行阴极反应所不可缺少的。所以,当钢和铜接触用于封闭的热水系统时,若加入适当的水溶性缓蚀剂,则可以较好地防止电偶腐蚀。

6.3 点 蚀

一、点蚀的形貌特征及产生条件

点蚀又称孔蚀,是常见的局部腐蚀之一,是化工生产和航海事业中常遇到的腐蚀破坏形态。蚀孔有大有小,多数情况下为小孔。一般情况下,点蚀表面直径等于或小于它的深度,只有几十微米,分散或密集分布在金属表面上,孔口多数被腐蚀产物所覆盖,点蚀的几种形貌如图 6.5 所示。蚀孔的最大深度与按失重计算的金属平均腐蚀深度之比值称为点蚀系数,点蚀系数愈大表示点蚀愈严重。

(a) 窄深　　(b) 椭圆形　　(c) 宽浅　　　(d) 在表面下面

(e) 底切形　　　(f) 水平形　　　(g) 垂直形

图 6.5　点蚀的几种形貌示意图

腐蚀从起始到暴露需经历一个诱导期,诱导期长短因材料及腐蚀条件而异。蚀孔通常沿着重力方向或横向发展,并向深处加速进行,但也有因外界等因素的改变,使有些蚀孔停止发展,铝在大气中的某些蚀孔就常出现这种现象。

由于钝态的局部破坏,金属容易钝化的孔蚀现象尤为显著。如铝及铝合金、不锈钢、耐热钢、钛合金等,在大多数含有氯离子或氯化物的腐蚀介质中,都有发生点蚀的可能。在阳极极化条件下介质中只要含有氯离子,金属就很容易发生点蚀。点蚀随着氯离子浓度加大而加速,其他阴离子如 Br^-、$S_2O_3^{2-}$、I^- 离子、过氯酸盐或硫酸盐等也可诱发点蚀。尤其是当钝化膜表面存在机械裂缝、擦伤、夹杂物或合金相、晶间沉淀、位错露头、空穴等缺陷造成膜的厚度不均匀时,更易诱发局部破坏。缺陷处易显露基体金属,成为电偶的阳极,而未被破坏处则成为阴极,于是就形成了活性 – 钝性腐蚀电池,使点蚀的产生具备了条件。可见,既有钝化剂又有活化剂的腐蚀环境,是易钝化金属产生点蚀的必要条件,而钝化膜的缺陷及活性离子的存在是引起点蚀的主要原因。

此外,当金属上镀有机械保护的阴极性镀层(如钢上镀铬、镀镍、镀锡、镀铜等)时,在镀层的孔隙处也会引起底部金属的点状腐蚀。因为,当这些镀层上某点发生破坏时,破坏区下的金属基体与镀层未破坏区形成电偶腐蚀电池,由于阳极面积比阴极小得多,阳极电流密度很大,很快就被腐蚀成小孔。

发生点蚀需在某一临界电势以上,该电势称作点蚀电势(或称击穿电势)。点蚀电势随介质中氯离子浓度的增加而下降,使点蚀易于发生。

二、点蚀的电化学特性

当做动电势阳极极化扫描时,在极化电流密度达到某个预定值后,立即自动回扫,可得到环状阳极极化曲线(如图6.6所示)。一些易钝化金属在大多数情况下,回扫曲线出现这种滞后现象。

图中 i_e 为开始反向回扫时的电流值,φ_{br} 称为点蚀电势(临界破裂电势,击穿电势),对应着钝化膜开始破裂,极化电流迅速增大,自该电势起发生点蚀。正反向极化曲线所包络的面积,称为滞后包络面积(滞后面积);包络曲线称为滞后环;正、反向极化曲线的交点(φ_{rp})称为保护电势或再钝化电

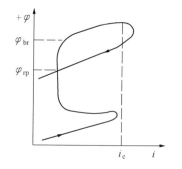

图6.6 可钝化金属典形的"环状"
阳极极化曲线示意图

势,即低于 φ_{rp} 时不会生成小蚀孔。在滞后包络面积中(电势 $\varphi_{br} \sim \varphi_{rp}$ 间),原先已生成的小蚀孔仍能继续扩展,只有在低于电位 φrp 的钝化区,已形成的点蚀将停止发展并转入钝态。

试验表明,滞后包络面积愈大,局部腐蚀的倾向性也愈大。现代腐蚀基础研究和工程技术中,已把破裂电势、保护电势和滞后包络面积作为衡量点蚀敏感性的重要指标。

图 6.7(a)表示纯铁在含 $10^{-2} mol \cdot L^{-1}$ 的氯化物溶液中的极化滞后行为;图 6.7(b)在电势 – pH 坐标中划分出了免蚀区、腐蚀区、钝化区、点蚀区以及保护电势的图线。该线几乎与 pH 值、Cl^- 离子含量无关,把钝化区分成完全钝化区和不完全钝化区。表明 φ_{rp} 以下没有蚀孔萌生,钝化膜完好。φ_{rp} 线以上、φ_{br} 线以下区域表示点蚀不会萌生,但已形成的蚀坑可继续发展。图 6.7(b)表明 pH = 6 以下无钝化,仅引起全面性腐蚀,图中点 1 和点 2 的连线表示铁在 pH = 8,含 $10^{-2} mol \cdot L^{-1}$ 氯化物溶液中不同电势时的腐蚀行为。当受浸的溶液不含有氧或其他氧化剂时,其自腐电势在点 1,则会引起析氢型的全面性腐蚀。当仅在铁基体的部分

表面存在脱氧状态时,全面性腐蚀就变成缝隙腐蚀了(点3)。若有溶解氧时,腐蚀电势则上升到点2,发生点蚀。上述各种情况的腐蚀产物为氧化物或氢氧化物,如 Fe_3O_4 或 $Fe(OH)_3$,缝隙和蚀孔内部因有如下的水解反应

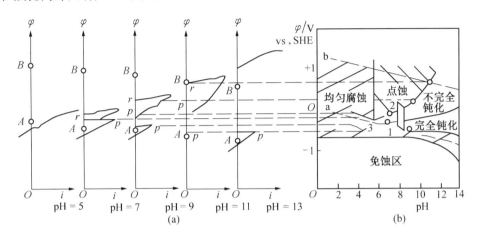

图 6.7 纯铁在含有 10^{-2} mol·L^{-1}(355 mg·kg^{-1})的氯化物溶液中不同 pH 值时的
阳极极化曲线(a)和实验电势 – pH 图(b)

$$3Fe^{2+} + 4H_2O \longrightarrow Fe_3O_4 + 8H^+ + 2e$$

$$Fe^{3+} + 3H_2O \longrightarrow Fe(OH)_3 + 3H^+$$

其固态腐蚀产物堆积在缝隙和蚀孔内部,造成阻塞;另由于水解反应生成的 H^+ 的作用,造成内部酸化,使坑内腐蚀性更强。

由上述纯铁的实验电势 – pH 图可以看出:点蚀倾向随着电势的升高而增大;随着 pH 值的增大而减小。可见,点蚀与电势和 pH 值有着密切的关系。很多实验证明,提高溶液的 pH 值,可使材料的破裂电势显著升高,从而引起点蚀的出现。

保护电势 φ_{rp} 反映了蚀孔重新钝化的难易,是评价钝化膜是否容易修复的特征电势。φ_{rp} 愈高,愈接近 φ_{br} 值,说明钝化膜的自修复能力愈强。试验表明,一切易钝化金属或合金都能测得滞后现象的数据。已测到钢的保护电势值为 – 400 ~ 200 mV(vs SHE),铜的保护电势值为 270 ~ 420 mV(vs SHE)。

点蚀电势(φ_{br})也是一个判断材料抗点蚀性能的重要参数。例如,测出加入不同含 Mo 量的 Fe – 15Cr – 13Ni 钢在 0.1 mol·L^{-1} NaCl 溶液中 25℃时不同 φ_{br} 值。

表 6.3 不同 Mo 含量对 Fe – 15Cr – 13Ni 钢点蚀电位的影响

$w(Mo)/\%$	0.0	0.42	0.92	1.4	1.8	2.4
E_{br}/mV(vs SHE)	280	300	340	400	535	732

以上数据说明随着 Mo 含量的提高,φ_{br} 值也提高,其抗点蚀性增强。

三、点蚀机理

点蚀的发生、发展可分为两个阶段,即蚀孔的成核和蚀孔的生长过程。点蚀的产生与腐蚀介质中活性阴离子(尤其是 Cl^- 离子)的存在密切相关。在钝化章节中已经说明:处于钝态的金属仍有一定的反应能力,钝化膜的溶解和修复(再钝化)处于动态平衡状态。当介质

91

中存在活性阴离子时,平衡即被破坏,使溶解占优势。关于蚀孔成核的原因现有两种说法。一种说法认为,点蚀的发生是由于氯离子和氧竞争吸附所造成,当金属表面上氧的吸附点被氯离子所替代时,点蚀就发生了。其原因是氯离子选择性吸附在氧化膜表面阴离子晶格周围,置换了水分子,Cl^- 就有一定几率和氧化膜中的阳离子形成络合物(可溶性氯化物),促使金属离子溶入溶液中,在新露出的金属特定点上生成小蚀坑,成为点蚀核。另一说法认为,氯离子半径小,可穿过钝化膜进入膜内,产生强烈的导电感应离子,使膜在特定点上维持高的电流密度并使阳离子杂乱移动,当膜–溶液界面的电场达到某一临界值时,就发生点蚀。关于小孔腐蚀机理,仍然是一个有争议性的问题。

蚀核既可在光滑的钝化金属表面上任何位置形成,更易在钝化膜缺陷、夹杂物和晶间沉积处优先形成。在大多数情况下,蚀核将继续长大,当长至一定的临界尺寸(一般孔径大于 30 μm)时,出现宏观蚀坑。若在外加阳极极化作用下,只要介质中含有一定量氯离子,在一定的阳极(破裂)电势下会加速膜上"变薄"点的破坏。电极界面的金属阳离子不形成水化的氧化物离子,而是形成氯离子的络合物,促进"催化"反应的进行,并随静电场的增大而加速。一旦膜被击破,溶解速度就会急剧增大,便可使蚀核发展成蚀孔。

含氯离子的介质中若有溶解氧或阳离子氧化剂(如 Fe^{3+})时,也可促使蚀核长大成蚀孔,因为氧化剂可使金属的腐蚀电势上升至点蚀临界电势以上。蚀孔一旦形成后,点蚀的发展是很快的。

点蚀的发展机理也有很多学说,现较为公认的是蚀孔内发生的自催化过程。图6.8示出了铝材上点蚀自发进行的情况,现以此说明点蚀的成长过程,此过程是一种自催化闭塞电池作用的结果,对其进行以下的扼要说明。

图 6.8　铝点蚀成长(发展)的电化学机构示意图

在蚀孔内部,孔蚀不断向金属深处腐蚀,Cl^- 向孔内迁移而富集,金属离子的水化使孔内溶液酸化,使致钝电势升高,并使再钝化过程受到抑制。这是因为,当点蚀一旦发生,点蚀孔底部金属铝便发生溶解,即

$$Al \longrightarrow Al^{3+} + 3e$$

如果是在含氯离子的水溶液中,则阴极为吸氧反应(蚀孔外表面),孔内氧浓度下降而孔外富氧形成氧浓差电池。孔内金属离子不断增加,在孔蚀电池产生的电场的作用下,蚀孔外阴离子(Cl^-)不断地向孔内迁移、富集,孔内氯离子浓度升高。同时由于孔内金属离子浓度的升高并发生水解

$$Al^{3+} + H_2O + Cl^- \longrightarrow H^+ + AlOHCl^+$$

结果使孔内溶液氢离子浓度升高,pH 值降低,溶液酸化,相当于使蚀孔内金属处于 HCl 介质中,处于活化溶解状态。水解产生的氢离子和孔内的氯离子又促使蚀孔侧壁的铝继续溶解,发生自催化反应

$$Al + 3H^+ + 2Cl^- \longrightarrow \frac{3}{2}H_2 + AlCl_2^+$$

孔内浓盐溶液的高导电性,使闭塞电池的内阻很低,腐蚀不断发展。由于孔内浓盐溶液中氧的溶解度很低,又加上扩散困难,使得闭塞电池局部供氧受到限制。所有这些,阻碍了孔内金属的再钝化,使孔内金属处于活化状态。

蚀孔口形成了 $Al(OH)_3$ 腐蚀产物沉积层,阻碍了扩散和对流,使孔内溶液得不到稀释。从而造成了上述电池效应。

由于闭塞电池的腐蚀电流使周围得到了阴极保护,因而抑制了蚀孔周围的全面腐蚀。阴极反应产生的碱有利于钝态,较贵金属如铜的沉积提高了阴极的有效作用,使阴极电势保持在点蚀电势之上,而孔内电势则在活化区。溶液中存在 $Ca(HCO_3)_2$ 的情况也是如此。这些因素有利于阻止蚀孔周围的全面腐蚀,但却促进了点蚀的迅速发展。碳钢和不锈钢的点蚀成长机理与铝基本类似。

四、影响点蚀的因素和防止措施

点蚀与金属的本性,合金的成分、组织、表面状态、介质的成分、性质、pH 值、温度和流速等因素有关。金属本性对点蚀倾向有着重要的影响。具有自钝化特性的金属或合金,对点蚀的敏感性较高。点蚀电势愈高,说明金属耐点蚀的稳定电势范围愈大。表 6.4 为几种金属与合金在氯化物介质中耐点蚀的性能。在 25℃、0.1 mol·L^{-1} NaCl 溶液中铝最易发生点蚀,铬和钛最稳定,镍、锆、18 - 8 不锈钢居中。铝及其合金的点蚀倾向与氧化膜状态、第二相种类、合金退火温度及时间有关。钛的点蚀仅发生在高浓度的沸腾氯化物(质量分数为 45% $MgCl_2$、质量分数为 61% $CaCl_2$、质量分数为 96% $ZnCl_2$)及非水溶液中。如加有少量水的含溴甲醇溶液中,随着水的增加,钛就转变为稳定的钝化状态。铬、钼、氮、镍等元素对提高不锈钢耐点蚀性能最有效,这些元素的增加,使点蚀电势升高,从而降低点蚀速度。铬含量的增加,可使钝化膜的稳定性得到提高,钼的作用在于钼以 MoO_4^{2-} 的形式溶解并吸附在金

属表面,抑制了 Cl$^-$ 离子的破坏作用,或可能形成类似于 $O = Mo \diagdown^{Cl}_{Cl}$ 结构的保护膜,防止了

Cl$^-$ 离子的穿透。不锈钢中加入适量的 V、Si、稀土等元素对提高耐点蚀性能也有一定作用。此外,提高合金的均匀性,如降低硫化物夹杂、降低含碳量、适当的热处理等也可增强其抗点蚀的能力。

表 6.4 在 25℃·0.1 mol·L^{-1} NaCl 溶液中各金属的点蚀电势

金 属	点蚀电势 φ_b/V	金 属	点蚀电势 φ_b/V
Al	− 0.4	含 Cr 质量分数为 30%的 Cr−Fe	0.62
Ni	0.28	含 Cr 质量分数为 12%的 Cr−Fe	0.20
Zr	0.46	Cr	1.0
18 - 8 不锈钢	0.26	Ti	1.20

表面状态如抛光、研磨、侵蚀、变形对点蚀也有一定影响。例如,电解抛光可使钢的耐点蚀能力提高。一般光滑、清洁的表面不易发生点蚀,有灰尘或有非金属和金属杂屑的表面,易引起点蚀。经冷加工变形的粗糙表面或加工后的焊渣都会引起点蚀。

金属的点蚀一般易发生在含有卤素阴离子的溶液中,尤以氯化物、溴化物侵蚀性最强。但材料易发生点蚀的介质也有一定的特定性。如不锈钢的点蚀易发生在含卤素阴离子溶液中,而铜则对 SO_4^{2-} 离子更敏感。当腐蚀介质中存在侵蚀性卤化物阴离子时,氧化性的金属离子(Fe^{3+}、Cu^{2+}、Hg^{2+})能促使点蚀的产生。溶液中含有 $FeCl_3$、$CuCl_2$、$HgCl_2$ 等二价以上重金属氯化物时,由于金属离子强烈的还原作用,还原电势较高,即使在缺氧的情况下也能在阴极上进行还原,加强阴极去极化作用,从而促进点蚀的形成和发展。所以,实验室中常用质量分数为 10% $FeCl_3 \cdot H_2O$ 或质量分数为 6% $FeCl_3$ 溶液作为加速腐蚀介质。

在卤素离子的浓度等于或超过临界浓度时点蚀才能发生,点蚀电势随着介质中氯离子浓度的增加而下降。因此,也可把产生点蚀的最小 Cl^- 或 Br^- 或 I^- 浓度作为评定点蚀趋势的一个参量。点蚀电势与卤素离子浓度可有如下关系

Cr17 不锈钢 　　$E_{br}^{Cl^-} = -0.084 \lg C_{Cl^-} + 0.020$

$$E_{br}^{Br^-} = -0.098 \lg C_{Br^-} + 0.0130$$

$$E_{br}^{I^-} = -0.265 \lg C_{I^-} + 0.265$$

18 - 8 不锈钢 　　$E_{br}^{Cl^-} = -0.115 \lg C_{Cl^-} + 0.247$

$$E_{br}^{Br^-} = -0.126 \lg C_{Br^-} + 0.294$$

式中数值随钢种及卤素离子种类而定。上述关系式中表面卤素离子浓度对点蚀产生、点蚀电势影响很大。该临界值与金属或合金的本性、热处理制度、介质温度、其他阴离子(如 OH^-、SO_4^{2-})和氧化剂(O_2、H_2O_2 等)的特性有关。在碱性介质中随着 pH 值增大,金属的 E_{br} 显著正移,而在酸性介质中 pH 值的影响则不大。介质温度的升高可使点蚀电势降低,点蚀加速。但温度较高(如对 Cr18Ni9 钢,温度大于 150~200℃,Cr17Ni2Mo 钢温度大于 200~250℃)时,点蚀电势又变正。这可能是由于温度升高,参与反应物质的运动速度加快,使蚀孔内反应物的积累减少以及氧溶解度下降的缘故。

防止点蚀的措施,首先是材料因素(加入合适的抗点蚀的合金元素,降低有害杂质),其次是改善热处理制度和环境因素的问题。环境因素中尤以卤素离子的浓度影响最大。此外,可采取提高溶液的流动速度、搅拌溶液、加入缓蚀剂、或降低介质温度及采用阴极极化法等措施,使金属的电势低于临界点蚀电势。对于具体的材料要用具体的防护措施。下面列举防止铝及铝合金点蚀的方法:

① 降低 Si、Fe、Cu 等能生成沉淀相的金属元素的含量,提高点蚀能力。

② 加入 Mn、Mg 等能与 Fe、Si 等形成电极电势较低的活泼相的元素,提高抗点蚀能力。

③ 避免在 500℃左右退火,因为在这种条件下得到的沉淀相增多。

④ 包覆纯铝,提高抗蚀性。

⑤ 降低含有氯化物、氧、碳酸氢钙和微量的铜的水溶液物质的含量。

6.4 缝隙腐蚀

一、缝隙腐蚀产生的条件

金属表面上由于存在异物或结构上的原因会造成缝隙,此缝隙一般在 $0.025 \sim 0.1$ mm 范围内。由于此种缝隙的存在,使缝隙内溶液中与腐蚀有关的物质(如氧或某些阻蚀性物质)迁移困难,引起缝隙内金属的腐蚀,这种现象叫做缝隙腐蚀。缝隙腐蚀是一种很普遍的局部腐蚀。不论是同种或异种金属相接触(如铆接、焊接、螺纹连接等)均会引起缝隙腐蚀。即使金属同非金属(如塑料、橡胶、玻璃、木材、石棉、织物以及各种法兰盘之间的衬垫等)相接触也会引起金属缝隙腐蚀。金属表面的一些沉积物、附着物,如灰尘、砂粒、腐蚀产物的沉积等也会给缝隙腐蚀创造条件。几乎所有的金属、所有的腐蚀性介质都有可能引起金属的缝隙腐蚀。其中以依赖钝化而耐蚀的金属材料和以含 Cl^- 的溶液最易发生此类腐蚀。

二、缝隙腐蚀机理

关于缝隙腐蚀的机理已有一些理论上的解释。目前普遍为大家所接受的缝隙腐蚀机理是氧浓差电池(图6.9(a))与闭塞电池自催化效应(图6.9(b))共同作用的结果。

(a) 集纳户离子浓差电池   (b) 差异充气电池

图6.9 缝隙腐蚀机理示意图

在缝隙腐蚀初期,阳极溶解

$$M \longrightarrow M^{n+} + ne$$

和阴极还原

$$O_2 + 2H_2O + 4e \longrightarrow 4OH^-$$

是在包括缝隙内部的整个金属表面上均匀出现,但缝隙内的 O_2 在孕育期就消耗尽了。致使缝隙内溶液中的氧靠扩散补充,氧扩散到缝隙深处很困难,从而中止了缝隙内氧的阴极还原反应,使缝隙内金属表面和缝隙外自由暴露表面之间组成宏观电池。缺乏氧的区域(缝隙内)电势较低为阳极区,氧易到达的区域(缝隙外)电势较高为阴极区。结果缝隙内金属溶解,金属阳离子不断增多,这就吸引缝隙外溶液中的负离子(如 Cl^-)移向缝隙内,以维持电荷平衡。如图6.10所示。所生成的金属氯化物在水中水解成不溶的金属氢氧化物和游离酸。即

图6.10 缝隙腐蚀机理示意图

$$M^+Cl^- + H_2O \longrightarrow MOH\downarrow + H^+Cl^-$$

结果使缝隙内 pH 值下降,可达 2 ~ 3,这样 Cl⁻ 离子和低 pH 值共同加速了缝隙腐蚀。由于缝内金属溶解速度的增加,也使相应缝外邻近表面的阴极极化过程(氧的还原反应)速度增加,从而保护了外部表面。缝内金属离子进一步过剩又促使氯离子迁入缝内,形成金属盐类。水解、缝内酸度增加,更加速金属的溶解,这与自催化孔蚀相似。

对于活化 – 钝化金属不锈钢、铝合金等来说,增加 Cl⁻ 和 H⁺ 浓度都有利于缝隙内钝态的破坏,这有以下两种解释。

缝隙内溶液 pH 值的下降,将导致金属的弗来德(Flade)电势(即金属由钝态转变为活化状态时的电势)升高。这可从以下的表达式中看出

$$\varphi_F = \varphi_F^\ominus - 0.059\,pH$$

式中　　φ_F——Flade 电势;

　　　　$\varphi_F^\ominus$——pH = 0 时的 Flade 电势。

弗来德电势上升意味着原来的钝化状态可能转变为活化状态,即缝隙内金属表面的钝化膜发生全面的破坏。缝内活化阳极和缝外钝化阴极构成大阴极、小阳极面积比的电偶电池,两极电势差通常为 50 ~ 100 mV,有时高达 600 mV,造成缝隙内金属的严重腐蚀。上面这种腐蚀称为活化型缝隙腐蚀,多数发生在还原介质和材料耐蚀性较差(腐蚀电势较低)的场合。腐蚀的发生取决于去钝化 pH 值的大小。

另一类是点蚀型缝隙腐蚀,一般发生在氧化性介质(如充气的海水)和材料耐蚀性较好(腐蚀电势较高)的场合。这种缝隙腐蚀起源于点蚀,由于 Cl⁻ 离子浓度增高,使钝化金属的点蚀电势降低,以至腐蚀电势超过点蚀电势,使缝隙内金属钝化膜发生破裂。这类缝隙腐蚀的发展与 Cl⁻ 离子浓度有很大关系。

三、缝隙腐蚀与点蚀的比较

缝隙腐蚀与点蚀有许多相似之处,两者在成长阶段的机理也很一致的,都是以形成闭塞电池为前提。由于特殊的几何形状或腐蚀产物在缝隙、蚀坑或裂纹出口处的堆积,使通道闭塞,限制了腐蚀介质的扩散,使腔内的介质组分、浓度和 pH 值与整体介质有很大差异,从而形成了闭塞电池腐蚀。但是,它们在形成过程上有所不同,缝隙腐蚀是在腐蚀前就已存在缝隙,腐蚀一开始就是闭塞电池作用,而且缝隙腐蚀的闭塞程度较点蚀的大。点蚀是通过腐蚀过程的进行逐渐形成蚀坑(闭塞电池),而后加速腐蚀的。或者说,前者是由于介质的浓度差引起的,而后者一般是由钝化膜的局部破坏引起的。与点蚀相比较,对同一种金属而言,缝隙腐蚀更易发生。从环形阳极极化曲线上的特性电势来看,缝隙腐蚀的临界电势要比点蚀电势低。在 φ_{br} ~ φ_{rp} 区间,对点蚀来说,原有的点蚀可以发展,但不产生新的蚀孔;而缝隙腐蚀在该电势区内,蚀孔既能发生,也能发展。此外,在腐蚀形态上是点蚀较窄而深,缝隙腐蚀较广而浅。

四、影响因素及防止措施

缝隙腐蚀的难易与很多因素有关。不同金属材料耐缝隙腐蚀的性能不同。如不锈钢随着含 Gr、Mo、Ni 元素量的增高,其耐缝隙腐蚀性能就会提高。又如金属钛在高温和较浓的

Cl^-、Br^-、I^-、SO_4^{2-} 溶液中,就易产生缝隙腐蚀,但若在钛中加入 Pd 进行合金化,这种合金有极强的耐缝隙腐蚀性能。缝隙腐蚀的速率和深度与缝隙大小关系密切,一般在一定限度内缝隙愈窄,愈易缝隙腐蚀。缝隙外部面积大小也会影响其速率,外部面积愈大,缝内腐蚀愈严重。

溶液中氧的含量、Cl^- 浓度、溶液 pH 值等对缝隙腐蚀速率都有影响。一般说来,随着溶液酸度的提高,氧或 Cl^- 量的增大,缝隙腐蚀程度也增大。此外,溶液的流速和温度对缝隙腐蚀大小也有影响,但要具体分析。流速增大,缝外溶液的含氧量也增加,导致缝隙腐蚀速率增大。但是,当由沉积物引起缝隙腐蚀时,情况就不同了,流速的加大反而使缝隙腐蚀减轻,这可能是因为流速较大将把沉积物冲掉的缘故。在敞开的溶液中当温度升高(如大于80℃)时,由于溶氧量的下降,同样会使缝隙腐蚀速度下降。一般情况下,温度愈高,缝隙腐蚀的危险性愈大。

在工程结构中缝隙是不可避免的,所以缝隙腐蚀也难以完全避免,缝隙腐蚀的结果会导致部件强度降低。由于缝内腐蚀产物体积的增大,会引起局部应力,使装配困难,所以应尽量避免产生缝隙腐蚀的因素和条件。防止或减少缝隙腐蚀的措施有:

① 合理设计,尽量减少缝隙的存在,同时选择具有较稳定钝性的合金。

② 焊接比铆接或螺钉连结好,对焊优于搭焊。焊接时要焊透,避免产生焊孔和缝隙。搭接焊的缝隙要用连续焊、钎焊或捻缝的方法将其封塞。

③ 螺钉接合结构中可采用低硫橡胶垫片,不吸水的垫片(聚四氟乙烯),或在接合面上涂以环氧、聚胺酯或硅橡胶密封膏,以保护连接处;或涂以有缓蚀剂的油漆,如对钢可用加有 $PbCrO_4$ 的油漆,对铝可用加有 $ZnCrO_4$ 的油漆。

④ 如果缝隙难以避免时,则采用阴极保护,如在海水中采用锌或镁的牺牲阳极法。

⑤ 选用耐缝隙腐蚀的材料。选用在低氧酸性介质中不活化并具有尽可能低的钝化电流和较高的活化电势的材料。如在静止海水中无缝隙腐蚀的材料有 Ti 和 Ni – 16Cr – 16Mo – 5Fe – 4W – 2.5Co;其他耐缝隙腐蚀的材料有 18Cr – 12Ni – 3MoTi,18Cr – 19Ni – 3MoTi 等。一般 Cr、Mo 含量高的合金,其抗缝隙腐蚀性也较好。Cu – Ni、Cu – Sn、Cu – Zn 等铜基合金也有较好的抗缝隙腐蚀性能。

⑥ 带缝隙的结构若采用缓蚀剂法防止缝隙腐蚀,要采用高浓度的缓蚀剂。这是由于缓蚀剂进入缝隙时常受到阻滞,其消耗量大。否则因用量不当,反而会加速腐蚀。

6.5　丝状腐蚀

丝状腐蚀是钢、铝、镁、锌等涂装金属产品上常见的一类大气腐蚀。如在镀镍的钢板上、在镀铬或搪瓷的钢件上,都曾发现这种腐蚀;而在清漆或瓷漆下面的金属上这类腐蚀发展得特别严重。因多数发生在漆膜下面,因此也称作膜下腐蚀。在不涂装的裸露金属表面上也有丝状腐蚀出现。这种腐蚀所造成的金属损失虽然不大,但它损害金属制品的外观,有时会以丝状腐蚀为起点,发展成缝隙腐蚀或点蚀,还可能由此而诱发应力腐蚀。据报道,在铝上就发现过从丝状腐蚀发展为点蚀和晶间腐蚀的现象。在镁制产品上也有从丝状腐蚀而诱发点蚀,并使镁制品穿孔的例证。

一、丝状腐蚀特征

丝状腐蚀是一种浅型的膜下腐蚀。一旦产生便发展很快,最后形成密集的网状花纹分布于金属表面,如图 6.11 所示,使金属表面上的漆膜出现无明显损伤的隆起,失去保护膜的作用。其特征是腐蚀产物呈丝状纤维网的样子,沿着线迹所发生的腐蚀在金属上掘出了一条可觉察的小沟,深度约为 $5 \sim 8~\mu m$,而且在小沟上每隔一段距离就有一个较深的小孔。在铁上腐蚀产物呈红丝状,丝宽约 $0.1 \sim 0.5$ mm。丝状腐蚀一般由蓝色呈"V"字形的活性头和非活性的棕褐色而形态如丝的身部所组成。

图 6.11　丝状腐蚀示意图

二、丝状腐蚀机理

丝状腐蚀是大气条件下一种特殊的缝隙腐蚀。丝状腐蚀开始发展往往是由一些漆膜的破坏处、边缘棱角及较大的针孔等缺陷或薄弱处,形成引发中心(活化源)。这些引发中心随同大气中少量的腐蚀介质,如氯化钠、硫酸盐的离子和氧、水分一起产生了引发或活化作用,激发丝状腐蚀点的形成。在这个引发中心为核心的一个很小的活化区域内,由于空气渗透不均形成氧浓差电池,有可能生成酸,推动着丝状腐蚀向前发展。

丝状腐蚀的机理如图 6.12 所示。氧透过膜(有机涂膜、金属氧化膜等)进行扩散,特别是发生

图 6.12　丝状腐蚀机理示意图

横向扩散,致使头尾之间的 V 形界面处氧的浓度最高,而头部中心氧的浓度低,形成了氧浓差电池。活性头部形成闭塞电池,金属在其心部发生阳极溶解。生成 Fe^{2+} 的浓溶液,为蓝色流体。主要初始腐蚀产物是 $Fe(OH)_2$,它含有从大气中透过漆膜渗进来的水分,并可能由金属离子水解生成酸。丝的头部 pH 值小于 1,而尾部 pH 值为 $7 \sim 8.5$。同时。头部周边生成的 OH^- 浸蚀界面处的漆膜,使膜同金属间的结合变弱。V 形界面处以及它后面丝的躯体和尾部,则成为较大面积的阴极。由于腐蚀产物的沉淀并进一步氧化为 $Fe(OH)_3$,组成稳定的腐蚀产物 $Fe_2O_3 \cdot H_2O$(铁锈)。这种大面积的阴极促进头部向前发展。

6.6　晶间腐蚀

一、晶间腐蚀的形态及产生条件

晶间腐蚀是一种由微电池作用而引起的局部破坏现象,是金属材料在特定的腐蚀介质中沿着材料的晶界产生的腐蚀。这种腐蚀主要是从表面开始,沿着晶界向内部发展(图 6.13),直至成为溃疡性腐蚀,整个金属强度几乎完全丧失。晶间腐蚀常常造成设备突然破

坏。其特征是：在表面还看不出破坏时，晶粒之间已丧失了结合力、失去金属声音，严重时只要轻轻敲打就可破碎，甚至形成粉状。因此，它是一种危害性很大的局部腐蚀。

晶间腐蚀的产生必须具备两个条件：① 晶界物质的物理化学状态与晶粒不同；② 特定的环境因素。如潮湿大气、电解质溶液、过热水蒸气、高温水或熔融金属等。前者，实质是指晶界的行为，是产生晶间腐蚀的内因。从电化学腐蚀原理知道，腐蚀常局部地从原子排列较不规则的地方开

图 6.13　00Cr25Ni20Nb 钢晶间腐蚀照片

始引起局部腐蚀，常用金属及合金都由多晶体组成，其表面有大量晶界或相界。晶界具有较大的活性，因为晶界是原子排列较为疏松而紊乱的区域。对于晶界影响并不显著（晶界只比基体稍微活泼一些）的金属来说，在使用中仍发生均匀腐蚀。但当晶界行为因某些原因而受到强烈影响时，晶界就会变得非常活泼，在实际使用中就会产生晶间腐蚀。影响晶界行为的原因大致有如下几种：

① 合金元素贫乏化。由于晶界易析出第二相，造成晶界某成分的贫乏化。例如，18 - 8 不锈钢因晶界析出沉淀相（$Cr_{23}C_6$），使晶界附近留下贫铬区，硬铝合金因沿晶界析出 $CuAl_2$ 导致贫铜区的出现。

② 晶界析出不耐蚀的阳极相。如 Al - Zn - Mg 系合金在晶界析出连续的 $MgZn_2$；Al - Mg 合金和 Al - Si 合金很可能沿晶界分别析出易腐蚀的新相 Al_3Mg_2 和 Mg_2Si。

③ 杂质或溶质原子在晶界区偏析。例如，铝中含有少量铁时（铁在铝中溶解度低），铁易在晶界析出；铜铝合金或铜磷合金在晶界可能有铝或磷的偏析。

④ 晶界处因相邻晶粒间的晶向不同，晶界必须同时适应各方面情况，其次是晶界的能量较高，刃型位错和空位在该处的活动性较大，使之产生富集。这样就造成了晶界处远比正常晶体组织松散的过渡性组织。

⑤ 由于新相析出或转变，造成晶界处具有较大的内应力。还证实由于表面张力的缘故，使黄铜的晶界含有较高的锌。

由于上述原因，使晶界行为发生了显著的变化，造成晶界、晶界附近和晶粒之间在电化学上的不均匀性。一旦遇到合适的腐蚀介质，这种电化学不均匀性就会引起金属晶界和晶粒本体的不等速溶解，引起晶间腐蚀。

二、晶间腐蚀机理

下面从晶界结构分别列举出几种金属材料的晶间腐蚀原因。

1　奥氏体不锈钢的晶间腐蚀

固溶处理的奥氏体不锈钢当在 450 ~ 850℃ 温度范围内保温或缓慢冷却，然后在一定腐蚀介质中暴露一定时间，就会产生晶间腐蚀。在 650 ~ 750℃ 范围内加热一定时间，这类钢的晶间腐蚀更为敏感。例如 649℃ 加热一小时就是一种人为敏化处理的方法。利用这种方法可使奥氏体不锈钢（如 18 - 8 钢）更容易产生晶间腐蚀。为什么在上述情况下易产生晶间腐蚀倾向呢？

含碳质量分数高于 0.02% 的奥氏体不锈钢中,碳与铬能生成碳化物($Cr_{23}C_6$)。而高温淬火加热时,Cr 以固溶态溶于奥氏体中,并呈均匀分布,使合金各部分铬含量均在钝化所需值,即质量分数 12%Cr 以上。使合金具有良好的耐蚀性。这种过饱和固溶体在室温下虽然暂时保持这种状态,但它是不稳定的。如果加热到敏化温度范围内,碳化物就会沿晶界析出,铬便从晶粒边界的固溶体中分离出来。由于铬的扩散速度远低于碳的扩散速度,因此 Cr 不能及时从晶粒内固溶体中扩散补充到边界,因而只能消耗晶界附近的铬,造成晶界铬的贫乏区。贫铬区的含铬量远低于钝化所需的极限值,其电势比晶粒内部的电势低,更低于碳化物的电势。而贫铬区和碳化物紧密相连,当遇到一定腐蚀介质时就会发生短路电池效应。该情况下碳化铬和晶粒呈阴极,呈阳极的贫铬区被迅速侵蚀。

贫铬区宽度很窄。18 - 8 奥氏体不锈钢在 650℃ 敏化处理两小时,贫铬区总宽度为 150 ~ 200 nm,其中贫铬严重区宽度不到 50 nm。这样,贫铬区和晶界、晶粒间存在着小阳极和大阴极的不利面积比,贫铬区保护了晶粒。结果使很窄的贫铬区受到了强烈的腐蚀,而晶粒本体却腐蚀甚微。图 6.14 和 6.15 分别表示了敏化处理后的奥氏体不锈钢晶界处碳化物及碳和铬的浓度分布情况。

图 6.14　敏化的 18-8 不锈钢晶界示意图

图 6.15　晶界附近碳、铬分布

贫铬理论较早地阐述了奥氏体不锈钢产生晶间腐蚀的原因及机理,已被大家所公认。奥氏体不锈钢在多种介质中晶间腐蚀都以贫铬理论来解释。其他很多实验和观点也支持了这一理论。如测量晶界区和晶粒本体的阳极极化行为,也有力地证实了这一理论,如图 6.16 所示。图上还标着不同试验介质所处的腐蚀电势区间,一些不锈钢在不同介质中所产生晶间腐蚀的电势区间也不同,这与实际情况相符合。在还原性介质或强氧化性介质中,不锈钢的腐蚀电势处于活化区和过钝化区(见图所示位置),此种情况下钢的整体已不耐蚀,因此讨论晶间腐蚀已无意义了。但是对于大多数产生晶间腐蚀的奥氏体不锈钢来说,都是处于活化 - 钝化过渡电势以及除过钝化区以外的各电势区间,这些区间的晶间腐蚀都是由于存在贫铬区的缘故。图 6.16 说明了在相当广泛的电势区间内,不同含铬量的钢,随其含铬量的降低,临界钝化电流密度和维钝电流密度也相应地增加。也就是说晶界区的电流密度远大于晶粒本体的电流密度,即晶界区的腐蚀速度远大于晶粒本体的腐蚀速度。

Cr18Ni9 钢阳极极化曲线随着敏化程度而变化。敏化处理的钢(750℃ 加热 30 h)的临界钝化电流密度和维钝电流密度都有明显的增加。若继续延长敏化时间,其电流密度又接近于固溶处理材料,这与贫铬理论一致。即加热时间过长,析出的碳化物颗粒逐渐聚集长大,晶界贫铬区不再连续,而且铬不断从晶粒内部向晶界区扩散,从而减弱晶界区的贫铬程度,提高了钢的耐蚀性。

敏化处理的不锈钢放入 1 mol·L^{-1} H$_2$SO$_4$ 溶液中进行恒电势极化(从 0 ~ + 350 mV)试

验,并分析溶液中 Cr、Ni 和 Fe 的含量。结果发现,极化前溶液中的铬含量为 18.6%,而当极化到 +350 mV 时,溶液中铬的质量分数却降为 13.7%,并且在此电势下不锈钢显示出晶间腐蚀,这些事实都与贫铬理论一致。

2 晶界 σ 相析出引起的晶间腐蚀

图 6.17 为奥氏体 γ 相和 σ 相的阳极极化曲线。在过钝化电势下,σ 相发生严重腐蚀,其阳极溶解电流急剧上升,这可能是沿晶界分布的 σ 相自身的选择性溶解的缘故。对于低碳或超低碳不锈钢来说,因碳化物析出引起的晶间腐蚀倾向大大减少。而超低碳不锈钢,特别是高铬、含钼钢在 650~850℃ 加热或热处理时,易引起 σ 相(FeCr 金属间化合物)在晶界沉淀而产生晶间腐蚀敏感性。18-8 铬镍奥氏体不锈钢若在产生 σ 相的区间长时间加热;冷加工变形后在产生 σ 相的温度区间加热;或钢中添加 Mo、Ti、Nb 等合金元素,也可能出现 σ 相。有 σ 相的奥氏体不锈钢只能在强氧化性介质,如沸腾的质量分数为 65% HNO$_3$ 中才能检验出晶间腐蚀倾向。

3 铁素体不锈钢的晶间腐蚀

高铬铁素体不锈钢在 900℃ 以上高温加热,然后空冷或水冷,就会引起晶间腐蚀倾向。而若在 700~800℃ 重新加热则可消除晶间腐蚀敏感性,这类钢产生晶间腐蚀的条件虽然与奥氏体不锈钢相比不同,但其腐蚀机理却被认为与奥氏体不锈钢很相似,仍用贫铬理论来解释。即由于晶界析出亚稳碳化物(Cr_7C_3),使晶界附近出现贫铬区。除 C 外,N 也是有害元素,它们在铁素体中固溶量比在奥氏体中的还少;而 Cr 在这类铁素体中的扩散速度却比在奥氏体中快得多(相差两个数量级)。所以即使高温快冷,也能使碳化物或氮化物在晶界析出。

关于铁素体不锈钢的晶间腐蚀机理,还有特殊相或金属间化合物优先溶解所致的观点。例如由于沿晶界析出碳、氮化物引起晶界内应力增大,造成变形部分优先溶解;部分马氏体的优先溶解,以及析出的渗碳体型碳化物的优先溶解等。

图 6.16　Cr18Ni9 不锈钢在非充气的 H$_2$SO$_4$ 溶液中的阳极极化曲线示意图

1—固溶的 Cr18Ni9 钢(模拟晶粒本体);
2—敏化处理后的 Cr18Ni9 钢;
3—低 Cr-9Ni 钢(模拟贫铬晶界区)

图 6.17　γ 相及 σ 相阳极极化曲线

三、不锈钢晶间腐蚀敏感性的评定方法

不锈钢晶间腐蚀试验方法较多,这里介绍几种较常用的试验方法。Huey 试验法(ASTM,A-262)在美国应用较广。此法是将试样在沸腾的质量分数为 65% 的 HNO$_3$ 中煮沸五个周期(每周期 48 h,更换新溶液),此方法能显著提高腐蚀速率,合格标准为淬火-退火 304 钢,0.46 mm/a;CF-8 钢,0.76 mm/a;304L 钢(677℃ 加热 1 h 后),0.61 mm/a。除此之

外,还有用其他介质的方法,如硫酸－硫酸铜法、硫酸－硫酸铜－铜屑法、硫酸－硫酸铜－锌法、硫酸－硫酸铁法、硝酸－氢氟酸法以及草酸电解侵蚀法等来测定不锈钢晶间腐蚀的敏感性。其中草酸电解侵蚀法(Streicher),是一种较经济快速的草酸筛选试验(ASTM,A－262－55T),此法可迅速显示晶间腐蚀敏感性。该法是将磨光的金相试样浸入质量分数为10%草酸中做 $1A \cdot cm^{-2}$ 电流密度下电解侵蚀 1.5 min,然后对其表面进行放大(250 ~ 500 倍)观察。评定标准:"台阶结构"为合格,"沟槽结构"为不合格。表 6.5 所列为我国制订的不锈耐酸钢晶间腐蚀试验方法,国家标准为 GB1223—75。其中草酸电解侵蚀试验最常用。

表 6.5　不锈耐酸钢晶间腐蚀倾向试验方法(GB 1223—75)

试验方法	试验溶液	试验条件	溶液量
C 法	$H_2C_2O_4 \cdot 2H_2O$(HG3 － 988 － 76,AR)100 g 蒸馏水 900 ml	20 ~ 50℃, $1A \cdot cm^{-2}$,1.5 min	
T 法	$CuSO_4 \cdot 5H_2O$(GB 665 － 65,AR)100 g H_2SO_4(相对密度 1.84,GB 625 － 77,AR)100 ml 铜屑(GB466 － 64,四号铜) 蒸馏水 1 000 ml	沸腾 24 h,防止溶液蒸发损失	液面高出最上层试样 20 mm 以上
L 法	$CuSO_4 \cdot 5H_2O$(GB 665 － 65,AR)100 g H_2SO_4(相对密度 1.84,GB 625 － 77,AR)100 ml 蒸馏水 1 000 ml	沸腾 24 h 防止溶液蒸发损失	按试样表面积计算,每 cm^2 不少于 5 ml
F 法	质量分数65%HNO_3(相对密度 1.39,GB 625 － 65,AR)277 ml,蒸馏水 593 ml NaF(GB1264 － 77,AR)20 g 70℃时加入	(70 ± 1)℃ 3 h 防止溶液蒸发损失	按试样表面积计算,每 cm^2 不少于 5 ml
X 法	质量分数(65 ± 0.5)%HNO_3(GB626 － 65,AR)	沸腾三个周期 每周期 48 h 防止溶液蒸发损失 每一周期更换溶液	按试样表面积计算,每 1 cm^2 不少于 10 ml;对于钢丝每个试样不少于 160 ml

电化学方法也是评定晶间腐蚀行之有效的方法,正如前面所阐述的那样,具有晶间腐蚀敏感性的不锈钢,其阳极行为显示低的极化率,并可用极化曲线判断易引起晶间腐蚀的电势区段。在此电势值下进行长时间的恒电势侵蚀,以获得电势与晶间腐蚀的关系,从而评定不锈钢晶间腐蚀敏感性及研究其机理。

除了上述的化学法或电化学法评定外,不锈钢晶间腐蚀敏感性还可用其他一些方法进行评定。例如,用金相显微镜观察,确定晶界是否受到侵蚀及晶界的侵蚀深度;或将腐蚀试验后的试样弯曲 90°、180°,放大 10 ~ 20 倍下观察其弯曲外表面,看其是否出现裂纹;或用电阻法检测煮沸后试样电阻率的变化(此法对薄片和丝状金属检测更为灵敏);声响法是最简单常用的方法,将腐蚀试验后的试样自 1 m 高处自由下落在板上,判断其声音是否变哑,以失去金属声为准,一般晶间腐蚀严重的试样无金属声。

6.7　选择性腐蚀

选择性腐蚀,是指腐蚀在合金的某些特定部位有选择性地进行。或者说,腐蚀是从一种固溶体合金表面除去其中某种元素或某一相,其中电势较低的金属或相发生优先溶解而被破坏。最典型的例子是黄铜脱锌和铸铁的石墨化腐蚀,其他合金体系在酸溶液中,也会发生选择性腐蚀。如铝黄铜、铝青铜(当含铝量较高时,例如 92Cu – 8Al),易在酸性溶液特别是在氢氟酸中,发生选择性腐蚀。对双相结构的铝黄铜,这类腐蚀敏感性更大,当介质中含有少量 Cl⁻ 离子时,就会在合金的缝隙中产生强烈的脱铝腐蚀。硅青铜脱硅、Co – W – Cr 合金脱钴也属于选择性腐蚀。

一、黄铜脱锌

一般含有质量分数为 30% Zn、质量分数为 70% Cu 的 Cu – Zn 合金(黄铜),在水溶液中锌易被抽取(溶解),而留下多孔的铜,这种现象叫做脱锌。这种腐蚀是用海水冷却的黄铜冷凝管破坏的主要形式,腐蚀结果会使黄铜的强度大大下降。脱锌易用肉眼判断:脱锌后合金的颜色有显著的变化,即由黄色变为紫红色。但其总尺寸改变不大,外貌有呈均匀型的、层型的,也有呈局部(塞)型的。一般说来,锌含量较高的黄铜在酸性介质中易发生均匀或层型脱锌;而锌含量较低的黄铜在一些微酸性的或中性、碱性介质中易发生塞型脱锌,但也有例外的。连续层型的脱锌不太危险,而塞子型的破坏最危险。这是因为,这类脱锌能生成疏松的铜,填满脱锌区,形成疏松的脱锌塞,使材料变脆,强度降低,这类腐蚀类似于溃疡形式深入到金属中去,严重时会导致管壁穿通。不流动介质对脱锌有利,这可能是由于金属表面上生了膜或有沉积物,易造成缝隙腐蚀的缘故。

黄铜的组织结构和成分是很重要的影响因素。黄铜中锌的质量分数越高,其脱锌倾向和腐蚀速率也越大。一般含锌质量分数高于 15% 的黄铜才出现脱锌。含锌质量分数超过 35% 的黄铜,形成双相结构,这种混合型的黄铜($\alpha + \beta$)固溶体,往往会发生局部腐蚀。即 β 相先被腐蚀,然后脱锌蔓延到 α 基体,因为含铜量较高的 α 相对于含铜量较低的 β 相来说是阴极。β 相发生优先溶解,这一过程常会引起腐蚀表面上铜的重新析出。

关于黄铜脱锌的机理,目前有两种观点。一种认为是合金表层中的锌发生选择性溶解,而合金内部的锌通过空位迅速扩散并继续溶解,结果使表层电势较高的金属铜被遗留下来,形成疏松状态的铜层。但有人认为这种说法理由尚不够充分,其观点是溶液或离子要通过复杂曲折的空位是相当困难的,不易使脱锌达到相当深度,或将使脱锌变得极为缓慢。目前多数学者的看法认为是铜重新析出的缘故,即表层合金的锌和铜一起溶

图 6.18　黄铜选择性腐蚀示意图

解,锌离子留在溶液中,而电势较高的铜离子在靠近溶解地点的表面上迅速析出。也就是说铜离子镀回到原基体上。其实这两种说法都能解释一些实际脱锌现象,只是适用于不同的腐蚀条件而已。一般在稀盐酸中发生锌的选择性溶解,而在浓度较高的盐酸中或在海水中

则发生铜重新析出的脱锌破坏。在有氧存在的情况下,阴极还进行着氧的还原反应,从而加大了腐蚀速率。在纯水中则为水的阴极还原生成 H_2 或 OH^-,但腐蚀较缓慢,即脱锌也可在无氧的情况下进行。下面列举黄铜在海水中脱锌腐蚀过程(图 6.18),以说明黄铜的选择性腐蚀。阳极反应为

$$Zn \longrightarrow Zn^{2+} + 2e$$

$$Cu \longrightarrow Cu^+ + e$$

阴极反应为

$$\frac{1}{2}O_2 + H_2O + 2e \longrightarrow 2OH^-$$

锌溶解成 Zn^{2+} 留在溶液中,而一价铜离子则与海水中的氯化物发生反应,形成 Cu_2Cl_2。然后分解为 Cu 和 $CuCl_2$,即

$$Cu_2Cl_2 \longrightarrow Cu + CuCl_2$$

分离出的二价铜离子迅速地在靠近溶解位置的合金表面上进行阴极还原,析出铜,使该处出现多孔、类似于化学镀铜的组织,黄铜遭到了脱锌破坏。

黄铜脱锌的防止办法通常是采用脱锌敏感性较低的合金材料,如采用锌质量分数较低的红黄铜(质量分数为 15% Zn)。这种合金几乎不产生脱锌,但却不耐冲击腐蚀。或在黄铜中添加少量的 As(约质量分数 0.001% ~ 0.02%)能显著地降低黄铜的脱锌。这是由于 As 的加入可提高铜重新析出的过电势。添加锡或铝组分也可增加黄铜的耐蚀性,海军黄铜(质量分数 70% Cu、质量分数 29% Zn 和质量分数 1% Sn)能广泛地应用于海洋环境中。为了进一步改善海军黄铜的耐蚀性,还可加入极少量的砷、锑、磷。一般加入砷质量分数为 0.04%,生产中多采用砷而避免用磷,因为磷在一些情况下会引起晶间腐蚀倾向。除此之外,也可采用阴极保护法或降低介质的侵蚀性(如去氧)的措施。这些办法能较好地防止黄铜的脱锌,但不太经济。

二、石墨化腐蚀

灰口铸铁易在活性较轻微的环境中产生石墨化腐蚀。由于铁基体发生了选择性腐蚀而石墨沉积在铸铁的表面,表现如同"石墨",故称石墨化腐蚀。

这类腐蚀中石墨为阴极,铁为阳极。原电池腐蚀的结果形成以铁锈、孔隙和石墨为主的海绵状多孔体,使铸铁强度降低且失去金属性能。失强程度随着侵蚀深度的增加而加大,严重时可用小刀轻轻地削切。

石墨化是一个缓慢的过程,埋在土壤中的灰口铸铁最易发生这类腐蚀。若在腐蚀性较强的环境中,由于发生金属的迅速溶解,使铸铁的整个表面趋于均匀性腐蚀。这种情况一般不发生石墨化腐蚀。此外,若不存在残余连在一起的石墨网状结构,或不含游离碳的铸铁,也不会发生石墨化腐蚀。例如球墨铸铁、白口铸铁就可避免此种腐蚀。

第7章 应力作用下的腐蚀

金属构件通常在应力(内应力、负荷)与环境介质的共同作用下使用,导致金属材料遭受严重的破坏。由于受力状态不同(如拉伸应力、交变应力、振动力及摩擦力等),在介质作用下造成的腐蚀破坏形态可以是多种多样的。常见的有应力腐蚀断裂、腐蚀疲劳、磨损腐蚀、湍流腐蚀、空泡腐蚀和微震腐蚀。此外,由于氢的存在或金属与氢反应也可引起机械性破坏。这种破坏形式有脱碳、氢鼓泡、氢腐蚀、氢脆,统称氢损伤。这些腐蚀破坏往往是在应力水平低于材料的屈服极限的情况下造成的脆性破坏,其破坏形式是以裂纹的扩展而引起的失稳断裂。其中应力腐蚀断裂最为突出,工程设计人员应予以足够的重视。

7.1 应力腐蚀断裂

一、应力腐蚀断裂产生的条件及特征

应力腐蚀断裂是指金属材料在拉应力和腐蚀环境的共同作用下产生的破坏现象。应力与环境两者缺一不可,相互促进,但它们并不是简单的加和。应力腐蚀断裂是危害最大的腐蚀形态之一,它往往导致低应力脆断,是一种"灾难性的腐蚀"。例如飞机失事、桥梁断裂、油气管的爆炸等,危害极大。工程上常用的奥氏体不锈钢、铜合金、钛合金及高强度钢和高强度铝合金等,对应力腐蚀都很敏感。这些材料即使在腐蚀性不太严重的环境中,如含有少量 Cl^- 离子的水、有机溶液、潮湿大气及蒸馏水中,也会引起应力腐蚀断裂。近二十年来,随着宇航工业、原子能工业、化工和石油工业的高速发展,对应力腐蚀断裂行为的研究已日益引起人们的重视。

图 7.1 为 0Cr18Ni5Mo3Si2 钢应力腐蚀裂纹形貌。应力腐蚀断裂是一种较常见的局部腐蚀。产生这类腐蚀必须同时具备几个条件:特定环境(包括介质成分、浓度、杂质和温度);足够大的拉伸应力(超过某极限值);特定的合金成分和组织(包括晶粒大小、晶粒取向、形态、相结构、各类缺陷、加工状态等)。应力腐蚀断裂具有高度的选择性,在使用环境中对应力腐蚀不敏感的合金,即使在拉应力的作用下也不会发生应力腐蚀断裂。拉伸应力可能有以下几个来源:

图 7.1 0Cr18Ni5Mo3Si2 钢应力腐蚀裂纹
45% $MgCl_2$ 沸腾溶液,$\sigma = 460$ MPa

① 金属构件在制备过程中产生的残余应力。由于残余应力造成的腐蚀断裂故障占应力腐蚀断裂总数的40%。

② 工作时产生的外应力和使用中所承受的载荷等。

③ 由体积效应(腐蚀产物的体积往往大于其金属的体积)而造成的不均匀应力。

环境因素,尤其是腐蚀介质,是产生应力腐蚀断裂的重要条件,只有在一定合金和一定环境的组合情况下才能发生这类腐蚀断裂。如黄铜遇到少量氨气或氨溶液会产生断裂;不锈钢在含 Cl^- 的介质中,碳钢在含 OH^- 的溶液中,都有应力腐蚀的危险。表7.1列举了一些易产生应力腐蚀断裂的合金和环境介质。

表7.1 常用合金易产生应力腐蚀断裂的环境

合 金		环 境
低碳钢		NaOH 水溶液,NaOH
低合金钢		NO_3^- 水溶液,HCN 水溶液,H_2S 水溶液,Na_2PO_4 水溶液,醋酸水溶液,NH_4CNS 水溶液,氨(水 < 0.2%),碳酸盐和重碳酸盐溶液,湿的 $CO - CO_2 -$ 空气,海洋大气,工业大气,浓硝酸,硝酸和硫酸混合酸
高强度钢		蒸馏水,湿大气,H_2S,Cl^-
奥氏体不锈钢		Cl^-,海水,二氯乙烷,湿的氯化镁绝缘物,F^-,Br^-,$NaOH - H_2S$ 水溶液,$NaCl - H_2O_2$ 水溶液,连多硫酸($H_2S_{(n)}O_6$,$n = 2 \sim 5$),高温高压含氧高纯水,H_2S,含氯化物的冷凝水气
铜合金	$Cu - Zn,Cu - Zn - Sn,$ $Cu - Zn - Ni,Cu - Sn$	NH_3 气及溶液
	$Cu - Sn - P$	浓 NH_4OH 溶液,空气
	$Cu - Zn$	胺
	$Cu - P,Cu - As,Cu - Sb$	含 NH_3 湿大气
	$Cu - Au$	NH_4OH,$FeCl_3$,HNO_3 溶液
铝合金	$Al - Cu - Mg,Al - Mg - Zn,$ $Al - Zn - Mg - Mo(Cu),$ $Al - Cu - Mg - Mn$	海水
	$Al - Zn - Cu$	$NaCl,NaCl - H_2O_2$ 溶液
	$Al - Cu$	$NaCl,NaCl - H_2O_2$ 溶液,$KCl,MgCl_2$ 溶液
	$Al - Mg$	$NaCl + H_2O_2$,$NaCl$ 溶液,空气,海水,$CaCl_2$,NH_4Cl,$CoCl_2$ 溶液
镁合金	MgAl	HNO_3,$NaOH$,HF 溶液,蒸馏水
	$Mg - Al - Zn - Mn$	$NaCl - H_2O_2$ 溶液,海滨大气,$NaCl - K_2CrO_4$ 溶液,水,$SO_2 - CO_2 -$ 湿空气
钛及钛合金		红烟硝酸,N_2O_4(含 O_2,不含 NO,24 ~ 74℃),HCl,$Cl -$ 水溶液,固体氯化物(> 290℃),海水,CCl_4,甲醇,甲醇蒸气,三氯乙烯,有机酸

温度升高,易发生应力腐蚀断裂。但温度过高,由于全面腐蚀的进行,却抑制了应力腐蚀断裂。对某些体系,存在一个临界断裂温度,在此温度应力腐蚀敏感性最大。

合金与介质组成的腐蚀体系不同,在应力作用下,发生应力腐蚀的电势就不同。R.W. Staehle 总结奥氏体不锈钢在各种环境下的应力腐蚀断裂后提出:发生应力腐蚀断裂有三个电势区(敏感电位区),如图7.2所示区域1、2、3,即活化 - 阴极保护电势过渡区;活化 - 钝化电势过渡区;以及钝化－过钝化电势过渡区。这些区域已由实例所证明,如含 20% Ni 不锈钢(加 Cu 和 Mo)在 4 mol·L^{-1}沸腾 H_2SO_4 中,其应力腐蚀断裂电势接近或稍正于自腐蚀电势,相当区域 1;碳钢在碱溶液中的应力腐蚀断裂发生于区域 2;而 18－8 不锈钢应力腐蚀断裂却发生在区域 2(靠近阳极最大电流值处)和区域 3(过钝化区)以及区域 1(外加阴极电流区)。图 7.3 为敏化 18－8 不锈钢在 300℃、每千克溶液含 20 mg SO_4^{2-} 溶液中的阴,阳极极化曲线,及在预先选定好的各电势点下进行恒电势浸泡试验结果。说明该种材料在上述三个区域内都能产生应力腐蚀断裂。

图 7.2　应力腐蚀电势区示意图

　　总之,凡是能促使钝化膜不稳定的电势区域,都易产生应力腐蚀断裂。因为在这些电势下使合金表面的活性点更易于产生溶解破坏,形成裂纹源。

　　应力腐蚀断裂的特征,可简要归纳为如下几点:

　　① 金属在无裂纹、无蚀坑或缺陷的情况下,应力腐蚀断裂过程可分为三个阶段。a.萌生阶段。在这一阶段因腐蚀过程的局部化和拉应力作用的结果使裂纹生核。所以也将这一阶段称作孕育期(Incubation)。b.裂纹扩展。即由裂纹源或蚀坑达到极限应力值(单位面积所能承受最大载荷)为止的阶段,称为裂纹扩展期(Propagation)。c.失稳断裂阶段。由

图 7.3　敏化 18－8 不锈钢在含 200 mg·kg^{-1} SO_4^{2-}、300℃水溶液中的极化曲线

于拉应力的局部集中,裂纹急剧生长导致零件破坏。萌生阶段受应力影响很小。时间长,约占断裂总时间的 90%,后两阶段时间短,为总断裂时间的 10%。当有裂纹存在时,应力腐蚀断裂过程只有裂纹扩展和失稳断裂两个阶段。

　　② 金属和合金腐蚀量很微小,腐蚀局限于微小的局部。同时产生应力腐蚀断裂的合金表面往往存在钝化膜或保护膜。

　　③ 裂纹方向宏观上和主拉伸应力的方向垂直,微观上略有偏移。

　　④ 宏观上属于脆性断裂,即使塑性很高的材料也是如此。微观上,在断裂面上仍有塑性流变痕迹。

　　⑤ 有裂纹分叉现象。断口形貌呈海滩条纹、羽毛状、撕裂、扇形和冰糖块状图象。

　　⑥ 应力腐蚀裂纹形态有沿晶型、穿晶型和混合型,视具体合金－环境体系而定。例如,铝合金、高强度钢易产生沿晶型的应力腐蚀;奥氏体不锈钢易产生穿晶型的应力腐蚀;而钛合金为混合型的。即使是同种合金,随着环境、应力的改变,裂纹形态也会随之改变。

二、应力腐蚀断裂机理

影响应力腐蚀断裂的因素较多,迄今还没有完整、统一的机理解释。不仅对不同腐蚀体系观点不一,对同一体系见解也不一致。在此扼要讨论几种主要理论。

1.快速溶解理论

该理论认为:金属在应力和腐蚀的共同作用下,局部位置产生微裂纹。这种窄纹在形成阶段并非真正破裂,而是裂纹前沿金属快速溶解。图 7.4 为腐蚀的模型。金属裂纹的外表面(C)是阴极区,进行阴极反应,如

$$O_2 + 2H_2O + 4e \longrightarrow 4OH^-$$

$$2Cu(4NH_3)^{2+} + H_2O + 2e \longrightarrow Cu_2O + 2NH_4^+ + 2NH_3(\alpha - 黄铜在氨水液中)$$

裂纹的前沿是阳极区,构成了大阴极小阳极的应力腐蚀电池。应力腐蚀断裂是由裂纹尖端 A^* 的快速溶解引起。这是因为,裂纹侧面 A 由于具有一定的表面膜(氧化膜),使溶解受到抑制,溶解速度很小。而裂纹尖端前沿区由于应力集中而迅速屈服形变,在形变过程中金属晶体的位错连续地达到前沿表面,形成大量的瞬间活性点,使裂纹前沿具有非常大的溶解速度。

图 7.4 应力腐蚀断裂的快速溶解模型

据报道,裂纹尖端处的电流密度高于 $0.5\ A^{-1}\cdot cm^{-2}$,而裂纹两侧的电流密度仅为 $10^{-5}\ A^{-1}\cdot cm^{-2}$,两者相差 $10^4\ A^{-1}\cdot cm^{-2}$。同时裂纹尖端宽度很窄(估计不大于 10 nm),新的腐蚀介质不停地吸入到阳极区。因此,裂纹尖端前沿区的实际溶解量很小,不会产生浓差极化的特征,这就保证了裂纹尖端的快速溶解。

可能形成裂纹源的位置有:金属表面存在的晶界、亚晶界、露头的位错群、滑移带上位错堆积区,淬火、冷加工造成的局部应变区,或异种杂质原子造成的畸变区以及所谓堆垛层错区等。这些区域在一定条件下都可能构成裂纹源,发生阳极溶解,并向纵深发展。

2.表面膜破裂理论

在腐蚀介质中金属表面上总是存在着不同程度的保护膜,膜层在应力或活性离子(如 Cl^-)的作用下易引起破坏。裸露出的基体金属与其余表面膜构成小阳极与大阴极的腐蚀电池,新鲜表面就产生阳极溶解。另一方面,基体金属具有自动修复表面膜的能力(对一定的应力腐蚀断裂体系而言)。

对于沿晶型应力腐蚀断裂来说,由于晶界处缺陷和杂质较多,导致电负性较大,在应力和腐蚀介质作用下易遭受腐蚀断裂。对于穿晶型应力腐蚀断裂来说,往往是由于在应力作用下滑移阶梯对膜的破坏所致。我们知道,金属表面膜个别区域总会存在着局部薄弱点,在应力作用下金属基体内部位错会沿滑移面产生移动,形成滑移阶梯,当滑移阶梯大而表面膜又不能随滑移阶梯的形成而发生相应的变形时,膜就会破裂而裸露出基体金属。图 7.5 所示为滑移阶梯和局部溶解的示意图。图 7.5(a)所示为在应力很小且氧化膜较完整、塑性好,同时腐蚀介质中活性离子又很小的情况下,膜不产生破裂。若膜较完整且强度较大,则即使外加应力增大,造成位错在滑移面上塞积,也不会暴露基体金属,如图 7.5(b)所示。只有当外加应力增大到一定程度时,位错开动后,膜才破裂。裸露的基体金属与腐蚀介质相接触,从而产生快速阳极溶解,在此过程中形成"隧洞",如图 7.5(c)、(d)所示。图 7.5 滑移阶

梯和局部溶解"隧洞"的形成是由于阳极溶解,直至遇到障碍才终止的缘故。例如,由于 O_2 的吸附、活性离子的转换、形成的钝化膜以及电势高的合金组分的沉积等。这些表面膜的形成,使溶解区重新进入钝态,促使金属快速溶解了一个相当大的区域后,便形成"隧洞"。此时位错停止移动,即位错停止沿滑移面滑移(位错锁住),造成位错重新开始塞积,如图 7.5(e)所示。在应力或活性离子的作用下,位错再次开动表面钝化膜,又形成无膜区,金属又发生快速溶解。上述步骤不断进行,膜一次次修复(再钝化),结果导致穿晶型应力腐蚀断裂。

图 7.5 滑移阶梯和局部溶解

由于钢种和环境不同,金属再钝化和活化的程度也不同,因而应力腐蚀敏感性也不同。一般说来,钝化电势越低、钝化临界电流密度越小的腐蚀体系,其钝化膜修复所需的时间越短,膜越难破裂。

这种钝化膜破裂理论在某些应力腐蚀体系(如铜合金在氨溶液中)是较适用的。应力腐蚀断裂速度基本上受表面膜生长速度所控制。但该理论有一定的局限性,如有人发现不锈钢长期暴露在 130℃下的 $MgCl_2$ 溶液中,电势和极化数据表明其不能生成钝化膜,但却发生了断裂;对 18-8 不锈钢的预裂纹试验也证明尖端再钝化速度并非是其断裂的关键因素,该理论也无法解释各类体系的特性离子破坏作用。

3.电化学阳极溶解理论 – 自催化效应

在已存在阳极溶解的活化通道上,腐蚀沿这些途径优先进行,而应力又使之张开,从而加速金属破坏。假如金属表面已形成裂纹或蚀坑,则裂纹或蚀坑内部便出现闭塞电池而使腐蚀加速,并且裂纹内部(小阳极)与金属表面(大阴极)构成了浓差电池,促进裂纹尖端阳极快速溶解。这个氧浓差电池传递着活性阴离子(如 Cl^-)进入裂纹内部,因而使裂纹内形成了一种浓缩的电解质溶液,且由于水解而被酸化。这种闭塞电池作用,也是一个自催化的腐蚀过程,在应力作用下使裂纹不断地扩展,直至破裂。

4.氢在应力腐蚀断裂中的作用

氢原子扩散入金属内部,在应力腐蚀中是十分重要的现象。因此,较早就有学者提出氢脆理论,认为由于腐蚀的阴极反应形成的氢原子扩散到裂缝尖端,使这一区域变脆,在拉伸应力和腐蚀介质作用下氢不断产生并扩展至裂纹尖端,导致裂纹最终断裂。氢在应力腐蚀中起着主要的作用,这点是毫无疑问的。但就氢进入金属内是如何引起脆断的,下列观点还没有统一:①氢降低了裂缝前缘原子键结合能;②因吸附氢的作用使表面能下降;③由于氢气造成高内压促进位错活动;④生成氢化物等。应力腐蚀断裂的现代观念,把阳极溶解和氢扩散致脆的过程结合起来,能较好地分析一些腐蚀体系的应力腐蚀断裂。

图 7.6 为解释奥氏体不锈钢在氯化物介质中的裂纹形成和扩展的模型。裂纹的形成和

扩展主要与裂纹尖端处氢进入晶格有关。晶内的氢促使沿滑移带形成小片马氏体成为裂纹扩展的敏感途径(微小阳极区),引起裂纹尖端的优先溶解。这种微区内的析氢反应,必须保持裂纹尖端的电势比氢的平衡电势低得多,才可能生成 H_2,这就要求在裂纹区有限的微小容积中,有腐蚀氧化产物形成。即取决于阳极反应生成不溶性的氧化物。如奥氏体不锈钢在氯化物介质中,Cr 氧化生成 Cr_2O_3,促使酸度增大。其反应为

$$2Cr + 3H_2O \longrightarrow Cr_2O_3 + 6H^+ + 6e$$

图 7.6 奥氏体不锈钢在氯化物介质中的裂纹形成和扩展的模型

若生成可溶性氯的络合物和水,则有下列反应

$$Cr + 6H_2O \longrightarrow Cr(H_2O)_6^{2+} + 3e$$

$$Cr + 6Cl^- \longrightarrow CrCl_6^{3-} + 3e$$

这种情况不能达到提高酸度的目的。由于阳极反应中,即使是阳极氧化的量极少,也能在这狭小的容积(裂纹尖端)得到高浓度的 H^+ 离子,形成很高的酸度。计算表明,一个 10^{-4} cm 宽的裂纹中,假如两侧有 2 nm 厚的钝化膜,就能形成 1 mol 浓度的酸。当然,裂纹中有效酸度不仅取决于阳极反应所形成的 H^+ 离子的量,而且还取决于 H^+ 离子的活度系数。阴极反应由两部分组成,外部钝化表面主要是氧的还原反应。裂纹内部,微阴极上主要是 H^+ 离子的还原反应。还原氢被合金吸附,促进沿滑移带形成小片马氏体。由此看来,裂纹发展是与裂纹尖端的阴、阳极极化过程密切相关的。

5.吸附理论

阳极溶解理论都包括电化学过程,但应力腐蚀过程中的一些现象,如环境的选择性,开裂临界电势与腐蚀电势的关系,断口形貌的匹配等问题,用电化学理论不能合理地解释。为此,Uhlig 提出应力吸附开裂理论,他认为应力腐蚀断裂一般并不是由金属的电化学溶解所引起,而是由环境中某些侵蚀性物质对金属内表面的吸附,使金属原子间的结合力削弱,在拉应力作用下引起断裂。这是一种主要以机械方式导致应力腐蚀断裂的理论。该理论用离子的特性吸附来解释应力腐蚀断裂的离子选择性问题,但是对有些现象仍未得到完满解释,如碳钢为什么只能(或优先)吸附 NO_3^- 离子而不是 Cl^- 离子,奥氏体不锈钢则只能吸附 Cl^- 离子而非 NO_3^- 离子,黄铜只能吸附 NH_4^+ 而不是其他离子等。此外,对为何存在潜伏期,裂纹的发生和发展有何区别等应力腐蚀问题也未能得到解释。

三、防止应力腐蚀断裂的措施

防止应力腐蚀断裂的基本对策包括:降低或消除应力、控制环境、改善材料。

1.降低或消除应力

① 改进结构设计,避免或减少局部应力集中。

② 消除应力处理。可采取热处理退火、过变形法、喷丸等处理减少残余应力。其中消

除应力退火是减少残余应力的最重要手段,特别是对焊接件,退火处理尤为重要。

③ 按照断裂力学进行结构设计。由于构件中不可避免地存在着宏观或微观裂纹和缺陷,用断裂力学进行设计比用传统力学方法具有更高的可靠性。

2.控制环境

① 改善使用条件。每种合金都有其特定的应力腐蚀敏感介质,减少和控制有害介质的量是十分必要的。

② 加入缓蚀剂。每种材料-环境体系都有某些能抑制或减缓应力腐蚀的物质,这些物质由于改变电位、促进成膜、阻止氢的侵入或有害物质的吸附、影响电化学反应动力学等原因而起到缓蚀作用,因而可防止或减缓应力腐蚀。

③ 采用保护涂层。使用有机涂层可使材料表面与环境隔离,或使用对环境不敏感的金属作为敏感材料的镀层,都可减少材料的应力腐蚀敏感性。

④ 电化学保护。由于应力腐蚀发生在三个敏感的电势区间,理论上可通过控制电势进行阴极或阳极保护,防止应力腐蚀发生。

3.改善材料

① 正确选择材料。尽量选择在给定环境中尚未发生过应力腐蚀断裂的材料,或对现有可供选择的材料进行试验筛选,择优使用。

② 开发耐应力腐蚀的新材料。

③ 改善冶炼和热处理工艺。采用冶金新工艺,减少杂质,提高材料纯度;通过热处理改变组织,消除有害物质的偏析、细化晶粒等,降低材料应力腐蚀敏感性。

四、应力腐蚀试验方法

应力腐蚀试验是指在应力和腐蚀介质同时作用下对材料进行的腐蚀试验。根据施加应力的方法不同,可分为恒载荷试验和恒应变试验。前种方法试验周期较长;后种方法不能准确地测定应力值,试验重现性较差。另外,在试验过程中由于塑性变形或裂纹的产生引起应力松弛。为此,通常两种试验方法结合应用。

1.恒载荷试验

参见图7.7,恒载荷试验的优点在于裂纹的扩展使净断面应力加大,可加速断裂过程。此种试验方法较严格,如杠杆式拉伸应力试验机,其最大负荷500 kg,精度±1%。试样固定于溶液盒内,盒内装有加热器、水银接触温度计、电位测量用毛细管。恒温下进行试验,必要时还可对试验进行电化学测量,能较精确地测出最初应力值。该试验周期较长。

图7.7 恒载荷腐蚀试验装置示意图

2.恒应变试验

该试验用得更广泛,试样和夹具简单。试件通过塑性形变至预定形态,应力来自加工变形产生的残余应力。这种方法使用的试件形状很多,有环形、U形、叉形、弯梁试件等,通常只能定性地测试,不能测知应力。一般应力大于屈服强度(生产中设备的残余应力也常等于或超过屈服强度)。

① 环形试样:适用于厚度不大于2 mm的板材。图7.8和7.9为环形试样的尺寸要求

和加载方法。用铆钉或专门夹具固定试样,使板条保持环形,造成一定的变形和应力。铆钉处应涂上清漆绝缘保护,或用同种材料铆钉固定。然后放入待试验的腐蚀介质中进行应力腐蚀试验。此时最大拉应力在环的顶端外部。

图 7.8　环形试样夹具

图 7.9　环形试样加负荷示意图

② U 形试样:若不需要知道精确应力的话,可采用制备较简便的 U 形试样。它能近似地计算外加应变 ε 值

$$\varepsilon = \frac{t}{2r} \qquad (7.1)$$

式中　　r——顶端弧半径;

　　　　t——试样厚度($t < r$)

如图 7.10 为几种典型的 U 形试样。将试样弯曲成不同程度,以造成不同程度的应力。此时,应力是由弹性变形或弹性变形结合塑性变形而引起的。此时试样顶端产生塑性变形,根部受弹性应力,这种试件适用于有足够韧性、弯曲后不出现裂纹的材料。这种方法也可采用如图 7.11 所示的夹具,把试样弯曲成弓形,进行类似的试验。

图 7.10　U 形试样

③ 叉形试样:此类试样适用于挤压件、模压件及其他大截面的半成品或制品试验。材料厚度大于等于 6 mm,试样形状及尺寸如图 7.12 所示。借助螺栓或有机玻璃夹具将试样的尾端间隙缩小一半(从 6 mm 减至 3 mm),以在腐蚀介质中出现可见裂纹或完全断裂为止,记录时间。用螺栓夹紧试样时,应涂有机胶,防止电偶腐蚀。

为避免引起应力腐蚀断裂,制取挤压铝合金试样应使试样的长边与材料挤压方向垂直;而制取挤压镁合金试样时,应使试样的长边平行于材料的挤压方向。

④ 弯梁试样:该试样通常由板材制成。试样的尺寸可根据具体要求而改变,加载方式可用两点、三点和四点加载,如图 7.13 所示。试样小而便宜,适用于大量的长期暴露试验。这种试

图 7.11　弓形试样夹具

样的优点是可以借助应变仪或利用适当校正的弯梁公式,计算出所承受的应力。

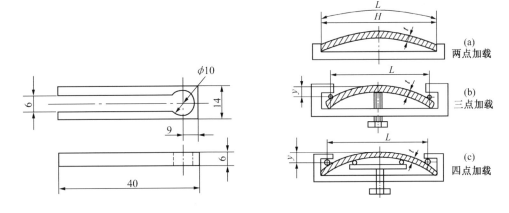

图 7.12 叉型试样(图中尺寸单位为 mm)   图 7.13 弯梁试样加载示意图

弯梁试样的凸面最高点承受最大纵向拉应力,拉应力沿试样厚度由上向下降低;试样最凹点承受最大压应力,应力的分布与加载方式、试样宽度与厚度的比例有关。当外加应力低于材料的弹性极限而挠度较低时,可采用如下公式计算所承受的应力,否则误差较大。

二点弯梁试样最大拉应力 σ 的计算式

$$L = \frac{KtE}{\sigma}\arcsin\left(\frac{H\sigma}{KtE}\right) \tag{7.2}$$

式中 L——试样长度;

H——两支点间距离;

t——试样厚度;

E——弹性模量;

K——常数,$K = 1.280$。

三点弯梁试样最大弹性应力计算式

$$\sigma = \frac{6Ety}{L^2} \tag{7.3}$$

式中 σ——最大抗拉强度;

E——弹性模量;

f——试样厚度;

y——最大挠度;

L——外部支点间距离。

四点弯梁试样最大弹性应力计算式

$$\sigma = \frac{12Ety}{3L^2 - 4A^2} \tag{7.4}$$

式中 A 为支点间的距离,且 $y/L < 0.1$;其余符号同上。当 $A = 0$ 时,则式(7.3)改写为

$$\sigma = \frac{4Ety}{L^2} \tag{7.5}$$

弯梁试样暴露在大气中,一般采用不锈钢夹具。在常温腐蚀液中试验,可采用硬塑料做

夹具,以防电偶腐蚀。

在上述两项传统的恒载荷或恒应变腐蚀试验中,经常测定的是两种指标:测定从试验开始到腐蚀断裂(出现裂纹或完全断裂)所经过的时间;或者测定经过一定时间后试样强度和延伸率损失,从而评定材料抗应力腐蚀的性能。有时为了研究和比较试样腐蚀断裂后表面腐蚀的不均匀性以及裂纹数量和分布,可在显微镜、扫描电镜等仪器下观察裂纹特征。

3.预制裂纹的应力腐蚀试验

预制裂纹的应力腐蚀试验已得到广泛使用。早期的应力腐蚀试验都是以光滑试样为基础。这种试样的应力腐蚀断裂历程包括裂纹的形成(生核)和扩展、断裂两个阶段,测得的时间是这两部分寿命的总和,其中90%是裂纹源的生核寿命。因此,所测结果反映了材料裂纹萌生的敏感性,而对裂纹扩展性能反映不确切,再加上数据的分散性,有时会和材料实际使用结果不相符合,把由于裂纹形成时间长而未断裂误认为没有应力腐蚀敏感性。光滑试样试验是把材料看成是完整无缺的,但实际上,由于冶炼、冷热加工不可避免地会引入裂纹或缺陷。况且构件在工作过程中会受疲劳负载或腐蚀介质的作用,这些都可能引起裂纹源。自六十年代起引入了断裂力学,它为存在裂纹的材料提供了实用的分析方法。这种方法是建立在线弹性力学基础上,不考虑裂纹的成核过程。它和光滑试样试验互为补充。

断裂力学运用弹性及塑性力学去研究裂纹尖端的应力场,分析裂纹扩展的条件和规律,定量地给出稳定的裂纹扩展速率(da/dt)和裂纹尖端的应力水平,更准确地描述应力腐蚀断裂过程,预测临界裂纹尺寸和构件的寿命。

这种试验方法采用的试样有一尖锐的预制裂纹。通常是在试样平滑面上机械加工一缺口,起到应力集中的作用,在缺口根部用高频疲劳的方法按具体试样要求预制疲劳裂纹,然后给试样加一定载荷并浸入相应的试验介质中。用读数显微镜定时测量,同时记录裂纹长度 a,算出相应的应力强度因子及裂纹扩展速率,并绘制应力强度因子 K_I 和裂纹扩展速率 da/dt 的关系曲线图。此外,通过预制裂纹试验还可获得应力腐蚀临界应力强度因子 K_{ISCC},此值对于构件的选材和设计有重要价值。应力腐蚀裂纹扩展速率是衡量应力腐蚀开裂敏感性的重要参数之一。

在预制裂纹试样的应力腐蚀试验中,由于加力方法和试件几何形状的不同,应力强度因子 K_I 随裂纹长度 a 的扩展可以是增大、减小或恒定。因而可把预制裂纹试样分为二类,一类是指 K_I 随裂纹扩展而增大或恒定,一般为恒载荷试样;另一类指 K_I 随裂纹扩展而减小,则可以是恒位移或恒载荷试样,这要视试样和加载方式而定。上述各种试样中,应用较多的是楔形张开加载(WOL)试样、双悬臂梁(DCB)试样、悬臂梁试样及燕型试样四种。

K_{ISCC}值的测定方法与材料性质、试样形状、加力方式有关,尤其是与材料的平面应变断裂韧性 K_{IC}值密切相关。如选定一定的起始应力强度因子 K_{Ii}值($< K_{IC}$值)在特定介质中加载,测定各个 K_{Ii}值下试样的断裂时间,可找到一个 K_{Ii}的临界值(低于此值,则在所试验的时间内试样不断裂),即为该种材料在此介质中的 K_{ISCC}。也可只用一个试样来测定,即加一定的 K_{Ii}值间隔一定时间后观察是否破断。若未断,则加较高的 K_{Ii}值重复进行,直至发生破断为止,测得的 K_{Ii}值即为 K_{ISCC}值。采用预制裂纹试样进行应力腐蚀试验,也可配合电化学测试方法,如测量裂纹尖端的电势－时间曲线、极化曲线、恒电势下应力腐蚀试验等等,以便研究裂纹尖端的电化学行为及电势对应力腐蚀的影响。

4.慢应变速率法(SSRT)

此方法是将拉力试件放在一定环境中(如装有溶液的容器),装入特制的慢应变速率试验机中,用固定的、缓慢的应变速率拉伸试样,直到拉断为止。通常所用的应变速率为 $10^{-4} \sim 10^{-8}$ m·s^{-1}。在此应变速率范围内,将使裂缝尖端的变形、溶解、成膜和扩散处于产生应力腐蚀破裂的临界平衡状态。

普通拉伸机的应变速率较大($\varepsilon = 10^{-3} \sim 10^{2}$ m·s^{-1}),因而无法用拉伸试验来反映应力腐蚀敏感性。因为无论是根据阳极溶解机理还是氢致开裂机理,无裂纹试样产生应力腐蚀裂纹均需要较长的孕育期,故拉断后延伸率及断面收缩率不会有明显的变化。但如果把拉伸速率减慢(慢拉伸试验),这时应力腐蚀过程就能充分展示。断裂后的塑性指标就会明显下降,断口形貌也会有明显变化。

应变速率是研究应力腐蚀敏感性的一个重要参量。应力腐蚀破裂的严重性与应变率成函数关系。在一定的应变速率范围内,应力腐蚀破裂最严重。对大多数材料及其相应的环境,应力腐蚀最敏感的应变速率为 10^{-6} m·s^{-1},当应变速率小于此值时,由于裂纹尖端有足够的时间能再钝化,因此能够阻碍应力腐蚀裂纹的扩展。

7.2 晶须增强铝复合材料应力腐蚀行为的研究

一、纯铝基复合材料的应力腐蚀行为

晶须增强铝复合材料因其具有十分优异的性能而得到人们的广泛重视,为拓宽其应用范围,对其应力腐蚀行为进行研究势在必行。由于纯铝不发生应力腐蚀,因此我们选择纯铝作为基体,研究晶须的加入对复合材料应力腐蚀行为的影响规律。

1.双悬臂梁试验

图 7.14 所示为利用 DCB 试样测出碳化硅晶须增强纯铝(SiCw/p – Al)复合材料应力腐蚀裂纹扩展速率 da/dt 与裂纹尖端应力场强度因子 K_1 的关系曲线,由此可求出裂纹扩展第 Ⅱ 阶段的 da/dt 以及门槛应力强度因子 K_{ISCC},测量结果列于表 7.2。

图 7.14 SiCw/p – Al 在质量分数为 3.5% NaCl 溶液中应力腐蚀时 da/dt 随 K_1 的变化

利用 SEM 观察了 SiCw/p – Al 复合材料在空气中拉断以及在应力腐蚀过程中断裂的断口形貌。在应力腐蚀断口上可看到一些裸露晶须和微裂纹,此外与在空气中的拉伸断口并没有本质的区别,其断口形貌如图 7.15。应力腐蚀断口上裸露晶须的存在无疑是由于腐蚀造成的。由于晶须与基体之间的电极电位存在较大的差别,在腐蚀介质中,晶须周围的基体铝作为阳极被腐蚀掉,从而暴露出晶须。在应力腐蚀断口上还可以观察到显微裂纹,显然这是晶须周围基体铝的择优腐蚀溶解造成的,正是这种显微裂纹的形成、扩展与合并,导致纯铝基复合材料发生应力腐蚀。不难理解,晶须聚集的地方,其周围形成的显微裂纹较多,显微裂纹扩展、合并、长大的几率和程度也大,因而应力腐蚀容易进行。

表 7.2　纯铝复合材料在 3.5% NaCl 溶液中的应力腐蚀性能

	Ⅰ型试样,双悬臂梁		Ⅱ型试样	慢拉伸
	K_{ISCC}/K_{IC}	$(da/dt)_I,/(m\cdot s^{-1})$	K_{IISCC}/K_{IIC}	$I_\delta\%$
SiCw/p–Al	0.83	8.5×10^{-11}	– –	24%
$Al_{18}B_4O_{33}$w/p–Al	0.94	2.5×10^{-11}	0.88	13%

2. Ⅱ型加载试验

对硼酸铝晶须增强纯铝($Al_{18}B_4O_{33}$w/p–Al)复合材料的Ⅱ型缺口试样,当加载至 $K_{II}/K_{IIC}=0.9$ 时,在水溶液中浸泡 72 h 就发生应力腐蚀,当 $K_{II}/K_{IIC}=0.8$ 和 0.85 时,在 100 h 内缺口前端仍未出现裂纹。因而认为Ⅱ型缺口恒载荷试样的门槛应力场强度因子为 $K_{IISCC}/K_{IIC}=(0.9+0.85)/2=0.88$。

图 7.16 为 $Al_{18}B_4O_{33}$w/p–Al 复合材料Ⅱ型恒载荷试样在空气中及质量分数 3.5% 的 NaCl 溶液中断裂的断口形貌。由图可见,空气中断裂形貌同复合材料一般拉伸后断口形貌相似,具有明显的韧窝;在质量分数为 3.5% 的 NaCl 溶液中拉伸后,断口表面可见少量的晶须以及裂纹的存在。晶须及微裂纹在 SCC 断口上存在的原因同上述对 DCB 试样的分析相同。即晶须周围基体铝在腐蚀介质中优先被腐蚀溶解造成了微小裂纹的形成。正是这种显微裂纹通过形成、扩展与合并,导致纯铝基复合材料发生应力腐蚀。

(a)　空气中断口形貌　　　　　(b)　3.5% NaCl 溶液中断口形貌

图 7.16　$Al_{18}B_4O_{33}$w/p–Al 复合材料Ⅱ型加载试样表面断口形貌

3. 慢应变速率拉伸试验

用 SSRT 测出空气中及水溶液中的延伸率,从而可求出两种材料的相对塑性损失 I_δ,结果也已列于表 7.2。表 7.2 的结果表明,在不发生 SCC 的纯铝中加入体积分数为 20% 的 SiC 或 $Al_{18}B_4O_{33}$ 晶须后,在质量分数 3.5% 的 NaCl 的溶液中就会发生 SCC。图 7.17(a) 及(b)分别为在空气中及质量分数为 3.5% NaCl 的溶液中的慢拉伸断口形貌。由图可见,空气中断裂的断口形貌与复合材料一般拉伸断口形貌相似,断口为细小韧窝。在腐蚀介质中拉伸断裂后的断口表面上存在裸露的晶须及腐蚀产物。

116

(a)　空气中断口形貌　　　　(b)含质量分数为3.5%NaCl的溶液中断口形貌

图 7.17　$Al_{18}B_4O_{33}w/p$ – Al 复合材料慢拉伸断口形貌

二、晶须取向对复合材料腐蚀行为的影响

在晶须增强铝复合材料中,由于晶须的加入,增加了晶须与基体的界面,界面的作用在复合材料中十分关键。铸态复合材料中,由于晶须混乱分布,很难辨别裂纹扩展的路径及点蚀形核的位置。挤压后,由于复合材料中的晶须呈定向排列,因而易于从其微观组织形貌上进行观察。在挤压过程中,由于基体产生了剧烈的变形,故导致晶须沿着基体的挤压方向定向排列。探讨晶须取向对复合材料腐蚀行为的影响,借以揭示界面在复合材料腐蚀过程中所起的作用。对经挤压后的 $Al_{18}B_4O_{33}w/p$ – Al 复合材料沿不同方向进行取

图 7.18　挤压后复合材料中晶须分布及
　　　　试样取向角度 θ 定义的示意图

样,图 7.18 为经挤压后试样取向角度 θ 的示意图。图 7.19 所示为挤压后 $Al_{18}B_4O_{33}w/p$ – Al 复合材料表面的微观组织形貌。图 7.19(a)为 $\theta = 90°$ 时试样表面的微观形貌,从中可见,在

(a)　$\theta = 90°$　　　　　(b)　$\theta = 45°$　　　　　(c)　$\theta = 0°$

图 7.19　挤压态 $Al_{18}B_4O_{33}w/p$ – Al 复合材料不同取向试样表面的微观组织形貌

复合材料的表面呈现许多点状分布的晶须,表明所见到的晶须大部分为其端部。图 7.19

117

(b)为 $\theta = 45°$ 时试样表面的微观形貌,从中可见晶须的分布大部分均与该表面成 45° 角。图 7.19(c)为 $\theta = 0°$ 时试样表面的微观形貌,由图可见,晶须几乎均沿着一个方向平行排列。由以上观察表明,挤压后 $Al_{18}B_4O_{33}w/p - Al$ 复合材料中的晶须大部分均沿挤压方向呈定向排列。

沿 $\theta = 90°$ 截取的 DCB 试样在 3.5% NaCl 溶液中浸泡 1 个月后,裂纹长度未发生变化,由此认为该试样在此腐蚀介质中无应力腐蚀倾向。图 7.20 为沿 $\theta = 45°$ 截取的 DCB 试样在应力腐蚀过程中裂纹扩展长度与腐蚀时间的关系曲线。从曲线中可以看出,在腐蚀初期,裂纹长度明显增加,腐蚀 93 小时以后,裂纹长度的变化很微小,随着腐蚀时间的延长,裂纹长度基本保持恒定,在裂纹长度与腐蚀时间的关系曲线中出现明显的平台。图 7.21 为沿 $\theta = 0°$ 截取的 DCB 试样在应力腐蚀过程中裂纹长度与腐蚀时间的关系曲线。腐蚀初期,随腐蚀时间的增加裂纹扩展得较快,随后裂纹扩展逐渐变慢,裂纹长度最终增加了 0.35 mm,当腐蚀 550 h 以后,随腐蚀时间的增加,裂纹长度保持恒定,裂纹停止扩展。

图 7.20 $\theta = 45°$ 时 $Al_{18}B_4O_{33}w/p - Al$ 复合材料 DCB 试样裂纹扩展速率与腐蚀时间关系曲线

图 7.21 沿 $\theta = 0°$ 截取 $Al_{18}B_4O_{33}w/p - Al$ 复合材料 DCB 试样裂纹扩展速率

图 7.22 为沿 $\theta = 90°$ 截取的 DCB 试样在不同腐蚀时间下裂纹尖端形貌。比较图 7.22 (a)与图 7.22(b)可以看出,腐蚀 93 h 以后的裂纹形貌与初加载时的形貌基本没有变化,而

(a) 腐蚀前   (b) 腐蚀 93 h   (c) 腐蚀 205 h

图 7.22 沿 $\theta = 90°$ 截取 $Al_{18}B_4O_{33}w/p - Al$ 复合材料 DCB 试样裂纹尖端微观组织形貌

从图 7.22(c)发现,当腐蚀 205 h 后,裂纹尖端出现了一个较大的腐蚀坑,裂尖明显钝化。我

118

们的研究表明,应力的存在总是有利于点蚀形成的。应力腐蚀裂纹扩展需要应力与环境的共同作用,该 DCB 试样在沿着最大力的方向扩展时受到晶须的阻挡,无法形成腐蚀通道,而腐蚀过程中,作为阳极的铝基体又不断溶解,此溶解过程更易在裂尖处进行,从而导致裂纹尖端钝化并松弛了裂尖应力集中,在此情况下裂纹很难扩展,应力腐蚀倾向降低。

图 7.23 为沿 $\theta = 45°$ 截取的 DCB 试样在不同腐蚀时间下裂纹尖端形貌。比较图 7.23 (a)与图 7.24(b)可以观察到,腐蚀 93 小时后的裂纹长度与初加载时相比有所增长,因而腐蚀初期裂纹长度随腐蚀时间的增加而增加;由图 7.23(c)发现,腐蚀 205 h 后,裂纹明显粗化,致使裂尖钝化,裂纹停止扩展,裂纹长度与腐蚀时间的关系曲线中出现平台。同 $\theta = 90°$ 的 DCB 试样相比,该试样的裂纹尖端未出现明显的点蚀坑,而且裂纹长度在应力腐蚀过程中有所增加,这主要是由于晶须与挤压方向成一定角度,从而使其裂纹扩展较 $\theta = 90°$DCB 试样更容易一些。

(a) 腐蚀前   (b) 腐蚀 93 h   (c) 腐蚀 205 h

图 7.23 沿 $\theta = 45°$ 截取 $Al_{18}B_4O_{33}$w/p – Al 复合材料 DCB 试样裂纹尖端微观组织形貌

图 7.24 为沿 $\theta = 0°$ 截取的 DCB 试样腐蚀 205 h 后裂纹尖端形貌。从图中可见,在其裂纹尖端同样存在着点蚀坑,而在点蚀坑的前方能看到很细的微裂纹,显然这是裂纹在扩展过程中穿越了其前方的蚀坑而继续扩展形成的。这主要是由于腐蚀易于沿着晶须与基体的界面进行,裂纹也易于沿界面扩展,因此裂纹在扩展过程中很少受到阻碍。即使裂纹前端出现点蚀坑,在应力及环境的共同作用下,裂纹仍能继续向前扩展,致使裂纹扩展速率提高,直至在继续腐蚀过程当中裂尖应力被松弛掉而停止扩展。

三、热处理对 SiCw/2024Al 复合材料应力腐蚀开裂行为的影响

1. 时效对 SiCw/2024Al 复合材料应力腐蚀开裂行为的影响

图 7.25(a)所示为在欠时效状态下观察到的 SiCw/2024Al 复合材料基体中存在的条杆状析出相的微观组织形貌及相应的衍射花样。图中可见该析出相与母相保持共格关系,经标定此析出相为 S' 相。该种形貌在经欠时效处理的 $Al_{18}B_4O_{33}$w/2024Al 复合材料的基体中也曾发现,表明这与 2024 基体的时效析出顺序有关。峰时效状态下 SiCw/Al 复合材料基体中析出相的 TEM 照片如图 7.25(b)所示。由图可见,随着时效时间的增加,析出相长大且增多,但析出相的形貌并没有改变,因此仅从其形貌就可以断定此时析出相仍为 S 相。经时效 20 h 后(过时效),SiCw/2024Al 复合材料基体中析出相的微观组织形貌如图 7.25(c)所示。图中可见,析出相由原来的条杆状形态转变为片状,且大多数析出相已与母相脱离了位相关

| (a) 腐蚀前 | (b) 腐蚀 93 h | (c) 腐蚀 205 h |

图 7.24　沿 $\theta = 0°$ 截取 $Al_{18}B_4O_{33}w/p$ – Al 复合材料 DCB 试样裂纹尖端微观组织形貌

系,由此可以断定此时析出相为 S 相。因此对于 SiCw/2024Al 复合材料而言,在 190℃下的时效析出为 S′相和 S 相。同时从以上三张 TEM 照片中还可发现,随着时效时间的增加,复合材料基体中析出相的数目明显增多,这表明时效析出过程在不断进行。

| (a) 欠时效 | (b) 峰时效 |

(c)　过时效

图 7.25　复合材料 SiCw/2024Al 基体中析出相的 TEM 观察

图 7.26 所示为三种时效状态下 SiCw/2024Al 复合材料应力腐蚀裂纹扩展速率与临界应力场强度因子的关系曲线。三条曲线均显示出了完整的三个阶段。在较低的 K_I 下,da/dt

依赖于应力并趋于一个临界值,当低于此临界值时,裂纹不扩展;在较高的 K_I 下,裂纹扩展不依赖于应力,此时 $da/dt - K_I$ 曲线上的 da/dt 值趋于稳定。该值即为应力腐蚀裂纹稳态扩展速率。从图 7.26 可以看到,欠时效复合材料的稳态扩展速率最快,过时效复合材料的稳态扩展速率最低。

图 7.26　SiCw/2024Al 复合材料的应力腐蚀裂纹扩展速率与应力场强度因子的关系曲线

图 7.27 是腐蚀 2 507 h 后,三种时效状态下的复合材料在应力腐蚀过程中裂纹尖端的微观组织形貌,从中可见,欠时效试样裂纹尖端比较尖锐,峰时效试样的裂纹尖端则有所宽化,过时效试样的裂纹尖端则出现了明显的钝化。由此也进一步说明,欠时效状态的试样由于裂纹尖端比较尖锐,应力集中较大,因而其在应力腐蚀过程中裂纹扩展速率最高;过时效状态的试样由于裂纹尖端出现了明显的钝化,松弛了裂尖应力集中,导致其裂纹扩展速率降低,因而在应力腐蚀过程中裂纹扩展速率最低。在研究中还发现,过时效处理的复合材料在应力腐蚀过程中裂纹易于沿着晶须与基体的界面扩展(图 7.27)。

| (a) 欠时效 | (b) 峰时效 | (c) 过时效 |

图 7.27　三种时效状态下 SiCw/2024Al 复合材料在 SCC 过程中裂纹尖端的微观组织形貌

2.退火处理对 SiCw/2024Al 复合材料应力腐蚀开裂行为的影响

人们对 SiC/Al 复合材料的微观组织结构进行了较多的研究。结果表明,复合材料基体中存在着高密度的位错。一般认为,基体中的高密度位错是复合材料基体中残余应力松弛所造成的。因为陶瓷增强体同基体铝合金的热膨胀系数之间存在较大的差异,所以当复合材料从较高温度冷至室温时,残余应力可以超过基体的屈服强度,从而造成基体的屈服,并在基体中产生较高密度的位错。不同温度的退火处理对 SiCw/Al 复合材料的位错结构、密度具有较大的影响,基体位错结构及组态的变化会直接影响复合材料的 SCC 行为。

图 7.28 是经不同温度退火处理后 SiCw/2024Al 复合材料的 TEM 照片。由图可见,铸态复合材料基体中的位错密度很高,且成缠结状。众所周知,SiC 晶须的热膨胀系数仅为铝合金的 1/6,所以当复合材料从较高温度冷却时,两者收缩不一致,从而引起残余应力。基体中高密度位错的产生,说明采用挤压铸造法制备 SiCw/2024Al 复合材料时,在温度从制备温度降至室温的过程中,复合材料中的残余应力有了较大幅度的松弛,基体发生了较为严重的塑性变形如图 7.28(a)所示。中温退火后,晶须附近基体中的位错密度显著降低,且形成位错胞,基体主要发生回复。这是由于 Cu、Mg 等合金元素的加入,使得 2024 合金的层错能降低,位错变宽,因而在基体中可见因回复而形成的清晰的位错网络,如图 7.28(b),此时位错密度明显低于铸态空冷复合材料基体中的位错密度,这表明在退火冷却过程中基体塑性变形程度很小。高温退火后,复合材料基体中位错密度更低,位错线呈平直状,如图 7.28(c)所示,晶体屈服强度进一步降低,因而更容易在基体中发生局部塑性变形以松弛残余应力。

在复合材料的基体中不仅发生了回复,而且发生了再结晶,如图 7.28(b)所示,这说明在 200℃退火保温过程中,SiCw/2024Al 复合材料基体屈服强度降低,在内应力作用下,基体发生了局部塑性变形,从而松弛了部分残余应力。

图 7.28　SiCw/2024Al 复合材料的微观组织形貌

图 7.29 所示为 SiCw/2024Al 复合材料的宏观残余应力与退火温度的关系曲线。采用挤

压铸造法制备的 SiCw/Al 复合材料中存在较大的残余应力,表面为压应力,心部为拉应力。由图可见,退火处理能显著消除复合材料内部的宏观残余应力。且随着退火温度的升高,材料中的宏观残余应力被消除的程度增大。这是由于中温退火保温时,基体屈服强度降低,在内应力作用下,基体发生局部塑性变形,残余应力松弛,但由于此时基体屈服强度仍较高,并伴随强烈的加工硬化特性,所以塑性变形是有限的,残余应力的松弛也是有限的。高温退火保温时,基体屈服强度进一步降低,局部塑性变形得以继续进行,残余应力继续松弛。在随后的炉冷过程中,由于冷速缓慢,铸件内外冷却速度几乎相差无几,因而在冷却过程中不会再产生宏观残余应力,因此经高温退火后,复合材料中的宏观残余应力被显著消除。

图 7.29　SiCw/2024Al 复合材料的宏观残余应力与退火温度的关系曲线

图 7.30　SiCw/2024Al 复合材料裂纹稳态扩展速率与退火温度的关系曲线

图 7.30 是复合材料裂纹稳态扩展速率与退火温度的关系曲线。图中表明,铸态时复合材料的稳态扩展速率最高,随退火温度的升高,相应的稳态扩展速率明显降低。

图 7.31 是临界应力场强度因子 K_{ISCC} 与退火温度的关系曲线,可见复合材料的 K_{ISCC} 随退火温度的升高而增大,由此表明退火处理有效地提高了复合材料的应力腐蚀抗力。

以上结果表明,退火处理主要从两个方面来影响复合材料的应力腐蚀行为,即降低残余应力和改善基体组织结构。退火处理不仅能有效地松弛宏观残余应力,还能通过回复降低基体的位错密度。不同的退火温度通过改变基体的位错组态,影响基体的组织结构。

阳极溶解首先发生在那些能量密度和化学位较高的地方,如位错缠结和露头处。压铸态复合材料中 SiC 晶须附近基体中高密度位错和位错缠结将加速和提高该区域基体溶解速度和程度。位错密度增加,晶格的弹性畸变程度增大,导致该区阳极电位降低,加速了基体

123

图 7.31　临界应力场强度因子 K_{ISCC} 与退火温度的关系曲线

金属的溶解。而对应的 200℃ 退火态及 440℃ 退火态复合材料中位错的这种作用将明显减小。退火温度的升高,使得 SiC 晶须本身及其附近基体的弹性应变程度降低,在腐蚀介质中,SiC 晶须及其附近基体构成的微电池电动势减小,从而使得复合材料显微裂纹形成速度及程度都降低,并最终导致 SiCw/Al 复合材料应力腐蚀临界应力场强度因子 K_{ISCC} 提高,应力腐蚀裂纹扩展速率降低。

综上可以看出,基体位错组态的改变不仅降低了复合材料的宏观残余应力,而且有效地降低了位错密度及晶须周围基体的弹性畸变程度,所以使复合材料的 SCC 抗力大大改善。

7.3　金属的氢脆和氢损伤

氢对很多金属的力学性能有着显著的影响,它能使金属材料的塑性和断裂强度显著降低,使设备和构件遭到严重破坏,以至发生事故。金属材料在冶炼、加工及使用过程中,经常会有氢进入到材料中,由于氢的存在或与氢发生反应而引起金属设备破坏,称为金属的氢损伤。根据氢引起金属破坏的条件、机理和形态,可分为脱碳、氢腐蚀、氢鼓泡和氢脆四类。前两类指的是在高温气体氢环境中引起金属的氢损伤。脱碳常常发生在高温湿气的环境中,是一种化学性腐蚀。

氢损伤与氢的关系密切,下面主要讨论来源、氢在金属中的存在形式、传输方式,以及氢脆和氢损伤的机理等问题。

一、氢的来源及在金属中的存在形式

1. 氢的来源

氢来源于内氢和外氢两个方面。内氢,即在冶炼、焊接、酸洗、电镀、阴极充氢等过程中,致使氢进入金属内部;外氢,即在氢气或致氢气体(如 H_2S、H_2O 等)中工作或由腐蚀阴极过程引入金属内部的氢。冶炼过程中炉内的水分分解可产生氢,钢锭中氢含量可达 6 ~ 15 $cm^3/100$ g,钢中的"白点"和铝合金中出现的"亮片"皆由此引起。金属零件在热处理后或电镀前都要进行酸洗,酸洗时除了氧化皮溶解外,还会发生金属与酸的电化学作用,导致阴极区析氢,其中部分氢原子进入金属,电镀过程本身就伴随着阴极充氢过程。焊接是一种局部冶炼过程,易引入氢。焊条药皮中含有水分和含氢物质,焊接时会分解成氢进入金属。

致氢气体(如 H_2、H_2S 和 H_2O 等)可在金属表面分解成原子氢而进入金属。如石化工业中的输油气管线、反应塔等。其受力件是在含氢或 H_2S 气体中工作,因氢进入金属而引起氢脆。析氢腐蚀时产生的氢主要由于金属接触含氢离子的溶液,水化质子(H_3O^+)在金属表面产生活性氢原子[H],或复合成氢分子,由于含氢物质与金属表面反应生成[H],或逸出氢气;由于气态氢在金属表面的吸附、分解而产生活性原子氢等。这些活性氢原子是引起金属材料脆化的主要因素。有些情况,虽然对整体介质不发生析氢,但在蚀坑、缝隙和裂纹内,由于闭塞电池的作用,可使蚀坑、缝隙或裂纹内的 pH 值下降,有可能达到析氢条件。如应力腐蚀过程中由于裂纹的闭塞效应,裂纹尖端的溶液会酸化,裂纹尖端的酸化现象为氢的析出提供了热力学可能。其阴极反应产生的原子氢进入金属后,在金属的滞后断裂过程中将起决定性作用,则此种应力腐蚀断裂就是氢脆。

2. 氢的存在形式

氢常以 H^-、H、H^+、H_2、金属氢化物、固溶体、碳氢化合物等形式存在于金属中,也可与位错结合形成气团($\perp H$)而存在。当氢与碱金属(如 Li、Na、K)或碱土金属作用时,可形成氢化物(如 NaH)。在这类化合物中 Na^+ 和 H^- 以离子键方式结合在一起,氢以 H^- 形式存在。还有一种观点认为,过渡族金属的 d 带没有填满,当氢原子进入金属后,分解为质子和电子,即 $H \rightarrow H^+ + e$。氢的 1 s 电子进入金属的 d 带,氢以质子状态存在于金属中。当金属 d 带填满后,多余的氢将以原子状态存在。也有观点认为,氢原子具有很小的原子半径(0.053 nm),能处于点阵的间隙位置,如 C – Fe 的四面体间隙和 α – Fe 的八面体间隙。最近,有研究者又提出电子屏蔽概念。认为氢以原子态"$H^+ e^-$"存在于金属中,或者说氢以"屏蔽的离子"(Screened Ion)即穿有"电子外衣"的离子状态存在于金属中。因此可用原子氢来讨论氢在金属中的作用。

氢溶解在金属中可形成固溶体,氢在金属中的溶解度与温度和压力有关。氢溶入固态金属或从中析出,都服从 Sievert 平方根定律。即

$$C_H = k \sqrt{p_{H_2}} \tag{7.6}$$

即恒温下,平衡时金属中氢的浓度 C_H 与氢压 p_{H_2} 的平方根成正比。式中 k 为常数,与温度有关。

氢在金属中如果超过固溶度,可有分子氢(H_2)、金属氢化物、氢原子气团三种状态。当金属氢含量超过固溶度时,氢原子往往在金属的缺陷(如晶界、相界、微裂纹等)处聚集而形成分子氢。氢在 V、Ti、Nb、Zr 等 ⅣB 或 Ⅴ B 族金属中容易形成氢化物。虽然氢在这些金属中固溶度较大,但由于氢在金属中分布不均匀,故当局部区域的氢浓度超过固溶度时就可形成金属氢化物。如 TiH_x($x = 1.53 \sim 1.99$),氢与 Ni 也能形成氢化物。氢原子与位错结合成气团($\perp H$),可视为一种相,气团的凝聚和蒸发就是这种相的形成和分解。

二、氢脆和氢损伤的类型

氢脆是由氢引起的材料的脆化,导致材料塑性及韧性下降。氢脆是高强度金属材料的一个潜在破坏源。航空、航天工业经常使用的高强度钢、钛合金等,对氢脆是很敏感的。氢脆大致可分为两大类。第一类氢脆的敏感性随应变速率增加而增高;第二类氢脆的敏感性随应变速率增加而降低。第一类是在材料加负荷之前已经在内部存在某种氢脆源,在应力

作用下加快了裂纹的形成及扩展;第二类则不同,它是在加负荷之前并不存在断裂源,而是在应力作用下由于氢与应力的交互作用逐步形成断裂源而导致脆性断裂。

1.第一类氢脆

属于这类氢脆的有氢腐蚀、氢鼓泡、氢化物型。这三种氢损伤造成金属永久性损伤。使材料的塑性或强度降低。即使再通过除氢处理,强度和塑性也不能恢复,此种氢脆称为不可逆氢脆。

(1)高温氢腐蚀

低碳钢在高温高压的氢气环境中使用时,钢中的碳(Fe_3C)能和 H_2 反应生成甲烷(CH_4),造成表面严重脱碳和沿晶网状裂纹,使强度大大下降。其反应为

$$C + 2H_2 \rightleftharpoons CH_4$$

$$Fe_3C + 2H_2 \rightleftharpoons 3Fe + CH_4$$

由于一个 CH_4 分子由 2 个 H_2 分子生成,故升高氢压有利于 CH_4 的产生。因此工作压力愈高,脱碳愈严重。例如低碳钢制成的压力容器在大于 200℃ 的高温高压氢气中长期使用时,可产生很多气泡或裂纹,造成氢腐蚀。在高温高压氢中,氢扩散进入试样内部并和钢中的 Fe_3C(或石墨 C)反应生成 CH_4。因 CH_4 分子在 $\alpha - Fe$ 中不能通过扩散而逸出,故在晶界夹杂处形成 CH_4 气泡。这种高压气体造成材料的内裂纹和鼓泡,当气泡在晶界上达到一定密度后,使晶界结合力减弱,使金属失去强度和韧性,最终造成材料的脆断。

氢腐蚀过程大致有三个阶段:

① 孕育期:在此期间,晶界碳化物及其附近有大量亚微型充满甲烷的鼓泡形核。这一阶段需要较长的时间,钢的力学性能和显微组织均无变化。这一时间的长短,决定了钢材抗氢腐蚀性能的好坏。

② 迅速腐蚀期:小鼓泡长大并沿晶界形成裂纹,使钢膨胀,力学性能显著下降。

③ 饱和期:裂纹互相连接,内部脱碳直到碳耗尽,体积不再膨胀。

温度和氢分压对氢腐蚀影响很大。一般来说,随温度升高、氢压增大以及工作应力提高,氢腐蚀速度增大。因为氢腐蚀属于化学腐蚀,其反应速度、氢的吸收、碳化物分解或碳的扩散都随温度升高而加快,从而使孕育期缩短,使腐蚀加速。钢在一定氢气压下碳化物破坏有一最低温度,低于这一温度时反应极慢,使孕育期超过正常使用寿命。同样,低于某一氢分压,即使提高温度也不会产生氢腐蚀,只会引起钢的表面脱碳。冷加工变形会加速腐蚀,因为应变易集中在铁素体和碳化物界面上,在晶界形成高密度微孔。增加了组织和应力的不均匀性,增加气泡形核位置,并有利于裂纹的扩展。

碳化物球化处理可使界面能降低,而有助于延长孕育期。钢中加入碳化物形成元素,如 Cr、Mo、V、Nb 等,可降低碳的活度和甲烷的平衡压力,对抗析氢腐蚀有利。

(2)氢鼓泡

氢鼓泡是由于氢进入金属内部而产生的。金属内的原子氢扩散聚集在金属的夹杂物、气孔、微缝隙处,促使空穴处形成分子氢,产生很高的内部氢压力(理论上计算,可达 10^{12} Pa),导致金属鼓泡和显著畸变。在含硫天然气及含硫石油输送、储存、炼制设备及煤气设备中,这种破坏形式尤为多见,但其破坏特征与氢脆不同。氢脆是在外力作用下产生的,而氢鼓泡无外力也能产生,氢鼓泡裂纹平行于表面,氢脆裂纹与外力方向相垂直。此外,钢材强度组织、环境等对两者敏感性的影响也不同。

126

氢鼓泡破坏与钢中吸氢量密切相关,因此凡影响吸氢量的因素都能影响氢腐蚀敏感性。如在硫化氢酸性水溶液中,酸度愈高、浓度愈大,则出现裂纹的倾向就愈大。溶液中 As_2O_3、CN^- 等离子,也会增加氢鼓泡的敏感性。硫化物夹杂对氢鼓泡裂纹的起源起重要作用,所以降低钢中硫的含量,可降低氢鼓泡的敏感性。但即使含硫质量分数降到 0.002%,也不能完全避免此类腐蚀,特别在钢锭的偏析部位更是如此。

氢鼓泡易发生于室温下,若提高温度可使其敏感性减小。此外,钢中的应力梯度可促进氢原子的扩散,并向孔隙中聚集而产生鼓泡裂纹。

(3)氢化物型氢脆

氢与 Ti、Zr、Nb 等金属有较大的亲和力,当这些金属中的氢超过溶解度时,将生成这些金属的氢化物。室温时氢在 $\alpha-Ti$ 及其合金中的溶解度约为 0.002%,在纯钛及 $\beta-Ti$ 合金中含量很低的氢即可生成氢化钛(TiH_2)。因此,氢化物型氢脆是纯钛和 $\alpha-Ti$ 合金的主要氢脆表现。氢在 $\beta-Ti$ 中的溶解度较高,因而在 β 型钛合金中很少遇到氢化物型氢脆。这类氢脆大致具有如下特点:

① 氢化物型氢脆的敏感性随温度的降低而增加,当样品有缺口时,氢脆敏感性也会增加。裂纹沿氢化物与基体金属的交界面扩展,这是由于基体金属与氢化物间存在较弱的结合力及二者弹塑性的差异所致,在应力作用下造成脆性断裂。

② 与形变速率关系密切。当低速形变时无明显脆性,在高速形变(如冲击试验)时才出现脆性断裂。因此这种氢脆也称之为冲击型氢脆。某些研究者认为,氢化钛虽是一种脆性相,但仍有某些塑性。低速形变时氢化物与基体金属共同变形,由于塑性变形使应力得到松弛,因而不显示脆性。

③ 氢化物的形态、分布对金属的塑性有明显影响。薄片状氢化物氢脆敏感性最大,这类氢化物易产生较大的应力集中;块状粗大的氢化物则对塑性影响较小。氢化物析出的形态、大小及基体金属晶粒大小和冷却速度也都与氢脆有关。在细晶粒中氢化物易沿晶界析出,块状不连续沉淀相,故氢脆不明显。粗大晶粒且氢含量又较高的钛合金,因氢化物沿晶界呈连续的薄片状析出,裂纹易沿晶界扩展,导致氢脆。

在 β 型钛合金或银合金中由于氢溶解度很高,只有当氢含量较高时才能生成氢化物。当氢在金属中的浓度较高但又不足以形成氢化物时,这种处于固溶体状态下的氢也能使某些金属由塑性转变为脆性。这可能是由于氢原子促使 β 相晶格产生严重畸变所致,这类氢脆和 O、N、P 等原子对钢所引起的冷脆性相似,故称为氢的冷脆性。

2.第二类氢脆

第二类氢脆有两种:一种是不可逆氢脆,另一种是可逆氢脆。含有过饱和状态氢的合金在应力作用下析出氢化物而导致脆断。此类氢脆对应力是不可逆的,称为不可逆氢脆。处于固溶状态的氢的合金,在慢速变形情况下产生的脆性断裂,对应力是可逆的,此种氢脆称为可逆性氢脆。通常所说的氢脆主要是指由于内氢或外氢(环境氢)所引起的可逆氢脆。

含氢金属在缓慢的变形中逐渐形成裂纹源,裂纹扩展以致脆断。若在未形成裂纹前去除负荷,静止一定时间后再进行高速变形,材料的塑性可以得到恢复。这种内部氢脆和环境氢脆都属可逆氢脆,这是氢损伤中非常危险的、也是主要的破坏形式。两种氢脆对材料脆化的本质、特征是相同的,只是氢的来源不同,对氢脆的历程及裂纹扩展速度影响不同。如高强度钢在静载持续作用下的滞后断裂,在硫化氢中的应力腐蚀断裂,钛合金($\alpha+\beta$ 型)的内氢脆等。可逆氢脆的过程为:材料中的氢在应力梯度作用下向高的三向拉应力处富集,当偏聚氢浓度达到临界值时,就会在应力场的联合作用下导致开裂。这种破坏是在一定的应力范围内产生的,即图7.32中的上临界应力与下临界应力之间的应力范围。材料在大于上临界应力时发生瞬时断裂,即图中的缺口抗拉强度。低于下临界应力时无论加载时间多长也不会发生断裂。只有在上、下临界应力之间作用时材料才发生滞后破坏。经历了裂纹形核(孕育期)(图中箭头1所指虚线的时间),在应力继续作

图7.32 含氢超高强度钢破断时间
与所受拉应力之间关系

用下裂纹长大(箭头2,亚临界扩展);最后发生突然断裂(失稳断裂,箭头3)。这种破坏是一种滞后破坏,这个临界应力类似材料的疲劳极限。滞后断裂曲线与疲劳的 S~N 曲线相似,故也称静疲劳曲线。

三、氢脆机理

1.氢压理论

这一理论认为,在金属中一部分过饱和氢在晶界、孔隙或其他缺陷处析出,结合成分子氢,使这些位置造成巨大的内压力,此内压力协助外应力引起裂纹的产生和扩展。或者说,产生的氢压降低了裂纹扩展所需的外应力。该理论可解释孕育期的存在、裂纹的不连续扩展、应变速率的影响等。该理论能较好地解释大量充氢时过饱和氢引起的氢鼓泡和氢诱发裂纹。该理论的有力证据是,即使没有外应力作用,高逸度氢也能诱发裂纹,特别是高逸度充氢或 H_2S 充氢能在金属表面上产生氢鼓泡,而且在其下方往往存在氢致裂纹,这是用其他理论所不能解释的。但氢压理论无法解释低氢压环境中的滞后开裂行为、氢脆存在上限温度、断口由塑性转变成脆性的原因,以及氢致滞后开裂过程中的可逆现象。一般认为,在氢含量较高时(如大量充氢),氢压理论是适用的。

2.弱键理论

在应力诱导下,氢在缺口或裂纹尖端的三向拉伸应力区富集,导致该处金属原子间的结合键能下降,较低的外应力即可使材料断裂。氢使金属键合力减弱的本质,认为是氢的 1s 电子进入了过渡族金属元素未填满的 3d 带,因而增加 3d 带电子密度,结果使原子间的排斥力升高,使材料的原子间健合力下降,因而材料在较低的应力下就能开裂。这一理论可以解释氢致滞后开裂的各种特征,因而得到广泛支持。但原子键合力下降的证据尚不充分,而且对某些非过渡族金属的合金(如铝合金、镁合金)的可逆性氢脆,不能用此理论解释。

3.吸附氢降低表面能理论

断裂力学给出材料发生脆性断裂的应力 σ_f 为

$$\sigma_f = \sqrt{\frac{2E\gamma}{\pi}} \tag{7.7}$$

式中　　　γ——表面能;

　　　　　E——杨氏模量;

128

σ——裂纹长度。

当裂纹尖端吸附有氢时,会使表面能下降,因而使断裂应力下降。这种理论可以解释孕育期的存在、应变速率的影响以及在氢分压较低时材料发生脆断的现象。但是,实际金属并非是完全脆性材料,裂纹扩展还需做塑性功,而塑性功要比表面能大几个数量级,因而吸附氢降低表面能对断裂应力 σ_f 的影响不大。此外,这种理论也不能说明氢脆的可逆性、裂纹扩展的不连续性以及其他吸附物质的影响等。

4.氢气团钉扎理论

该理论认为,氢脆是由于金属中溶解的氢对位错移动的干扰"钉扎"作用的结果,在一定应力条件下,若存在于晶体中的应力能够推动位错移动的话,便产生滑移,导致内应力的松弛。反之,若位错因某种原因不易移动时,晶体则变脆,产生脆断。氢与位错的相互作用理论认为,氢脆只在一定温度和形变速度范围内发生(图 7.33)。当温度低于临界温度 T_0 时,含氢的合金在形变过程中有可能形成 Cottrell 气团。若温度不太低而形变速度较低时,则氢原子气团就随位错运动而运动,

图 7.33 形变速度(V)与试验温度对氢钛合金断面收缩率的影响

但落后一定距离。这样就使位错不能自由移动,这一现象称为氢对位错的"钉扎"作用。由于钉扎作用引起材料的局部硬化,只有在外力作用下不断产生新位错,才能继续塑性变形。当运动着的新位错与氢气团遇到如晶界等障碍时,便在该处形成位错塞积和氢气聚集,在足够大的应力下便形成裂纹,并由此扩展长大。当裂纹长大并进入到贫氢区后,位错的移动恢复自由,一旦基体通过塑性变形使应力松弛,裂纹就停止长大。直至氢原子在应力作用下重新在此集结后,致使脆断裂纹重新长大。如此循环,使裂纹不断地扩展,导致最后断裂。

氢与位错的相互作用理论能较好地解释可逆性氢脆的形成过程、特征、可逆性及形变速度、温度对含氢材料氢脆的影响等。如图 7.33 所示,当形变速度为 v_1 时,温度过低(若小于 T_H),氢扩散速度太小,跟不上位错的运动,不能形成 Cottrell 气团,氢脆也就无法出现。当温度接近 T_H 时(若形变速度仍为 v_1),氢原子的扩散速度与位错的运动速度相适应,位错开始吸引部分氢原子,引起材料的塑性降低。当温度高至 T'_H 时,氢扩散的速度已完全和位错运动速度相吻合,塑性达最低点。温度继续上升(并不很高),由于热扩散尚不起主要作用,位错中的氢原子浓度还没有什么变化,塑性仍保持最低。当温度上升到 T_0 时,由于温度较高,形成 Cottrell 气团,但由于热扩散的作用,促使已富集的氢原子离开气团而均匀向四周扩散。于是位错周围的氢原子浓度开始下降,塑性回升。当温度达到 T'_0 时,由于热扩散速度大大高于 CottreII 气团的形成速度,氢气难以富集,氢脆被完全消除,塑性恢复到原来状态。形变速度对氢脆的影响也是如此。当形变速度为 $v_2(v_2 > v_1)$ 时,开始出现氢脆的温度必然高于 v_1 时出现的氢脆温度。因为形变速度提高后,必须在更高的温度才能使氢原子的扩散速度跟上位错运动。当形变速度继续升至临界速度 v_4 时,氢原子的扩散永远跟不上位错运动,于是氢脆完全消失。

对该理论持反对意见的认为,氢的扩散很快,能够跟着位错一起运动,常温下不可能起"钉扎"作用。此外,该理论无法解释恒位移或恒载荷试验中的氢致滞后开裂过程。

四、减小氢脆敏感性的途径

氢脆的产生可归结为裂纹源缺陷(如晶界、共格及非共格沉淀、位错缠结、微孔等)所捕获的氢量 C_T 与引起此类缺陷开裂的临界氢浓度 C_{cr} 之间的相对大小。当 $C_T < C_{cr}$ 时不会引起氢致开裂;当 $C_T = C_{cr}$ 时,开始氢裂;$C_T > C_{cr}$ 时,裂纹扩展。因此,减少氢脆敏感性的途径在于提高 C_{cr} 和降低 C_T。降低和消除应力也非常重要,因为在应力存在下,氢发生应力诱导扩散,向三向拉应力区富集。设计时应避免或减小局部应力集中。在加工、制造、装配中尽量避免产生较大的残余应力,或者采用退火等方法消除残余应力。

降低 C_T 的途径,就是减少内氢和限制外氢进入。

可通过减少内氢改进冶炼、热处理、焊接、电镀、酸洗等工艺条件,氢进入金属,对含氢材料也可进行脱氢处理。为降低 C_T,也可通过添加陷阱使氢浓度均匀,以降低局部氢浓度。但这些陷阱必须本身具有较高的 C_{cr},否则会在这些地方首先引发裂纹。其次添加陷阱数量要足够多,且具有不可逆陷阱的作用,而且均匀分布在金属基体中。能满足这些条件的陷阱很多,例如原子级尺寸的陷阱(以溶质原子形式存在)有 Sc、La、Ca、Ta、K、Nd、Hf 等,碳化物和氮化物形成元素(以化合物形式存在)如 Ti、V、Zr、Nb、Al、B、Th 等。但应注意,加入这些元素还应综合考虑对材料其他性能的影响。

限制外氢的进入主要从建立障碍和降低外氢的活性入手。

利用物理、化学、电化学、冶金等方法在基体上施以镀层,此镀层应具有低的氢扩散性和溶解度,从而构成氢进入金属的直接障碍。例如 Cu、Mo、Al、Ag、Au、W 等金属覆盖层,或经表面热处理而生成致密的氧化膜。有时可涂覆有机涂料或衬上橡皮或塑料衬里,防止金属与氢或致氢介质接触,起到隔离作用。

加入某些合金元素,可延缓腐蚀反应,或者生成的腐蚀产物抑制氢进入基体,可起到间接障碍的作用。如含 Cu 钢在 H_2S 水介质中生成 Cu_2S 致密产物,可降低氢诱发开裂倾向。

降低外氢的活性,如在气相的 H_2S、H_2 中加入适量的氧,在腐蚀介质中加入适当的缓蚀剂抑制阴极析氢或者加入促进氢原子复合成氢分子的物质,都可减少外氢的危害。

存在外氢时,特别是在足够的应力作用下,终将使某类最有害的缺陷的 C_T 达到其 C_{cr}。因此尽量提高 C_{cr},即控制对 C_{cr} 起作用的一些参数,对降低氢脆敏感性是很重要的。例如降低杂质含量,减少 As、P、Sn、Bi、Se 等杂质在晶界的偏析;细化晶粒;控制有害夹杂物(如碳化物、氧化物)和碳化物的类型、数量、形状、尺寸和分布;适当的变形处理等都可以提高临界氢浓度 C_{cr},从而降低氢脆敏感性。

7.4　腐蚀疲劳

一、概述

腐蚀疲劳指在循环应力与腐蚀介质联合作用下所引起的破坏,是疲劳的一种特例。循环应力的形式较多,其中以交变的张应力和压应力的循环应力最为常见。疲劳是任何一个机械组件都会遇到的问题。大量的因素影响金属材料的疲劳性能,若是由腐蚀介质引起疲劳性能的降低,则称为腐蚀疲劳。手册中能找到的大多数疲劳数据是在空气中测试得到的,

因而环境介质的影响较小。在腐蚀介质中发生的疲劳要严重得多,腐蚀对疲劳强度的影响常用损伤比来表示

$$损伤比 = \frac{腐蚀疲劳强度}{疲劳强度}$$

这个比值在以盐水作为腐蚀介质时,对碳钢约为 0.2,对不锈钢约为 0.5,对铝合金约为 0.4,对铜合金约为 1.0。

腐蚀疲劳的 S－N 曲线与一般力学疲劳的 S-N 曲线形状有所不同(图 7.34),腐蚀疲劳曲线位置较低,尤其在低应力、高循环次数下曲线的位置更低。在腐蚀介质中很难找到真正的疲劳极限,只要循环次数足够大,疲劳破坏将在任何应力下发生。

图 7.34 腐蚀疲劳的 S－N 曲线

纯力学疲劳破坏特征是断口大部分是光滑的,小部分是粗糙面,断口呈现一些结晶形状,部分呈脆性断裂。腐蚀疲劳破坏的金属内表面,大部分面积被腐蚀产物所覆盖,小部分呈粗糙碎裂区,断面常常带有纯力学疲劳的某些特点,断口多呈贝壳状或有疲劳纹。除 Pb 和 Sn 外,腐蚀疲劳裂纹都贯穿晶粒,而且只有主干,没有分支,裂纹尖端较"钝"。

腐蚀疲劳和应力腐蚀开裂所产生的破坏有许多相似之处,但也有不同之处。腐蚀疲劳裂纹虽也多呈穿晶形式,但除主干外一般很少再有明显的分支。此外,这两种腐蚀破坏在产生条件上也很不相同,例如,纯金属一般很少发生应力腐蚀开裂,但是会发生腐蚀疲劳;应力腐蚀开裂只有在特定的介质中才出现,而引起腐蚀疲劳的环境是多种多样的,不受介质中特定离子的限制;应力腐蚀开裂需要在临界值以上的静拉伸应力下才能产生,而腐蚀疲劳在静应力下却不能发生;在腐蚀电化学行为上两者差别更大,应力腐蚀开裂大多发生在钝化－活化过渡区或钝化－过钝化区,但腐蚀疲劳在活化区和钝化区都能发生。

钢在淡水、海水、含硫气氛以及许多环境中都可能发生腐蚀疲劳。低碳钢、奥氏体不锈钢、铝青铜等材料在淡水中抗疲劳性能优良,但在海水中不锈钢和铝青铜的抗疲劳性能约降低 20%～30%。应力的循环频率愈低,对腐蚀疲劳影响愈大。

二、腐蚀疲劳机理

腐蚀疲劳的全过程包括疲劳源的形成、疲劳裂纹的扩展和断裂破坏。在循环应力作用下金属内部晶粒发生相对滑移,腐蚀环境使滑移台阶处金属发生活性溶解,促使塑性变形。

疲劳裂纹的生成过程可用图 7.35 表示。图中(1)首先生成点蚀坑(疲劳源),这是发生腐蚀疲劳的必要条件;(2)在应力作用下点蚀坑处优先发生滑移,形成滑移台阶;(3)滑移台阶上发生金属阳极溶解;(4)在反方向应力作用下金属表面上形成初始裂纹。

裂纹扩展速率 da/dN 随疲劳应力强度因子 ΔK 的变化可分三个阶段(见图 7.36):

① 起始阶段。存在着一个疲劳裂纹扩展的应力强度因子门槛值 ΔK_{th},当 ΔK 超过 ΔK_{th} 时,疲劳裂纹迅速扩展。ΔK_{th} 值受很多因素的影响,其中主要是金属材料的显微结构,强度,

载荷和腐蚀环境。

② 中间阶段。裂纹扩展速度与应力变化之间呈指数关系,可用 Parisk 公式表示

$$\frac{\mathrm{d}a}{\mathrm{d}N} = C \cdot (\Delta K)^n$$

③ 最终阶段。当最大交变应力强度因子 K_{max} 接近断裂韧性 K_{1C} 时,$\mathrm{d}a/\mathrm{d}N$ 随 ΔK 增高迅速增大,直至失稳断裂。

图 7.35　疲劳裂纹生成示意图　　　　图 7.36　疲劳裂纹扩展速率与应力关系曲线

目前,提出了两种模型对腐蚀疲劳进行定量研究。线性叠加模型认为,腐蚀疲劳裂纹扩展速度是一般疲劳裂纹扩展速率和应力腐蚀裂纹扩展速率之和。而竞争模型认为,腐蚀疲劳裂纹扩展速率等于上述两项中裂纹扩展速率高的那一项。

7.5　磨损腐蚀

一、磨损腐蚀的概念

由于腐蚀介质和金属表面间的相对运动引起金属的加速破坏或腐蚀,称为磨损腐蚀,简称磨蚀。造成腐蚀损坏的流动介质包括气体、水溶液、有机体系、液态金属以及含有固体颗粒、气泡的液体等,其中悬浮在液体中的固体颗粒特别有害。当流体的运动速度加快,同时又存在机械磨耗或磨损的作用下,金属以水化离子形式溶解进入溶液。因此,磨蚀不同于纯机械力的破坏,在机械力作用下金属是以粉末形式脱落的。磨损腐蚀的外表特征是光滑的金属表面上呈现出带有方向性的槽、沟、波纹、圆孔和峰谷,而且一般按流体的流动方向切入金属表面层。

多数金属和合金都会遭受磨损腐蚀。当铝和不锈钢等自钝化金属的保护性表面膜受到磨损破坏后,腐蚀速度急剧上升。磨损腐蚀与金属材料的性能、表面膜、介质的流速、湍流、冲击等因素有关。

二、几种磨损腐蚀的形式

磨损腐蚀的范围较大,有几种特殊的腐蚀形式,如湍流腐蚀、空泡腐蚀和微震腐蚀等。

1.湍流腐蚀

湍流使金属表面液体的搅动比层流时更为剧烈,结果使金属与介质的接触更为频繁。湍流不仅加速了腐蚀剂的供应和腐蚀产物的迁移,而且也附加了一个液体对金属表面的切应力,此切应力能够把已经形成的腐蚀产物从金属表面剥离,并由流体带走。如果流体中含有气泡或固体颗粒,则会加剧磨损腐蚀。

图 7.37 冷凝管内壁湍流腐蚀示意图

湍流腐蚀大都发生在设备或部件的某些特定的、介质流速急剧增大形成湍流的部位。例如管壳式热交换器,离入口端高出少许的部位,正好是流体从管径大转为管径小的过渡区间,此处便形成了湍流。参见图 7.37。

构成湍流腐蚀除流体速度较大外,构件形状的不规则也是引起湍流的一个重要条件。如泵叶轮、蒸汽透平机的叶片等构件就是形成湍流的典型不规则的几何构型。

输送流体的管道,在流体突然被迫改变方向的部位,如弯管、U 形换热管等拐弯部位的管壁就要比其他部位更易被腐蚀减薄,甚至穿孔。这种由高速流体或含气泡、固体、颗粒的高速流体直接不断地冲击金属表面所造成的腐蚀是湍流腐蚀的一种特例,又称为冲击腐蚀。

2.空泡腐蚀

空泡腐蚀又称空蚀,是由于金属构件与流体高速相对运动时在金属表面局部地区产生涡流,伴随汽泡在金属表面迅速生成和破坏引起的。船舶螺旋推进器,涡轮叶片和泵叶轮等这类构件中的高流速冲击和压力突变的区域,最容易产生空泡腐蚀。金属构件的外形未能满足流体力学的要求,使金属表面局部区域产生涡流,在低压区引起溶解气体的析出或介质的气化,则接近金属表面的液体不断有蒸汽泡的形成和崩溃,气泡破灭时产生冲击波,破坏保护膜。此冲击波对金属施加的压力可达 $1.4 \text{ N} \cdot \text{mm}^{-2}$,这个压力足以使金属发生塑性变形。因此,遭受空蚀的金属表面可观察到滑移线出现。

空泡腐蚀的形成过程(参见图 7.38)大致上可分为以下几步:①金属表面膜上形成气泡;②气泡破灭导致表面膜破裂;③暴露的新鲜金属表面遭受腐蚀,重新成膜;④在原位置膜附近形成新气泡;⑤气泡再次破灭,表面膜重遭毁坏;⑥裸露金属又被腐蚀,重新形成新膜。以此循环往复,金属表面便形成类似点蚀的空穴。空泡腐蚀是机械和

图 7.38 空泡腐蚀形成过程示意图

化学两因素共同作用的结果。表面膜的存在不是空蚀的必要条件,即使没有表面膜存在,空泡破灭所产生的冲击力也足以使金属粒子被撕离金属表面,造成金属表面有些点变粗糙,这些粗糙点便是形成新空泡的核心。

3.微振腐蚀

微振腐蚀又称振动腐蚀、摩擦氧化。它是指两种金属(或一种金属与另一种非金属材料)相接触的交界面在负荷的条件下,发生微小的振动或往复运动而导致金属的破坏。负荷和交界面的相对运动造成金属表面层产生滑移和变形,只要有微米数量级的相对位移,就可能发生这类腐蚀。摩擦腐蚀使金属表面上呈现麻点或沟纹,在这些麻点和沟纹周围充满着

腐蚀产物。这类腐蚀大多数发生在大气条件下,腐蚀结果可使原来紧密配合的组件松散或卡住,腐蚀严重的部位往往容易发生腐蚀疲劳。

铁轨螺栓上的紧固垫片是发生摩擦腐蚀的一个典型例子。由于这些部分没有上润滑油,造成微振腐蚀,需要经常将这些垫板上紧。另一个常见的微振腐蚀例子发生在轴承套与轴之间,引起轴承套松脱,最后造成破坏。

微振腐蚀是在机械磨损与氧化腐蚀的共同作用下发生的。其机理主要有两种:磨损 - 氧化和氧化 - 磨损理论。图7.39(a)、(b)为解释这两种理论的示意图。磨损 - 氧化理论认为,两金属表面的配合是在不绝对平整的突出点上相接触(例如,在受压条件下金属界面的冷焊),在相对运动和微振作用下接触点被破坏,形成金属碎屑而被排开。这些直径很小的碎屑在摩擦过程中因生热而氧化,随着反复相对运动的进行,金属就不断被磨损,锈屑也随之积聚。氧化—磨损理论则认为,多数金属在大气中表面生成一层薄而牢的氧化膜,在负载下相互接触的两金属表面,由于往复磨振运动,使高出点的氧化膜破裂,产生锈屑。新显露的金属重新被氧化,这种过程往复进行,金属也就不断受损。

图 7.39 微振腐蚀示意图

三、磨损腐蚀的控制

防止或减轻磨损腐蚀可从以下几方面考虑,即选用耐磨蚀性能较好的材料,改进设计,降低流速,除去介质中有害成分,采用合适涂层及阴极保护。其中以合理选材,改进设计和阴极保护这些措施最为有效。

合理选材是解决多数磨损腐蚀破坏的经济方法,应针对具体使用条件,查阅有关手册资料进行选择,有些情况下要研制新的材料。例如在湿法磷酸生产过程中,由不同浓度和温度的磷酸、稀硫酸、Cl^-离子、F^-离子、Fe^{3+}离子以及磷石膏固相粒子组成的腐蚀介质,对生产设备产生极其严重的磨损腐蚀。在国外通常采用超低硫的高镍铬合金,但耐磨性差。J - 1铸造高镍铬不锈钢($w(Cr) = 20\% \sim 25\%$, $w(Ni) = 25\% \sim 30\%$, $w(Mo) = 4\% \sim 6\%$, $w(Cu) = 2.5\% \sim 4.0\%$, $w(Si) = 1\% \sim 3\%$, $w(Mn) = 1\% \sim 2\%$,少量 Ti)在满足耐蚀性能的前提下,同时具有优良的耐磨性能。该新钢种特别适用于制造磷酸萃取槽上的料浆泵和搅拌浆等。

合理设计也是控制磨蚀的重要手段,能使现用的或价格较低廉的材料大大延长寿命。例如,增大管径可减小流速,并保证层流;增大直径并使弯头流线型化能减小冲击作用;增加材料厚度可使易受破坏的地方得到加固。对于船舶的螺旋桨推进器,从设计上使其边缘呈圆形就有可能避免或减缓空蚀。当然,推进器形状的改变不能明显影响其机械效率。

阴极保护可减轻磨蚀,但是它还未受到普遍重视。

此外,对于空泡腐蚀来说,为了避免气泡形成核点,应采用光洁度高的加工表面。对于微振腐蚀来说,为了减小紧贴表面间的摩擦及排除氧的作用,应采用合适的润滑油脂。若在磷酸盐涂层上再加上适当的润滑剂,防微振腐蚀效果更好。

第8章 金属在自然环境中的腐蚀

8.1 大气腐蚀

金属在大气中发生腐蚀的现象称为大气腐蚀,是金属腐蚀中最普遍的一种。各种大气腐蚀若以吨位和损失价值来计算的话,比任何其他单独环境下的腐蚀都要严重。据估计,因大气腐蚀而引起的金属损失,约占总腐蚀损失量的一半以上。大气腐蚀的速度随地理位置、季节而异。由于影响因素很多,腐蚀反应动力学变量错综复杂,很难由实验室试验数据获得平均结果。

不同的大气环境,腐蚀程度有明显差别。含有硫化物、氯化物、煤烟、尘埃等杂质的环境中金属腐蚀会大大加重。如钢在海岸上的腐蚀要比在沙漠中的大 400～500 倍,离海岸越近,腐蚀也越严重。又如一个十万千瓦的火力发电站,每昼夜由烟囱中排出的 SO_2 就有 100 吨之多,空气中的 SO_2 对钢、铜、镍、锌、铝等金属腐蚀的速度影响很大。特别是在高湿度情况下,SO_2 会大大加速金属的腐蚀。

大气腐蚀基本上属于电化学性腐蚀范围。它是一种液膜下的电化学腐蚀,和浸在电解质溶液内的腐蚀有所不同。由于金属表面上存在着一层饱和氧的电解液薄膜,使大气腐蚀以优先的氧去极化过程进行腐蚀。另一方面,在薄层电解液下很容易造成阳极钝化的适当条件,固体腐蚀产物也常呈层状地沉积在金属表面,因而带来一定的保护性。

一、大气腐蚀类型

大气腐蚀的分类多种多样。有按地理和空气中含有微量元素的情况(工业、海洋和农村)分类,有按气候(热带、湿热带、温带等)分类;也有按水汽在金属表面的附着状态分类。从腐蚀条件看,大气的主要成分是水和氧,而大气中的水汽是决定大气腐蚀速度和历程的主要因素。因此,根据腐蚀金属表面的潮湿程度可把大气腐蚀分为"干的","潮的"和"湿的"三种类型。

1.干的大气腐蚀

干的大气腐蚀也叫干的氧化或低湿度下的腐蚀,即金属表面基本上没有水膜存在时的大气腐蚀,这种腐蚀属于化学腐蚀中的常温氧化。在清洁而又干燥的室温大气中,大多数金属表面生成一层极薄的(1～4 nm)氧化膜。在含有微量硫化物的空气中,由于金属硫化物膜的晶格有许多缺陷,它的离子电导和电子电导比金属氧化物大得多,硫化物膜还比氧化物膜厚得多,使铜、银这些金属表面变为晦暗,出现失泽现象。金属失泽和干的氧化作用之间有着密切关系,其膜的成长服从抛物线规律,而膜在室温下的清洁空气中则按对数规律增厚。

2.潮的大气腐蚀

潮的大气腐蚀是相对湿度在 100% 以下,金属在肉眼不可见的薄水膜下进行的一种腐蚀。这种水膜是由于毛细管作用、吸附作用或化学凝聚作用而在金属表面上形成的。所以，这类腐蚀是在超过临界相对湿度发生的，如铁在没有被雨、雪淋到时的生锈。

3. 湿的大气腐蚀

这是水分在金属表面上凝聚成肉眼可见的液膜层时的大气腐蚀。当空气相对湿度接近100%或水分(雨、飞沫等)直接落在金属表面上时，就发生这种腐蚀。对于潮的和湿的大气腐蚀都属于电化学腐蚀。由于表面液膜层厚度不同，它们的腐蚀速度也不相同。如图8.1所示。图中Ⅰ区为金属表面上有几个分子层厚的吸附水膜，没有形成连续的电解液，相当于"干氧化"状态。Ⅱ区对应于"潮大气腐蚀"状态，由于电解液膜(几十个或几百个水分子层厚)的形成，开始了电化学腐蚀过程，腐蚀速度急剧增加。Ⅲ区为可见的液膜层(厚度为几十至几百微米)。随着液膜厚度进一步增加，氧的扩散变得困难，因而腐蚀速度也相应降低。Ⅳ区为液膜更厚的情况，与浸泡在液体中

图 8.1 大气腐蚀速度与金属表面上水膜层厚度之间的关系
Ⅰ—水膜厚度 $\delta = 1 \sim 10$ nm 的区域
Ⅱ—$\delta = 10$ nm ~ 1 μm
Ⅲ—$\delta = 1$ μm ~ 1 mm
Ⅳ—$\delta > 1$ mm

类似，Ⅲ区相当于"湿大气腐蚀"。一般环境的大气腐蚀大多是在Ⅱ、Ⅲ区进行的，随着气候条件和相应的金属表面状态(氧化物、盐类的附着情况)的变化，各种腐蚀形式可以互相转换。如，在空气中，最初以干的腐蚀历程进行的构件，当湿度增大或由于生成吸水性的腐蚀产物时，可能会按照潮的腐蚀历程进行腐蚀。当水直接落到金属表面上时又转变为湿的大气腐蚀，而当湿度降低后，又重新按潮的大气腐蚀形式进行腐蚀。

二、大气腐蚀过程和机理

一般常见的大气腐蚀是以"潮的"和"湿的"为主。在潮湿的大气中金属的表面会吸附一层很薄的看不见的湿气层(水膜)，当这层水膜达到20～30个分子层厚时，就变成电化学腐蚀所必需的电解液膜。所以在湿和潮的大气条件下，金属的大气腐蚀过程具有电化学本质。这种电化学腐蚀过程是在极薄的液膜下进行的，是电化学腐蚀的一种特殊形式。

一些产品或金属材料在加工、搬运或使用过程中，会沾上手汗等。这些都会提高液膜的电导和腐蚀性，促使腐蚀加速。又如各种军用产品要适应于复杂的环境气候条件，当在低温、潮扇、盐雾、风沙等恶劣环境条件下，气候变化将会严重影响无线电整机、光学仪器、弹药等装备的可靠性，会使军用产品产生腐蚀、水解、长霉等现象；会使电子元件和机件功能减退或失灵，这些都是由于在大气条件下电解液薄膜发生腐蚀的结果。

这种液膜是由于水分(雨、雪等)直接沉降，或者是由于大气湿度或气温的变动以及其他种种原因引起的凝聚作用而形成的。如果金属表面仅仅存在着纯水膜时，还不足以促成强烈的腐蚀，因为纯水的导电性较差。实际上金属发生强烈的大气腐蚀往往是由于薄层水膜中含有水溶性的盐类以及腐蚀性气体引起的。

1. 金属表面上水膜的形成

要了解"潮的"和"湿的"大气腐蚀，首先要了解在水汽未饱和时的大气中金属的表面状态。在90%相对湿度的大气下，水汽膜的厚度小于两个水分子厚。60%相对湿度下，水汽

膜大概只有一个水分子厚。这一结果是在不带氧化物的金属上以及在有氧化膜的铝上得到的,并且在铂、银和硫化锌上得到证实。当金属表面上存在很少一点吸湿性的附着物时,即使用 10^{-7} g/cm^2 这样少的 KOH,在相对湿度为 50% 时,至少也可以从大气中吸收 5 个分子层的水,如果相对湿度为 90% 时,则可以吸收 25 层水分子。这就说明,为什么掉落在铁上的吸湿性物质的微粒会引起铁的腐蚀。

水汽膜是不可见液膜,其厚度为 2~40 个水分子层。当水汽达到饱和时,在金属表面上会发生凝结现象,使金属表面形成一层更厚的水层,此层称为湿膜。湿膜是可见液膜,其厚度约为 1~1 000 μm。

(1)水汽膜的形成

在大气相对湿度小于 100% 而温度又高于露点时,金属表面上也会有水的凝聚。水汽膜的形成主要有如下三种原因:

① 毛细凝聚。从表面的物理化学过程可知,气相中的饱和蒸汽压与同它相平衡的液面曲率半径有关。图 8.2 为三种典型的弯液面(凹形、平的、凸形),由于液面形状不同,其液面上的饱和蒸汽压力也不同。这三种典型弯液面对应的平衡饱和蒸汽压分别为 p_1、p_0、p_2,且 $p_1 < p_0 < p_2$。也就是说,液面的曲率半径(r)越小,饱和蒸汽压越小,水蒸气越易凝聚。

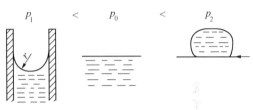

图 8.2 液面形状对饱和蒸汽压力的影响

表 8.1 的数据说明,曲率半径(r)愈小,与之平衡的蒸汽压力(p_1)就愈小。表中 p_0 表示水平面上的蒸汽压力,最右边一列数据表示在凹曲面上可以发生凝聚作用的相对湿度。从表中可以看出,当曲率半径很小时,例如当毛细管的直径等于 11.1×10^{-7} cm(约相当于数十个原子间距的大小)时,在相对湿度为 91% 时就发生毛细凝聚作用。这就说明,当平液面上的水蒸气还未饱和时,水蒸气就可优先在凹形的弯液面上凝聚。

表 8.1　饱和水蒸气压力(p_1)与凹曲面的曲率半径(r)之间的关系(15 ℃)

r/cm	$p_1 \times 133.3$/Pa	p_1/p_0	相对湿度/%
∞	12.7	1.000	1
69.4×10^{-7}	12.5	0.985	98
11.1×10^{-7}	11.5	0.906	91
2.1×10^{-7}	7.5	0.590	59
1.2×10^{-7}	5.0	0.390	39

氧化膜、零件之间缝隙、腐蚀产物、镀层中的孔隙、材料的裂缝及落在金属表面上的灰尘和碳粒下的缝隙等,会形成毛细凝聚,如图 8.3,促进这些部位的大气腐蚀。

(a) 结构上零件的狭缝、孔隙或结合缝　(b) 金属表面上灰尘、煤粒子　(c) 保护膜、腐蚀产物的孔隙中

图 8.3　金属表面上水分毛细凝聚的可能中心

137

② 吸附凝聚。在相对湿度低于100％而未发生纯粹的物理凝聚之前,由于固体表面对水分子的吸附作用也能形成薄的水分子层。吸附的水分子层数随相对湿度的增加而增加,吸附水分子层的厚度也与金属的性质及表面状态有关,一般为几十个分子层的厚度。

③ 化学凝聚。当物质吸附了水分,即与之发生化学作用,这时水在这种物质上的凝聚叫做化学凝聚。例如金属表面落上或生成了吸水性的化合物($CuSO_4$、$ZnCl_2$、$NaCl$、NH_4NO_3等),即便它已形成溶液,也会使水的凝聚变得容易。因为盐溶液上的水蒸气压力低于纯水的蒸气压力(参见表8.2)。可见,当金属表面落上铁盐或钠盐(手汗、盐粒等),就特别容易促进腐蚀。在这种情况下,水分在相对湿度为70％~80％时就会凝聚,而且又有电解质同时存在,所以会加剧腐蚀。

表 8.2　各种盐的饱和水溶液上的平衡水蒸气压力(20℃)

盐	水蒸气压力 $p \times 133.3$/pa	液面上封闭空气相对湿度 p/p_0/%
氯化锌($ZnCl_2$)	1.75	10
氯化钙($CaCl_2$)	6.15	35
硝酸锌[$Zn(NO_3)_2$]	7.36	42
硝酸铵(NH_4NO_3)	11.7 小	67
硝酸钠($NaNO_3$)	13.53	77
氯化钠($NaCl$)	13.63	78
氯化铵(NH_4Cl)	13.92	79
硫酸钠(Na_2SO_4)	14.20	81
硫酸铵[$(NH_4)_2SO_4$]	14.22	81
氧化钾(KCl)	15.04	86
硫酸镉($CdSO_4$)	15.65	89
硫酸锌($ZnSO_4$)	15.93	91
硝酸钾(KNO_3)	16.26	93
硫酸钾(K_2SO_4)	17.30	99

注:20℃时纯水的蒸气压力 $p_0 = 17.535 \times 133.3$ Pa。

(2)湿膜的形成

金属暴露在室外,其表面易形成约 $1 \sim 1\,000$ μm 厚的可见水膜。如雨、雪、雾、露、融化的霜和冰等大气沉降物的直接降落属这种情况,水分的飞溅、周期浸润、空气中水分的凝结等也属于这种情况。

饱和凝结现象也是非常普遍的。这是由于有些地区(特别是热带、亚热带及大陆性气候地区)的气温变化非常剧烈,即使在相对湿度低于100％的气候条件下,也易造成空气中水分的冷凝。图8.4示出了能够引起凝露的相对湿度、温度差及空气温度间的关系。由图可知,在空气温度为 $5 \sim 50$ ℃ 的范围内,当气温剧烈变化6℃左右时,只要相对湿度达到65％~75％左右就可引起凝露现象。温差越大引起凝露的相对湿度也就越低。

由此可见,为了防止金属制品的腐蚀,规定仓库和车间内的环境条件为,在没有恒温恒湿调节时,应保持昼夜温差小于6℃,相对湿度低于70％,并避免日光的直接照射。

湿膜情况下发生的腐蚀,其历程类似于沉浸在水中条件下的腐蚀历程,只是氧的补给情况比浸于水中或比水流经管道时更好。而水汽膜下的潮腐蚀,只有当大气的相对湿度超过

某一临界值时,潮腐蚀才会变得重要起来。不
同的金属对应着不同的临界湿度,即在超过此
值的情况下,存在于表面上的某些吸湿性物质
(或是在腐蚀过程中形成的吸湿性产物)就可以
从大气中吸收水,这样腐蚀就可以按照类似于
沉浸条件下所遇到的历程继续下去。

2. 大气腐蚀的电化学特征

腐蚀过程动力学(速度)问题是与电极(阴、
阳极)的极化、导电过程及离子迁移等密切相关
的。如果哪一过程中的阻力(受到阻滞的程度)
最大,这一过程就控制着整个腐蚀过程的进行,
该过程的速度就决定着整个腐蚀速度。与电化

图 8.4 凝露与湿度、温度、温差间的关系

学动力学规律一样,大气腐蚀速度也与大气条件下的电极过程有关,同样可由测得液膜下的
极化曲线的极化度大小来判断。极化度越大,说明电极过程的阻滞作用越大,即该过程的速
度越小,因此它起着控制整个腐蚀过程的作用。

大气腐蚀时,由于氧很容易到达阴极表面,故阴极过程主要依靠氧的去极化作用,即氧
向阴极表面扩散,作为去极化剂在阴极进行还原反应。
阴极反应过程为

$$O_2 + 2H_2O + 4e \longrightarrow 4OH^-$$

氧在薄层电解液下的腐蚀过程中,虽然氧的扩散速度相当快,但氧的阴极还原的总速度
仍决定于氧的扩散速度。即氧的扩散速度控制着阴极上氧的去极化作用的速度,控制着整
个腐蚀过程的速度。图 8.5 为铜在 $0.1\ mol \cdot L^{-1}$ NaCl 溶液(全浸和液膜)下的阴极极化曲线。
由图可见,随着电解液膜厚度的减薄,阴极极化曲线的斜率也随之减小。说明随着膜厚的减
薄,在一定电位下阴极电流密度是逐渐加大的。图 8.6 是电解液液膜厚度对铁在
$0.1\ mol \cdot L^{-1}$ NaCl 溶液中阴极极化的影响。同样可以看到,铁的阴极极化电流密度随着电解
液液膜的减

图 8.5 电解液液膜厚度对铜在 $0.1\ mol \cdot L^{-1}$
　　　NaCl 溶液中阴极极化的影响
1—电解液;　2—液膜厚 $\delta = 300\ \mu m$;
3—液膜厚 $\delta = 165\ \mu m$;　4—液膜厚 $\delta = 100\ \mu m$;
5—液膜厚 $\delta = 70\ \mu m$

图 8.6 电解液液膜厚度对铁在 $0.1\ mol \cdot L^{-1}$
　　　NaCl 溶液中阴极极化的影响
1—电解液;　2—液膜厚 $\delta = 300\ \mu m$;
3—液膜厚 $\delta = 165\ \mu m$;　4—液膜厚 $\delta = 100\ \mu m$;
5—液膜厚 $\delta = 70\ \mu m$

薄明显增大。即阴极极化过程的速度急剧加速。如图所示，若处于同一电位（如 $-0.7V$）下电解液液膜由全浸减薄至 $100~\mu m$ 的话，阴极极化过程的速度就会增加 $3\sim4$ 倍。这说明阴极极化过程的速度很大程度上是受氧的扩散速度所控制，只有当阴极按氧扩散规律工作，才会显示出电流密度与电解液层厚度间的这种关系。即随着电解液膜层的减薄，氧扩散到阴极表面的速度加快，因而氧的去极化速度也加快。否则，若决定于氧还原的电化学反应本身速度的话，那就很难看出电流密度与电解液膜层厚度之间有何关系。

在大气腐蚀条件下，氧通过液膜传递（对流、扩散）到金属表面的速度很快，液膜越薄，氧的传递速度也越快。这是因为液膜越薄扩散层的厚度越薄，因而阴极上氧的去极化作用越易进行，阴极极化过程越易被加快腐蚀。但当液膜太薄时，此时的水分不足以实现氧还原或氢放电的反应，则阴极极化过程将会受到阻滞。

氧的平衡电位比氢更高，所以金属在有氧存在的溶液中首先发生氧的去极化腐蚀。因此，在中性电解液中，有氧存在的弱酸性电解液中以及在潮湿的大气中的腐蚀，都是属于氧的去极化腐蚀。例如，铁、锌、铝等金属或合金，当其浸在强酸性溶液中腐蚀时，阴极反应以 H^+ 去极化为主。即

$$2H^+ + 2e \longrightarrow H_2 \uparrow$$

但在水膜下（即使在被酸性水化物强烈污染的城市大气中）进行大气腐蚀时，阴极反应就转化为以氧的去极化为主。

在中性或碱性液膜下　　　　　$O_2 + 2H_2O + 4e \longrightarrow 4OH^-$

在酸性液膜下　　　　　　　$O_2 + 4H^+ + 4e \longrightarrow 2H_2O$

铁在 $0.5~mol \cdot L^{-1}~H_2SO_4$ 液膜下进行周期润湿时，腐蚀的阴极氧去极化效率约为氢去极化效率的 100 倍；但当全浸于同样的充空气的 $0.5~mol \cdot L^{-1}~H_2SO_4$ 中时，则氢的去极化效率就是氧去极化效率的许多倍。这证明了大气腐蚀的阴极反应过程主要是依靠氧的去极化作用，即使是对于电位很低的镁及其合金也仍然如此。

除 O_2、H^+ 以外，其他阴极去极化剂也会对大气腐蚀有不同程度的影响。例如，在 SO_2 污染严重的工业大气中，当存在厚水膜时，SO_2 易溶于水，形成阴极去极化剂 H_2SO_3，就会进行如下的阳极去极化反应

$$2H_2SO_3 + H^+ + 2e \longrightarrow HS_2O_4^- + 2H_2O$$

可是当吸附水膜较薄时，O_2 的去极化作用又会强烈上升，而 SO_2 的去极化作用就会相应地减小。随着腐蚀表面水膜的减薄，阳极过程的效率也会随之减小。其可能的原因是当电极存在很薄的吸附水膜时，会造成阳离子的水化困难，使阳极过程受到阻滞；另一个也是更重要的原因是在很薄吸附膜下，氧易于到达阳极表面，易于促使阳极产生钝化，因而使阳极极化过程受到强烈的阻滞。此外，浓差极化也有一定的影响，但作用不大。可见，电解液薄膜下的阳极极化，也是影响大气腐蚀的因素。

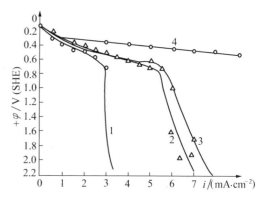

图 8.7　铜在 0.1 mol/L NaCl 溶液和 0.1 mol/L
Na$_2$SO$_4$ 溶液中阳极极化曲线

1—0.1 $mol \cdot L^{-1}$, $\delta = 160~\mu m$;

2—浸在 0.1 $mol \cdot L^{-1}$ NaCl 溶液中;

3—0.05 $mol \cdot L^{-1}$ Na$_2$SO$_4$, $\delta = 100~\mu m$;

4—浸在 0.1 $mol \cdot L^{-1}$ Na$_2$SO$_4$ 溶液中

由图 8.7 可见,Cu 在电解液薄膜下比在溶液中的更易钝化。它们都在电位约为 0.7 V (相对于标准氢电极)下开始钝化,但在液膜下的钝化电流密度(曲线 1)比在电解液中(曲线 2)几乎低一倍。这可能是由于液膜中的阳极产物易饱和,电极的活性部分减少,从而导致钝化电流密度显著减小。因此,铜在液膜下的腐蚀速度是与液膜的厚度、液膜中的阴离子密切相关的。

总之,大气腐蚀的速度与电极极化过程的特征随着大气条件的不同而变化。在湿的(可见水膜下或水强烈润湿的腐蚀产物下)大气腐蚀时,腐蚀速度主要由阴极控制。但这种阴极控制程度已比全浸时减弱,并随着电解液液膜的减薄,阴极极化过程变得越来越容易进行。在潮的大气腐蚀时,腐蚀速度则被阳极控制,并随着液膜的减薄,阳极极化过程变得困难,这种情况也会使欧姆电阻显著增大。有的腐蚀过程同时受阴、阳两极混合控制,而对于宏观电池接触腐蚀来讲,腐蚀却多半为欧姆电阻控制。

3.大气腐蚀机理

大气腐蚀开始时受薄而致密的氧化膜性质的影响。一旦金属处于"湿态",即当金属表面形成连续的电解液膜时,就开始以氧去极化为主的电化学腐蚀过程。在薄锈层下,氧的去极化在大气腐蚀中起着重要的作用。

金属表面形成锈层后的大气腐蚀,其锈蚀产物在一定条件下会影响大气腐蚀的电极反应。Evans 认为钢在湿润条件下,铁锈层成为强烈的阴极去极化剂,在此情况下 Fe – Fe$_3$O$_4$ 界面上发生着阳极氧化反应

$$Fe \longrightarrow Fe^{2+} + 2e$$

而 Fe$_3$O$_4$ – FeOOH 界面上发生着阴极还原反应

$$6FeOOH + 2e \longrightarrow 2Fe_3O_4 + 2H_2O + 2OH^-$$

图 8.8 为锈层内 Evans 模型图。当在电子导电性足够好的情况下,反应不但在锈层表面,而且还可以在越来越厚的锈层孔壁上进行,在孔壁上同时发生着 Fe^{2+} 氧化成 Fe^{3+} 的二次氧化反应,即

$$Fe^{2+} + \frac{1}{4}O_2 + \frac{1}{2}H_2O \longrightarrow Fe^{3+} + OH^-$$

图 8.8 锈层内 Evans 模型

经过以上溶解和再沉积形成多孔氧化膜。

一般说来,长期暴露在大气中的钢,随着锈层厚度的增加,锈层电阻增大,氧的渗入变得更困难,使锈层的阴极去极化作用减弱而降低了大气腐蚀速度。此外,附着性好的锈层内层,由于活性阳极面积的减小,阳极极化增大,也使腐蚀减慢。

大气腐蚀机理与大气的污染物密切相关。例如,SO$_2$ 能加快金属的腐蚀速度,主要是由于在吸附水膜下减小了阳极的钝化作用。在高湿度条件下由于水膜凝结增厚,SO$_2$ 参与了阴极的去极化作用,尤其是当 SO$_2$ 的体积分数大于 0.5% 时,此作用明显增大,因而加速腐蚀进行。虽然大气中 SO$_2$ 含量很低,但它在水溶液中的溶解度比氧约高 1 300 倍,以使溶液中 SO$_2$ 达到很高的浓度,对腐蚀影响很大。实际上 H$_2$SO$_3$ 及 HSO$_3^-$ 均能在阴极上参加去极化作用,还原为 S$_2$O$_4^{2-}$、S$_2$O$_3^{2-}$ 及 S^{2-} 等。对于 Fe、Cu、Al 等金属,当 SO$_2$ 的体积分数为 1.0% 时,阳极几乎不出现钝化现象,这都将导致腐蚀速度增加。

三、影响大气腐蚀的主要因素

影响大气腐蚀的因素比较复杂,随气候、地区不同,大气的成分、湿度、温度等有很大的差别。表8.3和8.4列出了大气的主要成分和大气杂质的浓度。在大气的主要成分中,对大气腐蚀有较大影响的是氧、水蒸气和二氧化碳。对大气腐蚀有强烈促进作用的微量杂质有SO_2、H_2S、NH_3和NO_2以及各种悬浮颗粒和灰尘。农村大气的腐蚀性最小,潮湿、严重污染的工业大气腐蚀性最强。如铜在农村大气中的腐蚀率只有在工业大气中腐蚀率的百分之一。钢在海岸的腐蚀比在沙漠区要大几百倍。就是在同一大气中,其腐蚀率也有不同,如离海岸25 m的钢试样的腐蚀速度是离海岸250 m的腐蚀速度的12倍。影响大气腐蚀的主要因素有:

表8.3 在10℃和100kN·m^{-2}时大气的基本组成(污染物除外)

组 成	g/m^3	质量/%	组 成	mg·m^{-3}	mg·kg^{-1}(大气)
空气	1172	100	氖(Ne)	14	12
氮(N_2)	879	75	氪(Kr)	4	3
氧(O_2)	269	23	氦(He)	0.8	0.7
氩(Ar)	15	1.26	氙(Xe)	0.5	0.4
水蒸气(H_2O)	8	0.70	氢(H_2)	0.05	0.04
二氧化碳(CO_2)	0.5	0.04			

表8.4 大气杂质的典型浓度

杂 质	典 型 浓 度 /(μg·m^{-3})
SO_2	工业区:冬季350,夏季100;乡村区:冬季100,夏季40
SO_3	约为SO_2含量的1%
H_2S	工业区:1.5~90;城市区:0.5~1.7;乡村区:0.15~0.43春季值
NH_3	工业区:4.8;乡村区:2.1
氯化物(空气样品)	工业内地:冬季8.2,夏季2.7;海滨乡村:年平均5.4
氯化物(降雨样品)	工业内地:冬季7.9,夏季5.3;海滨乡村:冬季57,夏季18
烟粒	工业区:冬季250,夏季100;乡村区:冬季60,夏季15(单位 mg/L)

1.大气相对湿度的影响

通常用1 m^{3}空气中所含的水蒸气的克数来表示潮湿程度,称为绝对湿度。在一定温度下空气中能包含的水蒸气量不高于一定极限(不高于大气中的饱和蒸汽值),温度愈高空气中达到饱和的水蒸气量就愈多。所以习惯用在某一温度下空气中水蒸气的量和饱和水蒸气量的百分比来表示相对湿度(RH)。当空气中的水蒸气量增大到超过饱和状态,就出现细滴状的水露。而未被水蒸气饱和(RH < 100%)的空气冷却至一定的温度并达到饱和极限时,同样可以由空气中分出雾状的水分。因此,降低温度或增大空气中的水蒸气量都会使之达到露点(凝结出水分的温度)。此时,在金属上开始有小液滴沉积。

湿度的波动和大气尘埃中的吸湿性杂质容易引起水分冷凝,在含有不同数量污染物的大气中,金属都有一个临界相对湿度,超过这一临界值腐蚀速度就会突然猛增。在临界值之前,腐蚀速度很小或几乎不腐蚀。出现临界相对温度,标志着金属表面上产生了一层吸附的电解液膜,这层液膜的存在使金属从化学腐蚀转为电化学腐蚀。由于腐蚀性质发生了突变,因而腐蚀大大增强。

　　大气腐蚀临界相对湿度与金属种类、金属表面状态以及环境气氛有关,通常金属的临界相对湿度在70%左右,而在某些情况下如含有大量的工业气体,或易于吸湿的盐类、腐蚀产物、灰尘等,临界相对湿度要低得多。此外,金属表面变粗、裂缝和小孔增多,也会使临界相对湿度降低。图8.9表明,在洁净的空气中相对湿度由零逐渐增大时,腐蚀速度维持一很小值。当有SO_2存在时,湿度由零到75%前,腐蚀速度与洁净空气中的接近。当相对湿度达到75%左右时,腐蚀速度突然增大。曲线上的转折处(RH = 60% ~ 80%)实际有两个转折点,见图

图8.9　铁的大气腐蚀与空气相对湿度和空气中含SO_2杂质的关系

8.10。第一临界湿度取决于金属表面上出现的腐蚀产物,此值与水分含量和SO_2的比例有关。第二临界湿度则取决于腐蚀产物吸收和保持水分的性能。大多数金属和合金存在着两个临界相对湿度,见图8.11。污染物(如SO_2)能破坏金属表面腐蚀产物膜的保护能力,出现临界湿度的条件就是大气中含有这类污染物。

图8.10　铁和锌存在着两个临界相对湿度(质量分数0.01%SO_2的空气)

图8.11　腐蚀产物的吸水能力(24 h)增重与相对湿度的关系

　　临界相对湿度的概念对于评定大气腐蚀活性和确定长期储存方法有实际意义。当大气相对湿度超过临界相对湿度时,金属就容易生锈。因此,在气候潮湿的地区或季节,应当采取可靠的保护方法。另一方面,若保持空气相对湿度低于需要存放金属的临界相对温度时,即能有效地防止腐蚀的发生。在这种条件下即使金属表面上已经有锈,也不会继续发展。在临界相对温度以下,污染物质如SO_2和固体颗粒等的影响也很轻微。所谓"干燥空气封存法"即基于这一理论,要求库房干燥通风、保温、限定温差等亦源于此。

2.温度和温差的影响

　　空气的温度和温度差对大气腐蚀速度有一定的影响,尤其是温度差比温度的影响还大。因为它不但影响水汽的凝聚,而且还影响凝聚水膜中气体和盐类的溶解度。对于湿度很高的雨季或湿热带,温度会起较大作用,一般随着温度的升高,腐蚀加快。为避免凝露引起锈

蚀,应尽量减小环境温度骤降。例如间歇供暖、冬季工件由室外移到室内、在潮湿的环境中、洗涤用汽油迅速挥发使零件变冷等,都会凝聚出一层水膜,促使金属生锈。

3. 酸、碱、盐的影响

介质的酸、碱性的改变,能显著影响去极化剂(如 H^+)的含量及金属表面膜的稳定性,从而影响腐蚀速度的大小。对于一些两性金属(如铝、锌、铅)来说,在酸和碱溶液中都不稳定,它们的氧化物在酸、碱中均溶解。对于铁和镁,由于它们的氧化物在碱中不溶解,使表面生成保护膜,所以它们在碱性溶液中的腐蚀速度比在中性和酸性溶液中要小。加工钢铁零件的冷却液一般要呈碱性(pH = 8 ~ 9),但这种碱性的冷却液用于有色金属就会发生腐蚀。镍和镉在中性和碱性溶液中较稳定,但在酸中易腐蚀。上述金属腐蚀速度与 pH 值的关系,在没有其他因素影响下才适用。

中性盐类对金属腐蚀速度的影响取决于很多因素,其中包括腐蚀产物的溶解度。如果在金属表面的阴、阳极部分形成不溶性的腐蚀产物,就会降低腐蚀速度。例如,碳酸盐和磷酸盐,能够在钢铁零件的微阳极区生成不溶性的碳酸铁和磷酸铁薄膜,硫酸锌则能在钢铁件的微阳极上生成不溶性的氢氧化锌,铬酸盐、重铬酸盐等能在金属表面上生成钝化膜,这些都能使腐蚀速度降低。

金属在盐溶液中的腐蚀速度还与阴离子的特性有关。其中特别是氯离子,因其对金属 Fe、Al 等表面的氧化膜有破坏作用,并能增加液膜的导电性,因此可增加腐蚀速度或产生点蚀。氯化钠的吸湿性强,也会降低临界相对湿度,促使锈蚀发生。所以,一般处于海洋大气中的金属(尤其是铝合金、镁合金)很易产生严重的点蚀。

热处理后附着在金属表面上的残盐、焊接后的焊药等如果清理不干净也容易引起金属腐蚀。因为焊药中的氯化锌、氯化氨等是腐蚀剂。

4. 腐蚀性气体的影响

工业大气中含有大量的腐蚀性气体,如 SO_2、H_2S、NH_3、Cl_2、HCl 等。在这些污染杂质中 SO_2 对金属腐蚀危害最大。它的来源过程包括,天然 H_2S 的空气氧化;含硫燃料的燃烧。每立方米大气中 SO_2 含量只有几毫克,但是在工业化城市中,由于第二个来源产生的 SO_2 量每年大约为 1 ~ 200 万吨。这使得每天可形成 6 万吨以上的硫酸。冬季由于用煤更多,所以 SO_2 污染量为夏季的 2 ~ 3 倍。

镍在含有 SO_2 和水蒸气的空气中当相对湿度低于 70% 时,金属会保持光亮。但相对湿度高于这一数值时金属就将发生变化。开始表面出现一层雾,这层雾开始时很易擦去,擦去后可以恢复原有的光亮度。但是再过一些时间后雾就不易擦去,最后生成一种只能用砂纸打磨掉的膜层。经分析表明,开始的雾由 SO_4^{2-} 和 $NiSO_4$ 组成,而以后就由碱式 $NiSO_4$ 组成。若表面镍金属暴露于光线下,则变化的速度将比黑暗中的快一倍。

铜在含有 SO_2 和水蒸气的空气中腐蚀。当大气的相对湿度只有 50% 或 63% 时,发现放在含有体积分数为 10% 的 SO_2 空气中的铜样品在 30 天以后,也只发生非常小的增重(图 8.12);但是当相对湿度为 75% 时,增重就相当可观了;当相对湿度达 99% 时增重将更大。腐蚀速度在相对湿度为 70% 左右时突然上升,这是由于腐蚀产物的吸湿能力增加得相当快所致。还发现,金属的表面状态对腐蚀也有很大影响。如在含有体积分数为 1% SO_2,99% RH 的空气中;用喷砂处理的表面和用细的刚玉粉处理所得的表面比较起来前者腐蚀速率要大得多,这是因为喷砂的铜表面上腐蚀活性点多的缘故。

图 8.13 所示为铜在含有不同 SO_2 浓度空气中的腐蚀。曲线表明,随着 SO_2 的体积分数增加,出现了腐蚀最慢的一点(图上标有 N 处)。分析表明,该点腐蚀产物的成分为 $CuSO_4$。

在这点的左面腐蚀产物含有过量的 $Cu(OH)_2$，右面却含有过量的硫酸。可见在点 N 的膜（$CuSO_2$）保护性较好。

其他腐蚀性气体如 H_2S、NH_3、Cl_2、HCl 等，多半产生于化工厂周围，它们都能加速金属的腐蚀。H_2S 在干燥大气中引起铜、黄铜、银的变色，而在潮湿大气中会加速铜、镍、黄铜，特别是铁和镁的腐蚀，溶于水中能使水膜酸化，并增加水膜的导电性，使腐蚀加速。NH_3 极易溶入水膜，增加水膜的 pH 值，这对钢铁有缓蚀作用，可是对有色金属不利，尤其对铜影响很大，对锌、镉也有强烈的腐蚀作用。因为 NH_3 能与这些金属生成可溶性的络合物，促进阳极去极化作用。HCl 也是一种腐蚀性很强的气体，溶于水膜中生成盐酸，加剧金属腐蚀。

图 8.12　铜在含体积分数 10% SO_2 的各种相对湿度的空气中的腐蚀

图 8.13　铜在含体积分数不同的 $SO_2$99%RH 的空气中的腐蚀

5.固体颗粒、表面状态等因素的影响

空气中含有大量的固体颗粒，它们落在金属表面上会促使金属生锈。当空气中各种灰尘和二氧化硫与水共同作用时，会加速腐蚀。疏松颗粒（如活性炭），由于吸附了 SO_2，会显著增加腐蚀速度。在固体颗粒下的金属表面常发生缝隙腐蚀或点蚀。

一些虽不具有腐蚀性的固体颗粒，由于具有吸附腐蚀性气体的作用，会间接地加速腐蚀。有些固体颗粒虽不具腐蚀性，也不具吸附性，但由于能造成毛细凝聚缝隙，促使金属表面形成电解液薄膜，形成氧浓差电池，从而导致缝隙腐蚀。

金属表面状态对腐蚀速度也有明显的影响。与光洁表面相比，加工粗糙的表面容易吸附尘埃，暴露于空气中的实际面积也比实在面积大，耐蚀性差。已生锈的钢铁表面由于腐蚀产物具有较大的吸湿性，会降低临界相对温度，其腐蚀速度大于光洁表面的钢铁件，因此应及时除锈。

四、防止大气腐蚀的措施

1.提高材料的耐蚀性

通过合金化方法在普通碳钢中加入某些适量合金元素以改变锈层结构，生成具有保护性的锈层，可显著改善钢的耐大气腐蚀性能。添加元素有 Cu、P、Cr、Ni 等，其中 Cu、P 效果尤为

图 8.14　钢中铜含量对大气腐蚀的影响（15.5 年暴露试验结果）

明显。图 8.14 为 Cu 添加量对钢在大气中腐蚀的影响。耐大气腐蚀性能较好的 Corten 耐候钢的主要成分为：$w(C)\leqslant 0.12$，$w(Si)=0.25\sim 0.75$，$w(Mn)=0.20\sim 0.50$，$w(P)=0.07\sim 0.15$，$w(S)\leqslant 0.05$，$w(Cu)=0.25\sim 0.55$，$w(Ni)\leqslant 0.65$，$w(Cr)=0.30\sim 1.25$。表 8.5 是我国生产的耐大气腐蚀钢。

2．采用有机、无机涂层和金属镀层

3．暂时性防护层和缓蚀剂

4．控制环境

主要是控制密封金属容器或非金属容器内的相对湿度和充以惰性氮气或抽去空气，以使制件与外围介质隔离，从而避免锈蚀，并使非金属件防霉、防老化。其方法有充氮封存法，吸氧剂法和干燥空气封存法等。

表 8.5　我国生产的部分耐大气腐蚀钢

钢　号	w/%						$\sigma_s \times 9.8$ MPa	厚度 mm	备　注
	C	Si	Mn	P	S	其他			
16MnCu	0.12~0.20	0.20~0.60	1.20~1.60	≤0.050	≤0.050	(Cu 0.20~0.40)	≥33~35		YB13-69
09MnCuPTi	≤0.12	0.20~0.50	1.0~1.5	0.05~0.12	≤0.045	Cu 0.20~0.45 Ti≤0.03	35	7~16	YB13-69
15MnVCu	0.12~0.18	0.20~0.60	1.00~1.60	≤0.05	≤0.05	V 0.04~0.12 (Cu 0.2~0.4)	34~42		YB13-69
10PCuRE	≤0.12	0.2~0.5	1.0~1.4	0.08~0.14	≤0.04	Cu 0.25~0.40 Al 0.02~0.07, RE(加入)0.15	36		
12MnPV	≤0.12	0.2~0.5	0.7~10	≤0.12	≤0.045	V 0.076			
08MnPRE	0.08~0.12	0.20~0.45	0.60~1.2	0.08~0.151	≤0.04	RE(加入) 0.10~0.20	36	5~10	
10MnPNbRE	≤0.16	0.2~0.6	0.80~1.20	0.06~0.12	≤0.05	Nb 0.015~0.050 RE 0.10~0.20	≥40	≤10	YB13-69

8.2　海水腐蚀

海洋约占地球面积的 70%，与人类生活有着密切的联系。舰船在海洋中航行，各种各样的海洋开发工程正在大量兴建，海底电缆、输油管道在海底日益增多，沿海地区工厂的生产和生活用水更离不开海水。随着我国的沿海交通运输、工业生产和国防建设的发展，金属结构物受到海水和海洋大气腐蚀的威胁也愈来愈突出。所以，研究海洋环境的腐蚀及其防护有重要意义。

一、影响海水腐蚀性的因素

海水是丰富的天然电解质，海水中几乎含有地球上所有化学元素的化合物，成分是很复杂的。除了含有大量盐类外，海水中还含有溶解氧，海洋生物和腐败的有机物。海水的温度、流速与 pH 值等都对海水腐蚀有很大的影响。

1.盐类及浓度

海水含有大量盐类,是较强的电解质溶液。海水的电导率在$(2.3 \sim 3.0) \times 10^{-2}/(\Omega \cdot cm)$左右。世界上各海区的含盐量差别不大,都在 3.3% ~ 3.8% 之间。但内海海水的含盐量有较大的偏差(如青海的盐湖和里海)。由表 8.6 可以看出,海水中氯离子的含量很高,占总盐量的 55.04%,使海水具有较大的腐蚀性。常用的结构金属和合金均受海水的侵蚀。海水中 NaCl 的浓度近似地相当于 0.5 mol/L NaCl 溶液。

表 8.6　海水中主要盐类含量

成　分	100 g 海水含盐克数	占总盐量的 %	成　分	100 g 海水含盐克数	占总盐量比例/%
NaCl	2.213	77.8	K_2SO_4	0.0863	2.5
$MgCl_2$	0.3807	10.9	$CaCO_3$	0.0123	0.3
$MgSO_4$	0.1658	4.7	$MgBr_2$	0.0076	0.2
$CaSO_4$	0.1260	3.6	合计	3.5	100

除了这些主要的成分之外,海水中还有少量的臭氧、游离的碘和溴及少量的其他元素。出海口处的稀释海水,尽管电解质本身的侵蚀性不大,却有较大的腐蚀性。普通的海水通常被碳酸盐饱和,但在稀释海水中碳酸盐达不到饱和,不易生成保护性碳酸盐型水垢。而且,在稀释的海水中,海生物的活性降低或消失,因而不易生成沾污生物的保护层。

水中含盐量直接影响到水的电导率和含氧量,因此必然对腐蚀产生影响。随着水中含盐量增加,水的电导率增加而含氧量降低,所以在某一含盐量时将存在一个腐蚀速度的最大值。海水的含盐量刚好接近腐蚀速度最大时所对应的含盐量。

2.溶解氧

海水中含有的溶解氧是海水腐蚀的重要因素,因为绝大多数金属在海水中的腐蚀受氧去极化作用控制。海水表面始终与大气接触,而且接触表面积非常大,海水还不断受到波浪的搅拌作用并有剧烈的自然对流。所以,通常海水中含氧量比较高。可以认为,海水的表层已为氧饱和。当海水含质量分数量为 3%,在 20℃时海水氧含量为 8 mg·L^{-1} 或 5.6 cm³·L^{-1}。随着海水中盐浓度增大和温度的升高,海水中溶解的氧量将下降。表 8.7 列举出溶解氧量、海水中盐的浓度与温度之间的关系。由表可见,盐的浓度和温度愈高,氧的溶解度愈小。

表 8.7　氧在海水中的溶解度　　　　　　　　　　　　　　　(cm³·L^{-1})

温度/℃	w(盐)/%					
	0.0	1.0	2.0	3.0	3.5	4.0
0	10.30	9.65	9.00	8.36	8.04	7.72
10	8.02	7.56	7.09	6.63	6.41	6.18
20	6.57	6.22	5.88	5.52	5.35	5.17
30	5.57	5.27	4.95	4.65	4.50	4.34

盐的浓度、温度以及溶氧量随海水深度的变化关系见图 8.15。自海平面至 80 米深,氧含量逐渐减少并达到最低值。这是因为海洋动物要消耗氧气,从海水上层下降的动物尸体发生分解时也要消耗氧气。然而,通过对流形式补充的氧不足以抵消消耗了的氧,所以出现了缺氧层。从 80 m 再降至 100 m 深,溶解氧量又开始上升,并接近海水表层的氧浓度。这是深海海水温度较低、压力较高的缘故。

147

表面海水的氧浓度通常与所在海域海水中的氧含量不同。当船舶或海上构筑物表面上附着了海洋动物，其上方的表面海水将缺氧，而 CO_2 量很高，如果它们表面上长满了海洋植物时，则氧浓度可高出海中的氧含量。

3.温度

海水温度随纬度、季节和深度的不同而发生变化。愈靠近赤道(即纬度愈小)，海水的温度愈高，金属腐蚀速度也大。而海水愈深、温度愈低，则腐蚀速度愈小。海水温度每升高 10℃，化学反应速度提高大约 14%，海水中的金属腐蚀速度将增大一倍。但是，温度升高后氧在海水中的溶解度下降，温度每升高 10℃，氧的溶解度约降低 20%，引起金属腐蚀速度的减小。此外，温度变化还给海水的生物活性和石灰质水垢沉积层带来影响。由于温度的季节性变化，铁、铜和它们的多种合金在炎热的季节里腐蚀速度较大。

图 8.15　海水中盐的浓度、温度、溶解氧随深度变化的关系曲线

4.pH 值

海水的 pH 值在 7.2～8.6 之间，接近中性。海水深度增加，pH 值逐渐降低。海水的 pH 值可因光合作用而稍有变化。白天，植物消耗 CO_2，影响 pH 值。海面处，海水中的 CO_2 同大气中的 CO_2 相交换，从而改变 CO_2 含量。海水 pH 值远没有含氧量对腐蚀速度的影响大。海水中的 pH 值主要影响钙质水垢沉积，从而影响到海水的腐蚀性。尽管表层海水 pH 值比深处海水高，但由于表层海水含氧量比深处海水高，所以表层海水对钢的腐蚀性比深处海水大。

深海区海水压力增加，反应 $CaCO_3 \rightleftharpoons CaO + CO_2\uparrow$ 的平衡向生成 CO_2 的方向进行，因而 pH 值减小，不易生成保护性碳酸盐水垢，使腐蚀速度增大。

5.流速

许多金属发生腐蚀时与海水流速有较大关系，尤其是铁、铜等常用金属存在一个临界流速，超过此流速时金属腐蚀明显加快，但钝态金属在高速海水中更能抗腐蚀。海水运动易溶入空气，并且促使溶解氧扩散到金属表面，所以流速增大后氧的去极化作用加强，使金属腐蚀速度加快。海水的流速与碳钢的腐蚀速度之间关系见表 8.8。

浸泡在海水中的钢桩，其各部位的腐蚀速度是不同的。水线附近，特别是在水面以上 0.3～1.0 m 的地方由于受到海浪的冲击，供氧特别充分而且腐蚀产物不断被带走，因此该处的腐蚀速度要比全浸部位大 3～4 倍。

表 8.8　碳钢腐蚀速度与海水流速的关系

海水流速/(m·s^{-1})	0	1.0	3.0	4.0	6.0	7.5
腐蚀速度/(mg·cm^{-2}·d^{-1})	0.3	1.1	1.6	1.8	1.9	1.95

6.海洋生物

金属新鲜表面浸入海水中数小时后表面上即附着一层生物粘泥，便于海洋生物寄生。对金属腐蚀影响最大的是固着生物，它们以粘泥覆盖表面，并牢牢地附着在金属构件表面

148

上,随后便很快长大,并固定不动了。

海洋生物在船舶或海上构筑物表面附着处产生了缝隙,容易诱发缝隙腐蚀。另外,微生物的生理作用会产生氨、二氧化碳和硫化氢等腐蚀性物质,硫酸盐还原菌的作用则产生氧,这些都能加快金属的腐蚀。海洋生物沾污也是影响海洋设施性能的重要因素,额外的沾污负荷能使海水中建筑物过载,例如使浮标失去浮力。对于在海洋航行中的船只,船身的严重沾污会影响船体航行的运动性能,造成燃料的过量消耗。

二、海水腐蚀特点

海水是典型的电解质溶液,有关电化学腐蚀的基本规律对于海水中金属的腐蚀都是适用的。海水腐蚀时的电化学过程具有自己的特征,可归纳为以下几方面:

① 海水的 pH 值在 7.2～8.6 之间,接近中性,并含有大量溶解氧,因此除了特别活泼的金属,如 Mg 及其合金外,大多数金属和合金在海水中的腐蚀过程都是氧的去极化过程,腐蚀速度由阴极极化控制。

② 海水中 Cl^- 浓度高,对于钢、铁、锌、镉等金属来说,它们在海水中发生电化学腐蚀时,阳极过程的阻滞作用很小,增加阳极过程阻力对减轻海水腐蚀的效果并不显著。如将一般碳钢制造结构件改用不锈钢,很难达到显著减缓海水腐蚀速度的目的。其原因在于,不锈钢在海水中易由点蚀而遭到破坏。只有通过提高合金表面钝化膜的稳定性,例如添加合金元素铝等,才能减轻 Cl^- 对钝化膜的破坏作用,改进材料在海水中的耐蚀性。另外,以金属钛、锗、钽、铌等为基础的合金也能在海水中保持稳定的钝态。

③ 水是良好的导电介质,电阻比较小,因此在海水中不仅有微观腐蚀电池的作用,还有宏观腐蚀电池的作用。在海水中由于异种金属接触引起的电偶腐蚀对金属有重要破坏作用,大多数金属或合金在海水中的电极电势不是一个恒定的数值,而是随着水中溶解氧含量、海水流速、温度以及金属的结构与表面状态等多种因素的变化而变化。表 8.9 为一些常用金属在充气流动海水中的电势(对饱和甘汞电极)。

海水中不同金属之间相接触时,将导致电势较低的金属腐蚀加速,而电势较高的金属腐蚀减缓。海水的流动速度、金属的种类以及阴、阳极电极面积的大小都是影响电偶腐蚀的因素。例如,在静止或流速不大的海水中,碳钢由于电偶腐蚀,其腐蚀速度增加的程度仅与阴极电极面积大小成比例,而与所接触的阴极金属本性几乎没有关系。碳钢的腐蚀速度由氧去极化控制。而当海水流速很大,氧去极化已不成为腐蚀的主要控制因素时,与碳钢接触的阴极金属极化性能将对腐蚀速度带来明显的影响。碳钢与铜组成电偶时引起腐蚀速度增大的程度要比碳钢与钛相接触时大得多,原因是阴极钛比铜更容易极化。

④ 海水中金属易发生局部腐蚀破坏,除了上面提到的电偶腐蚀外,常见的破坏形式还有点蚀、缝隙腐蚀、湍流腐蚀和空泡腐蚀等。

⑤ 不同地区的海水组成及盐的浓度差别不大,因此地理因素在海水腐蚀中显得并不重要。

表 8.9　一些金属在充气流动海水中的电势

金　属	电　势　/V	金　属	电　势　/V
镁	−1.5	铝黄铜	−0.27
锌	−1.03	铜镍合金(90/10)	−0.26
铝	−0.79	铜镍合金(80/20)	−0.25
镉	−0.70	铜镍合金(70/30)	−0.25
钢	−0.61	镍	−0.14
铅	−0.50	银	−0.13
锡	−0.42	钛	−0.10
黄铜	−0.30	18 − 8 不锈钢(钝态)	−0.08
铜	−0.28	18 − 8 不锈钢(活化态)	−0.53

三、防止海水腐蚀的措施

1.合理选材

表 8.10 为部分金属在海水中的耐蚀性。钛及镍铬铝合金的耐蚀性最好,铸铁和碳钢较差,铜基合金如铝青铜、铜镍合金也较耐蚀。不锈钢虽耐均匀腐蚀,但易产生点蚀。

2.电化学保护

阴极保护是防止海水腐蚀常用的方法之一,但只是在全浸区才有效。可在船底或海水中金属结构上安装牺牲阳极,也可采用外加电流的阴极保护法。

3.涂层保护

防止海水腐蚀最普通的方法是采用油膝层,或采用防止生物沾污的防污涂层。这种防污涂层是一种含有 Cu_2O、HgO、有机锡及有机铅等毒性物质的涂料。涂在金属表面后,在海水中能溶解扩散,以散发毒性来抵抗并杀死停留在金属表面上的海洋生物,这样可减少或防止因海洋生物造成的缝隙腐蚀。

8.3　土壤腐蚀

大量的金属管道(油、气、水管线)、通讯电缆、地基钢柱、高压输电线及电视塔等金属基座埋设在地下,由于土壤腐蚀造成管道穿孔损坏,引起油、气、水的渗漏或使电讯发生故障,甚至造成火灾、爆炸事故。这些地下设备往往难于检修,给生产带来很大的损失和危害。随着工业现代化,尤其是石油工业的发展,研究土壤腐蚀问题愈显重要。

土壤腐蚀是一种电化学腐蚀,土壤中含有水分、盐类和氧。大多数土壤是中性的,也有些 pH 值在 7.5~9.5 的碱性砂质粘土和盐碱土,及 pH 值在 3~6 的酸性腐殖土和沼泽土。土壤含有固体颗粒砂子、灰泥渣和植物腐烂后的腐殖土,土壤是无机和有机胶质混合颗粒的集合,是由土粒、水、空气所组成,是一复杂的多相结构。土壤颗粒间形成大量毛细管微孔或孔隙,孔隙中充满空气和水,常形成胶体体系,是一种离子导体。溶解有盐类和其他物质的土壤水则是电解质溶液,土壤的导电性与土壤的干湿程度及含盐量有关。土壤的性质和结构是均匀的、多变的,土壤的固体部分对埋设在土壤中的金属表面来说,是固定不动的,而土壤中的气、液相则可作有限运动。土壤的这些物理化学性质尤其是电化学特性,直接影响着土壤腐蚀过程的特点。土壤组成和性质的复杂多变性,使不同的土壤腐蚀性相差很大。

表 8.10 金属材料耐海水腐蚀性能

合金	全浸区腐蚀率/(mm·a^{-1})		潮汐区腐蚀率/(mm·a^{-1})		冲击腐蚀性能
	平均	最大	平均	最大	
低碳钢(无氧化皮)	0.12	0.40	0.3	0.5	劣
低碳钢(有氧化皮)	0.09	0.90	0.2	1.0	劣
普通铸铁	0.15		0.4		劣
铜(冷轧)	0.04	0.08	0.02	0.18	不好
黄铜(含质量分数 10%Zn)	0.04	0.05	0.03		不好
黄铜(70Zn – 30Zn)	0.05				满意
黄铜(22Zn – 2Al – 0.02As)	0.02	0.18			良好
黄铜(20Zn – 1Sn – 0.02As)	0.04				满意
黄铜(60Cu – 40Zn)	0.06	脱 Zn	0.02	脱 Zn	良好
青铜(S$_n$ 质量分数 5% – 0.1P)	0.03	0.1			良好
铝青铜(Al 质量分数5%和Si质量分数2%)	0.03	0.08	0.01	0.05	良好
铜镍合金(70Cu – 30Ni)	0.003	0.03	0.05	0.3	质量分数 0.15%Fe,良好 质量分数 0.45%Fe,优秀
镍	0.02	0.1	0.4		良好
蒙乃尔[65Ni – 31Cu – 4(Fe + Mn)]	0.03	0.2	0.5	0.25	良好
因科镍尔合金(80Ni – 13Cr)	0.005	0.1			良好
哈氏合金(53Ni – 19Mo – 17Cr)	0.001	0.001			优秀
Cr13		0.28			满意
Cr17		0.20			满意
Cr18Ni9		0.18			良好
Cr28 – Ni20		0.02			良好
Zn(质量分数 99.5%)	0.028	0.03			良好
Ti	0.00	0.00	0.0	0.00	优秀

一、土壤腐蚀的电极过程及控制因素

土壤腐蚀与在电解液中腐蚀一样,是一种电化学腐蚀。大多数金属在土壤中的腐蚀是属于氧的去极化腐蚀,只有在强酸性土壤中才发生氢去极化型的腐蚀。

铁在潮湿土壤中阳极极化过程无明显阻碍,与溶液中腐蚀相似。在干燥且透气性良好的土壤中,阳极极化过程钝化并离子水化困难,此种情况与铁在大气中腐蚀的阳极极化行为相接近。由于腐蚀二次反应,不溶性腐蚀产物与土粘结形成紧密层,起着屏蔽作用。随着时间增长,阳极极化增大,腐蚀速度减小。

阴极极化过程主要是氧的去极化过程,其中包括两个基本步骤:即氧输向阴极和氧离子化的阴极反应。氧输向阴极过程比较复杂。在多相结构的土壤中由气相和液相两条途径输送,通过土壤中气、液相的定向流动和扩散两种方式,最后通过毛细凝聚形成的电解液薄层及腐蚀产物层。在某些情况下,阴极有氢的去极化过程或有微生物参与的阴极还原过程。

土壤腐蚀的条件极为复杂,对腐蚀过程的控制因素差别也较大,大致有如下几种控制特征:对于大多数土壤来说,当腐蚀决定于腐蚀微电池或距离不太长的宏观腐蚀电池时,腐蚀主要由阴极过程控制(图 8.16(a)),与全浸在静止电解液中的情况相似。在疏松、干燥的土壤中,随着氧渗透率的增加,腐蚀则转变为阳极控制(图 8.16(b)),此时腐蚀过程的控制特征接近于潮的大气腐蚀。对于由长距离宏观电池作用下的土壤腐蚀,如地下管道经过透气性不同的土壤形成氧浓差腐蚀电池时,土壤的电阻成为主要的腐蚀控制因素或阴极 – 电阻混合控制(图 8.16(c))。

(a) 潮湿土壤中微电池
腐蚀,阴极控制
　　　(b) 疏松、干燥土壤微电池
腐蚀,阳极控制为主
　　　(c) 长距离宏观电池腐蚀
阴极 – 电阻混合控制

图 8.16　不同土壤条件下腐蚀过程控制特征

二、土壤腐蚀的类型

1.微电池和宏观电池引起的土壤腐蚀

在土壤腐蚀的情况下,除了因金属组织不均匀性引起的腐蚀微电池外,还可能存在由于土壤介质的不均匀性引起的宏观腐蚀电池。由于土壤透气性不同,使氧的渗透速度不同。土壤介质的不均匀性影响着金属各部分的电势,这是促使形成氧浓差电池的主要因素。

图 8.17　管道在结构不同的土壤中
所形成的氧浓差电池

对于比较短小的金属构件来说,可以认为周围土壤结构、水分、盐分、氧量等是均匀的,这时发生和金属组织不均匀性有关的微电池腐蚀。

对于长的金属构件和管道,因各部分氧渗透率不同,粘土和砂土等结构不同,埋设深度不同,可引起氧浓差电池和盐分浓差电池。这类宏观电池造成局部腐蚀,在阳极部位产生较深的腐蚀孔,使金属构件遭受严重破坏。图 8.17 示出了管道在结构不同的土壤中所形成的氧浓差电池。埋在密实、潮湿粘土中,氧的渗透性差,这里的钢作为阳极而被腐蚀。

2.杂散电流引起的土壤腐蚀

所谓杂散电流是指由原定的正常电路漏失而流入它处的电流。主要来自大功率直流电气装置,如电力机车、电焊机、电解和电镀槽、电化学保护装置等。地下埋设的金属构筑物、管道、贮槽、电缆等都容易因这种杂散电流引起腐蚀。此外,工厂中直流导线绝缘不良也可引起"自身杂散电流",成为管道、贮槽、器械及其他设备腐蚀的原

图 8.18　土壤中杂散电流腐蚀示意图

因。

图 8.18 为土壤中因杂散电流而引起管道的腐蚀示意图。正常情况下电流流程为电源正极→架空线→机车→铁轨→电源负极。但当路轨与土壤间绝缘不良时,就会有一部分电流从路轨漏到地下,进入地下管道某处,再从管道的另一处流出,回到路轨。电流离开管线进入大地处成为腐蚀电池的阳极区,该区金属遭到腐蚀破坏,腐蚀破坏程度与杂散电流的电流强度成正比。电流强度愈大,腐蚀就愈严重。杂散电流造成的腐蚀损失相当严重。计算表明:1 安培电流持续一年对应于 9 kg 的铁发生电化学溶解的电荷迁移量。杂散电流干扰比较严重的区域,若是 8 ~ 9 mm 厚的钢管,只要 2 ~ 3 个月就会腐蚀穿孔。杂散电流还能引起电缆铅皮的晶间腐蚀。

3.土壤中的微生物腐蚀

在缺氧的土壤中,如密实、潮湿的粘土处,金属腐蚀过程似乎难以进行,但这种土壤条件却有利于某些微生物的生长。常常发现,金属的强烈腐蚀是因硫酸盐还原菌(厌氧菌)和硫杆菌(有排硫杆菌和氧化硫杆菌两种,最宜存在的温度为 25 ~ 30℃)的活动而引起。水分、养料、温度和 pH 值对这些微生物的生长密切相关,如硫酸盐还原菌易在中性(pH = 7.5)条件下繁殖,在 pH > 9 时,就很难繁殖和生长。

这些细菌有可能引起土壤物理化学性质的不均匀性,从而造成氧浓差电池腐蚀。细菌在生命活动中产生硫化氢、二氧化碳和酸,对金属进行腐蚀。细菌还可能参与腐蚀的电化学过程,在缺氧的中性介质中,因氢过电位高,阴极氢离子的还原困难。阴极上只有一层吸附氢,硫酸盐还原菌能消耗氢原子,使去极化反应顺利进行。

三、土壤腐蚀的影响因素及防止措施

影响土壤腐蚀的因素有土壤的孔隙度(透气性)、含水量、导电性、酸碱度、含盐量和微生物等,这些因素相互有联系,其中几种主要的影响因素为:

1.孔隙度

孔隙度大有利于保存水分和氧的渗透。透气性好可加速腐蚀过程,但透气性太大又阻碍金属的阳极溶解,易生成具有保护能力的腐蚀产物层。

2.含水量

土壤中的水分可以多种方式存在,有些紧密粘附在固体颗粒的周围,有些在微孔中流动或与土壤组分结合在一起。当土壤中可溶性盐溶解在其中时,就组成了电解液。水分的多少对土壤腐蚀影响很大,含水量很低时腐蚀速度不大,随着含水量的增加,土壤中盐分的溶解量增大,因而加大腐蚀速度。当可溶性盐全部溶解时,腐蚀速度可达最大值。若水分过多时,因土壤胶粘膨胀堵塞了土壤的孔隙,氧的扩散渗透受阻,腐蚀反而减小。

对于长距离氧浓差宏观电池来说,随含水量增加,土壤的电阻率减少,氧浓差电池作用加大。但含水量增加到接近饱和时,氧浓差作用反而减低了。

3.含盐量

土壤中一般含有硫酸盐、硝酸盐和氯化钠等无机盐类。通常每千克含盐量约 80 ~ 1 500 mg,这些盐类大多是可溶性的。除了 Fe^{2+} 离子(Fe^{2+} 可能增强厌氧菌的破坏作用)对腐蚀有影响外,一般阳离子对腐蚀影响不大。SO_4^{2-}、NO_3^- 和 Cl^- 等阴离子对腐蚀影响较大,Cl^- 离子对土壤腐蚀有促进作用。海边潮汐区或接近盐场的土壤,腐蚀性更强。土壤中含盐量大,土壤的电导率增高,腐蚀性也增强。在钙、镁离子含量较高的石灰质土壤(非酸性土壤)中,因在金属表面形成难溶的氧化物或碳酸盐保护层而使腐蚀减缓。

4.土壤的导电性

土壤的导电性受土质、含水量及含盐量等影响,孔隙度大的土壤(如砂土),水分易渗透流失;而孔隙度小的土壤(如粘土),水分不易流失。含水量大,可溶性盐类溶解得多,导电性好,腐蚀性强。尤其是对长距离宏观电池腐蚀来说,影响更为显著。一般的低洼地和盐碱地因导电性好,所以有很强的腐蚀性。

5.其他因素

通常酸度愈大,腐蚀性愈强。这是因为易发生氢离子阴极去极化作用的缘故。当土壤中含有大量有机酸时,其 pH 值虽然近中性,但其腐蚀性仍然很强。因此,衡量土壤腐蚀性时,应测定土壤的总酸度。

温度升高能增加土壤电解液的导电性,加快氧的渗透扩散速度,因此加速腐蚀。温度升高,如处于 25～35℃时,最适宜于微生物的生长,从而也加速腐蚀。

防止土壤腐蚀可采用如下几种措施:

① 覆盖层保护:通过提高被保护构件与土壤间的绝缘性达到防蚀。可采用沥青涂层、环氧粉末涂层、泡沫塑料等防腐保护层。

② 耐蚀金属材料和金属镀层:采用某些合金钢和有色金属,或采用锌镀层来防止土壤腐蚀。由于不经济很少使用,且不易用于酸性土壤。

③ 处理土壤减少其浸蚀性:如用石灰处理酸性土壤,或在地下构件周围填充石灰石碎块,移入浸蚀性小的土壤,加强排水,以改善土壤环境,降低腐蚀性。

④ 阴极保护:在上述保护方法的同时,可附加阴极保护措施。这样既可弥补保护层的不足,又可减少阴极保护的电能消耗。一般情况下钢铁阴极的电势维持在 -0.85 V(相对于硫酸铜电极)可获得完全保护的效果。在有硫酸盐还原菌存在时,电势要维持得更负些,如 -0.95 V(相对于硫酸铜电极),以抑制细菌生长。阴极保护也用于保护地下铅皮电缆,其保护电势约为 -0.7 V(相对于硫酸铜电极)。

第9章　高温腐蚀

高温腐蚀是金属材料在高温下与环境介质发生反应引起的破坏,燃气轮机最容易产生高温腐蚀失效,特别在海洋环境下工作的航空发动机部件更容易发生高温腐蚀。通常可根据腐蚀介质的状态,把高温腐蚀分为三类:高温气态腐蚀、液态腐蚀和固体介质腐蚀。

高温腐蚀所涉及的范围很广,这是因为金属在高温时所处的环境复杂,为了掌握各种环境对金属材料的腐蚀规律,经常按环境介质的状态将高温腐蚀分为高温氧化、高温气体腐蚀、燃气腐蚀或干腐蚀等。腐蚀介质包括单质气体分子如 O_2、H_2、N_2、F_2、Cl_2 等,非金属化合物气态分子如 H_2O、CO_2、SO_2 . H_2S、CO、CH_4、HCl、HF 和 NH_3 等,金属氧化物气态分子如 MoO_3 和 V_2O_5,金属盐气态分子如 $NaCl$、Na_2SO_4 等。这类腐蚀至少在开始阶段是金属与气体介质的化学反应,属化学机理,因此也叫化学腐蚀。但在较厚的氧化膜的成长中,又存在着电化学机制,因此,把高温氧化完全看成化学腐蚀是不恰当的。

高温液体腐蚀或热腐蚀的腐蚀介质包括液态熔盐如硝酸盐、硫酸盐、氯化物、碱,低熔点金属氧化物如 V_2O_5 和液态金属如 Pb、Sn、Bi、Hg 等,这类腐蚀既有电化学腐蚀(如熔盐腐蚀),也有物理溶解作用(如熔融金属中的腐蚀)。

高温固体介质腐蚀亦称高温磨蚀或冲蚀,因为这是金属在腐蚀性固态颗粒冲刷下发生的高温腐蚀。腐蚀介质包括金属与非金属固态粒子。

9.1　金属高温氧化的热力学判据

一、高温氧化的可能性与方向性

对于高温氧化反应

$$M + O_2 \longrightarrow MO_2 \tag{9.1}$$

按照 Van't Hoff 等温方程式,在温度 T 下此反应的自由能变化为

$$\Delta G_T = \Delta G_T^{\ominus} + RT \ln \frac{\alpha'_{MO_2}}{\alpha'_M p_{O_2}} \tag{9.2}$$

式中 $\Delta G_T^{\ominus}$ 为温度 T 下反应的标准自由能变化。α'_M 和 α'_{MO_2} 分别为金属 M 及其氧化物 MO_2 的活度,因它们都是固态物质,其活度均为 1。p'_{O_2} 为气相中氧的分压。

$\Delta G_T^{\ominus}$ 与反应平衡常数 K 的关系如下

$$\Delta G_T^{\ominus} = -RT \ln K = -RT \ln \frac{\alpha_{MO_2}}{\alpha_M p_{O_2}} \tag{9.3}$$

式中 α_M 和 α_{MO_2} 分别为 M 和 MO_2 在 T 温度平衡时的活度,均为 1。p_{O_2} 为给定温度下平衡时氧的分压,也是该温度下金属氧化物 MO_2 的分解压。将式(9.3)代入式(9.2),得

155

$$\Delta G_T^\ominus = -RT\ln\frac{1}{p_{O_2}} + RT\ln\frac{1}{p_{O_2}} \tag{9.4}$$

可见,在温度 T 时,金属是否会氧化,可根据氧化物的分解压 p_{O_2} 与气相中氧分压 p'_{O_2} 的相对大小来判断。由式(9.4)可知

若 $p'_{O_2} > p_{O_2}$,则 $\Delta G_T^\ominus < 0$,反应向生成 MO_2 的方向进行;

若 $p'_{O_2} = p_{O_2}$,则 $\Delta G_T^\ominus = 0$,高温氧化反应达到平衡;

若 $p'_{O_2} < p_{O_2}$,则 $\Delta G_T^\ominus > 0$,反应向 MO_2 分解的方向进行。

求出给定温度下氧化物分解压 p_{O_2},或者求出反应的平衡常数 K,就可判断出该金属氧化物的稳定性。将式(9.3)化简,并将气体常数 R = 8.314 KJ·mol^{-1} 代入,可得

$$\Delta G_T^\ominus = -RT\ln K = -RT\ln\frac{1}{p_{O_2}} \tag{9.5}$$

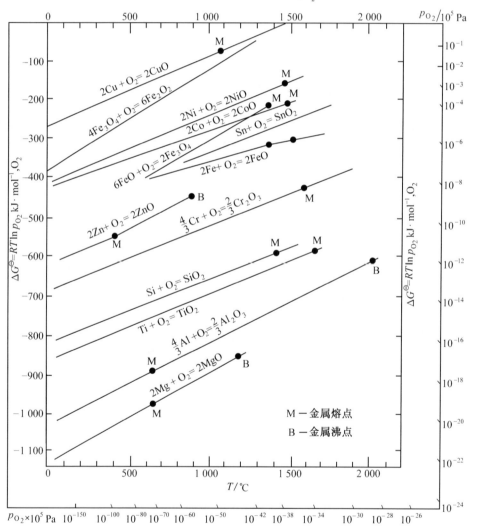

图9.1　一些金属氧化物的 $\Delta G^\ominus - T$ 图

可见,只要求出温度 T 时反应的标准自由能变化 $\Delta G_T^{\ominus}$ 值,就可算出该温度下氧化物的分解压 p_{O_2};将其与气相中氧的分压作比较,就可判断氧化的可能性或反应的方向性。

由式(2.10)可计算反应的标准摩尔自由能变化 $\Delta G_m^{\ominus}$。利用类似的方法可计算温度 T 时反应的 $\Delta G_T^{\ominus}$,但需知道各物质在温度 T 时的 $\Delta G_m^{\ominus}$。利用 $\Delta G^{\ominus}$ 与温度 T 的关系可绘制求出氧化物的 $\Delta G^{\ominus}$—T 平衡图(图 9.1),以此判断氧化物在标准状态下的稳定性,预示某金属金属的可能性。例如从图中可直接读出 600℃时下列反应的 ΔG

$$\frac{4}{3}Al + O_2 \longrightarrow \frac{2}{3}Al_2O_3 \qquad \Delta G_{600℃}^{\ominus} = -933 \ kJ \cdot mol^{-1} < 0$$

$$2Fe + O_2 \longrightarrow 2FeO \qquad \Delta G_{600℃}^{\ominus} = -414kJ \cdot mol^{-1} < 0$$

可见,铝和铁在 600℃标准状态下均可被氧化,且铝的氧化倾向更大。将上二式相减,得

$$2FeO + \frac{4}{3}Al = \frac{2}{3}Al_2O_3 + 2Fe$$

$$\Delta G_{600℃}^{\ominus} = -519 \ kJ \cdot mol^{-1} < 0$$

这表明氧化膜中 FeO 可被 Al 还原生成 Al_2O_3。Cr、Al、Si 是耐热钢中的主要合金元素,它们可提高耐热钢的热稳定性,其主要原因是这些元素的氧化物位于 $\Delta G^{\ominus}$ – T 图中铁的氧化物的平衡线下部,在高温下具有较高的稳定性。在图 9.1 中加入了平衡氧压的辅助坐标后,可直接从该坐标上读出给定温度下金属氧化物的平衡氧压,即该氧化物的分解压。具体做法是,从最左上角的"O"点出发,与所讨论的反应线在给定温度的交点相连,再将此连接直线延长到与图右边(或下边)的氧压辅助坐标轴上,即可直接读出氧分压。

二、金属氧化物的高温稳定性

物质在一定温度下都有一定的蒸气压。金属氧化物的蒸发热越大,则蒸气压越小,该固体氧化物越稳定。如果金属氧化物易挥发,这种氧化物膜对基体就无保护作用。例如,虽然 Mo 的熔点高达 2 553℃,但 MoO_3 在 450℃以上就开始挥发了,因此起不到保护作用。

有些金属的熔点虽高,但其氧化物的熔点较低,当温度超过氧化物的熔点时,氧化物处于液态,也无保护性。有时还会加速金属的腐蚀。例如钒的熔点为 1 750℃,而 V_2O_5 的熔点只有 658℃,因此钒的高温稳定性差。合金氧化时,往往出现两种以上的金属氧化物。若两种氧化物形成共晶时,液 – 固相线急剧降低,当温度超过熔点时,会加速氧化。

9.2　金属氧化膜的结构和性质

一、金属氧化膜的结构类型

金属高温氧化所形成的氧化膜,通常称为氧化皮或锈皮。金属氧化物是由金属离子和氧离子组成的离子晶体,它是在金属晶体表面上形核并长大的,纯金属在不同环境中所形成的锈皮,其厚薄、颜色和连续性各不相同,从结构上它们可概括为三类。

1.离子导体型氧化物锈皮
离子型氧化物是靠离子作用形成并严格按化学计量比组成的晶体,电导率约为(10^{-6} ~

图 9.2　离子导体晶体结构示意图

1) $\Omega^{-1}\cdot cm^{-1}$,熔点随离子电荷数增加而提高。MgO、CaO、ThO_2、ZnS 和 AlN 以及所有的金属卤化物晶体都属于离子化合物晶体。晶体中原子排列如图9.2。图中 c 表示浓度,□表示空位,n_c、n_a、n_e 分别表示阳离子、阴离子和电子的迁移数,$n_c + n_a + n_e = 1$。当离子导体存在如图所示的点缺陷时,将产生浓度梯度或电位梯度。通过缺陷进行离子的迁移扩散,从而显示出离子导电性。这类离子的导电性随温度升高而降低,属于离子导体的氧化物极少。

2.半导体型氧化物锈皮

这类氧化物是非当量化合的离子晶体。晶体内可能存在过剩的阳离子(如 M^+)或过剩的阴离子(如 O^{2-})。在电场作用下,除离子迁移外,还有电子迁移。这类化合物具有半导体性质,其电导率为($10^{-10} \sim 10^3$) $\Omega^{-1}cm^{-1}$,随温度升高而增大。多数氧化物和硫化物均属于半导体化合物。根据这类非当量化合的氧化物中过剩组分不同可分为两类:

(1)金属离子过剩型氧化物半导体

金属离子过剩型氧化物半导体即 n 型半导体氧化物,这类氧化物有:ZnO、CdO、BeO、Fe_2O_3、Al_2O_3、SiO、PbO_2、V_2O_5、MoO_3、WO_3、CdS、Cr_2S_3、TiS_2、TiN 等,氧化物中过剩的金属离子处于晶格间隙。氧化膜整体呈电中性,因此间隙中必然有相应的电子存在运动着。图9.3为 ZnO 半导体示意图。氧化时,间隙离子(Zn_i^{2+})和间隙电子(e_i^-)向 $ZnO - O_2$ 界面迁移,并吸收 O_2 而生成 ZnO

图 9.3　ZnO 金属过剩型氧化物半导体

$2c_{Zn_i^{2+}} = c_{a_i^-}$, $n_c \ll 1$, $n_a = 0$, $n_c + n_a \ll n_e$

$$\frac{1}{2}O_2 + Zn_i^{2+} + 2e_i^- \leftrightarrow ZnO \qquad (9.7)$$

相反,在真空中加热,ZnO 发生分解,少量氧被排出,相当数量的金属成分和电子均成为过剩,其电导率增加,故又称为还原性半导体,又因这类半导体是由带负电荷(negative)的电子导电($n_e \gg n_c + n_a$),故又称 n 型半导体。这类氧化物,随着氧压的增加,其间隙离子和准自由电子减少,电导率降低。

(2)金属离子不足型氧化物半导体

金属离子不足型氧化物半导体即 p 型半导体氧化物。由于氧离子比金属离子大,过剩的氧离子不能在晶格间隙位置,而是占据着空位。这类氧化物有:NiO、FeO、Cu_2O、CoO、MnO、CrO_3、FeS、Cu_2S、Ag_2O、Ag_2S、SnS 等。图 9.4 以 NiO 为例示出了这类氧化物的结构示意

图 9.4　NiO 金属不中型氧化物半导体

Ni^{3+}——阳孔 $= \square_e^-$, $2c_{\square Ni^{2+}} = c_{\square e^-}$

$n_c \ll 1$, $n_a = 0$, $n_c + n_a \ll n_e$

图。Ni^{3+} 表示有一个电子空穴,也称为阳孔。就整体而言半导体氧化物是电中性的,因此,有一个 Ni^{2+} 空位,就对应有两个电子空穴(阳孔)。为了形成 O^{2-},必须提供电子;为了生成新的氧化镍层,又必须提供 Ni^{2+}。电子和 Ni^{2+} 都是从晶体内提供的,因此新的 NiO 形成时,必然会在晶体内出现阳离子空位($\square_{Ni^{2+}}$)和电子空穴($\square_{e^-}$)。电子空穴 Ni^{3+} 就是在 Ni^{2+} 位置上又失去一个电子形成 Ni^{3+},可见,电子空穴带正电,阳离子空位($\square_{Ni^{2+}}$)带负电荷。加热时,$NiO - O_2$ 界面上的 O_2 与电子作用生成 O^{2-},再与 Ni^{2+} 作用生成新的 NiO

$$\frac{1}{2}O_2 \rightleftharpoons NiO + \square_{Ni^{2+}} + 2\square_{e^-} \tag{9.8}$$

由于这类氧化物半导体主要通过带正电荷(positive)的电子空穴迁移导电,故称为 p 型半导体。金属氧化时,在电势梯度或浓度梯度下,氧化层中的金属离子和电子将发生迁移或扩散。在 n 型半导体中,氧化物间隙金属离子(如 Zn_i^{2+})和电子(e_i^-)向外表面迁移,在氧化物 – 氧界面上与氧接触生成新氧化物层(如 ZnO);在 p 型半导体氧化物中,氧离子、阳离子空位和电子空穴都向内迁移,金属离子和电子则向外迁移,并在晶格内部形成新的氧化物层。

3. 间隙化合物型锈皮

间隙化合物型锈皮多形成于金属内表层。当气态介质中原子尺寸较小的非金属元素溶入表层过渡族金属晶格间隙之中,就形成间隙化合物。它们主要是靠金属键组成,因此有较低的电阻率和正的电阻温度系数。金属的碳化物、氮化物、硼化物、硅化物,如 VC、Cr_7C_3、$Cr_{23}C_6$、Fe_4N、Fe_2N、FeB、TaC、TiC、ZrC、WC、TiN 等属于此类。

二、金属氧化膜的晶体结构

通常纯金属氧化形成的氧化膜由单一氧化物组成,如 NiO、MgO、Al_2O_3 等。但有时也能形成多种不同氧化物组成的膜。如铁在空气中在 570℃ 以下氧化时,氧化膜由 Fe_3O_4 和 Fe_2O_3 组成;当温度高于 570℃ 时,氧化膜由 FeO、Fe_3O_4 和 Fe_2O_3 组成(图 9.5)。这是由于它们的高温热力学稳定性不同所致。

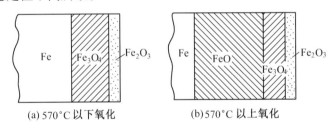

(a) 570℃ 以下氧化　　　　　　(b) 570℃ 以上氧化

图 9.5　铁表面氧化膜结构示意图

金属氧化膜晶体结构类型不同(表 9.1)。合金氧化时,氧化膜的组成和结构比纯金属的复杂(表 9.2)。纯金属与合金的锈皮组成结构的差异直接反映在锈皮的抗蚀性上。通常可借助于锈皮表面的光泽、颜色及其附着于金属的牢固程度来判断耐蚀性。锈皮的光泽和颜色,一方面与锈皮的组成和结构有关,另一方面也和锈皮的厚薄有关。随着锈皮增厚,其颜色逐渐由浅变深。当厚度超过 100 nm 时,表面光泽已完全消失。

表 9.1 一些金属氧化物的晶格结构类型

晶格结构类型	金 属						
	Fe	Cr	Al	Ti	V	Mn	Co
岩盐(立方晶系)	FeO			TiO	VO	MnO	CoO
尖晶石(立方晶系)	Fe_3O_4					Mn_3O_4	Co_3O_4
尖晶石(六方晶系)	$\gamma - Fe_2O_3$	$\gamma - Cr_2O_3$	$\gamma - Al_2O_3$				
刚玉(斜六面体晶系)	$\alpha - Fe_2O_3$	$\alpha - Cr_2O_3$	$\alpha - Al_2O_3$	Ti_2O_3	V_2O_3		

表 9.2 纯金属与合金锈皮组成比较

纯 金 属	合 金
简单氧化物 FeO,Fe_2O_3	固溶态基体元素氧化物 $Fe(Ni,Co)O$
尖晶石氧化物 $Fe_3O_4(FeO \cdot Fe_2O_3)$	尖晶石类氧化物 $FeCr_2O_4(FeO \cdot Cr_2O_3)$
多层氧化物 FeO	多层多相氧化物混合体 NiO
Fe_3O_4	$NiO + NiO \cdot Cr_2O_3$
Fe_2O_3	$Ni - Cr + Al_2O_3$

三、金属氧化膜的完整性和保护性

1.金属氧化膜的完整性

金属氧化膜的完整性是具有保护性的必要条件。金属氧化过程中形成的氧化膜是否具有保护性,首先决定于膜的完整性。完整性的必要条件是,氧化时所生成的金属氧化膜的体积(V_{OX})比生成这些氧化膜所消耗的金属的体积(V_M)要大,即 $V_{OX}/V_M > 1$,此比值称 P – B 比,以 r 表示

$$r = \frac{V_{OX}}{V_M} = \frac{M\rho_M}{nA\rho_{OX}} = \frac{M\rho_M}{mP_{OX}} > 1 \tag{9.9}$$

式中　　M——金属氧化物的相对分子质量;

　　　　A——金属的相对分子原子质量;

　　　　n——金属氧化物中金属的原子价;

　　　　m——为形成氧化膜所消耗的金属质量,$m = nA$;

　　　　ρ_M 和 ρ_{ox}——金属和金属氧化物的密度。

可见,只有 $r > 1$ 氧化膜才是完整的,才可能有保护性。当 $r < 1$ 时,生成的氧化膜不能完全覆盖整个金属表面,形成的氧化膜疏松多孔,不能有效地将金属与环境隔离,因此这类氧化膜不具有保护性,或保护性很差。如碱金属或碱土金属的氧化物 MgO、CaO 等。

$r > 1$ 只是氧化膜具有保护性的必要条件,不是充分条件。r 过大(如 $r > 2$),膜的内应力大,膜易破裂而失去保护性或保护性很差。如钨的氧化膜 r 为 3.4,其保护性相对较差。表 9.3 列出了一些金属氧化膜的 P – B 比。实践证明,保护性较好的氧化膜的 P – B 比是 r 稍大于 1。如铝和钛的氧化膜的 P – B 比分别为 1.28 和 1.95,具有较好的保护性。

2.金属氧化膜的保护性

由于金属氧化膜的结构和性质各异,其保护能力有很大差别。一定温度下,不同金属氧化物可能有不同物态。Cr、Mo、V 在 1 000 ℃空气中都被氧化,其氧化物状态则各不相同

$$2Gr + \frac{3}{2}O_2 \longrightarrow Gr_2O_3 \qquad \text{（固态）}$$

$$Mo + \frac{3}{2}O_2 \longrightarrow MoO_3 \qquad \text{（气态，450℃以上开始挥发）}$$

$$2V + \frac{5}{2}O_2 \longrightarrow V_2O_5 \qquad \text{（液态，熔点 658℃）}$$

可见,在 1 000℃下这三种氧化物中只有 Cr_2O_3 为固态,有保护性,而铝和钒的氧化物不但无保护性,而且会加速氧化,甚至造成灾难性事故。

实践证明,并非所有的固态氧化膜都有保护性,只有那些组织结构致密,能完整覆盖金属表面的氧化膜才有保护性。因此,氧化膜的保护性取决于下列因素:

表 9.3　金属氧化膜的 P－B 比

金属氧化膜（无保护性）	r	金属氧化膜（有保护性）	r	金属氧化膜（有保护性）	r	金属氧化膜（无保护性）	r
MoO_3	3.4	SiO_2	2.27	Ag_2O	1.59	MgO	0.99
WO_3	3.4	Cr_2O_3	1.99	NiO	1.52	BaO	0.74
V_2O_5	3.18	Co_3O_4	1.99	ZrO_2	1.51	CaO	0.65
Nb_2O_5	2.68	TiO_2	1.95	PbO_2	1.40	SrO	0.65
Sb_2O_5	2.8r	MnO	1.79	SnO_2	1.32	Na_2O	0.58
Ta_2O_5	2.31	FeO	1.77	ThO_2	1.32	Li_2O	0.57
Bi_2O_5	2.27	Cu_2O	1.68	HgO	1.31	Cs_2O	0.48
		ZnO	1.82	Al_2O_3	1.28	K_2O	0.45
		PdO	1.60	CdO	1.21	RbO	0.45
		BeO	1.59	Ce_2O_3	1.16		

① 膜的完整性。金属氧化膜的 P－B 比在 1~2 之间,膜完整,保护性好。

② 膜的致密性。膜的组织结构致密,金属和 O^{2-} 离子在其中扩散系数小,电导率低,可以有效地阻碍腐蚀环境对金属的腐蚀。

③ 膜的稳定性。金属氧化膜的热力学稳定性要高,而且熔点要高,蒸气压要低,才不易熔化和挥发。

④ 膜的附着性。膜的附着性要好,不易剥落。

⑤ 膨胀系数。膜与基体金属的热膨胀系数越接近越好。

⑥ 膜中的应力。膜中的应力要小,以免造成膜的机械损伤。

高温腐蚀过程中,在腐蚀锈皮与被腐蚀金属之间、在锈皮的不同层、以及在复杂混合物型中的不同相锈皮之间,由于结构上存在着差异,将在界面上产生结构内应力。另外,在高温腐蚀系统中,由于各相热膨胀系数不同,在冷热交变作用下会产生热应力。在锈皮塑性变形能力低或锈皮与基体金属间附着力不牢时,内应力常使锈皮发生破裂、粉化、鼓泡、开裂或剥落,从而使高温腐蚀加速。多数情况下,氧化膜的机械损伤与膜中存在的横向应力有关。氧化膜的破坏形式与横向应力的大小、膜的强度和塑性、膜与基体金属的结合力诸因素有关。氧化膜在尖角处、棱边上或急剧转弯处应力集中最大,并且金属变为氧化物时,体积突然增大,最易引起开裂和剥落。

9.3　金属氧化的动力学和机理

一、金属高温氧化的基本过程

一旦形成连续的氧化膜,将金属和腐蚀介质隔开,金属氧化过程能否继续进行将取决于两个因素:

① 界面反应速度。包括金属－氧化物及氧化物－气体两个界面上的反应速度。

② 参加反应物质通过氧化膜的扩散和迁移速度。包括浓度梯度作用下的扩散和电势梯度引起的迁移。

实际上,这两个因素控制了继续氧化的整个过程,也就是控制了进一步氧化的速度。

从金属氧化过程的分析可知,当表面的金属与氧开始作用,生成极薄的金属氧化膜时,起主导作用的是界面反应,即这时界面反应是主要控制因素。但是,随氧化膜增厚,扩散过程(包括浓差扩散和电迁移扩散)将逐渐占据主导地

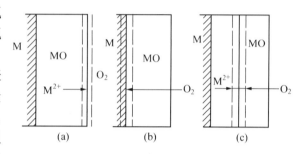

图 9.6　金属氧化过程中金属离子和氧扩散示意图

位,以致成为继续氧化的控制因素。金属离子和氧通过氧化膜的扩散,可能有三种途径:

① 金属离子单向向外扩散,在氧化物－气体界面上反应,如铜的氧化过程(图 9.6a)。

② 氧单向向内扩散,在金属－氧化物界面上反应,如钛、锆等金属氧化过程(图 9.6b)。

③ 两者相向扩散,即金属离子向外扩散,氧向内扩散,二者在氧化膜中相遇并进行反应。如钴的氧化(图 9.6c)。

二、金属氧化的动力学规律

根据金属氧化膜的不同生长规律,可分析金属氧化过程的速度问题。金属的氧化程度,通常用单位面积上的增重 $\Delta W (mg/cm^2)$ 来表示;也可用氧化膜的厚度 y 的变化来表示。氧化膜的生长速率,即单位时间内氧化膜的生长厚度可用 dy/dt 表示。

恒温下测定氧化过程中氧化膜增重 ΔW 或厚度 y 与氧化时间 t 的关系曲线,即恒温动力学曲线,是研究氧化动力学最基本的方法。它不仅可提供许多关于氧化机理的信息,如氧化过程的速度控制步骤,膜的保护性,反应速度常数以及过程的能量变化等,而且还可作为工程设计的依据。

金属氧化动力学规律与金属种类、温度和氧化时间有关。同一金属在不同温度下氧化可能遵循不同规律;而在同一温度下,随着氧化时间的延长,氧化膜增厚的动力学规律也可能从一种规律转变为另一种规律。另外,氧化动力学曲线的重现性与实验设备的准确度和精确度

图 9.7　金属氧化动力学曲线

有关,还与试样的表面状态有关。金属氧化的动力学曲线大体上遵循直线、抛物线、立方、对数和反对数等五种规律,如图 9.7 所示。

1. 直线规律

金属氧化时,若不能生成保护性氧化膜,或在反应期间形成气相或液相产物而脱离金属表面,则氧化速率直接由形成氧化物的化学反应所决定,因而氧化速率恒定不变

$$\frac{\mathrm{d}y}{\mathrm{d}t} = k_{\mathrm{L}} \tag{9.10}$$

亦即膜厚(或增重)与氧化时间 t 成直线关系

$$y = k_{\mathrm{L}}t + C \tag{9.11}$$

式中　k_{L}——氧化的线性(Linear)速度常数,C 为积分常数。

Mg、Mo、V 等金属高温氧化时遵循这一直线规律。

2. 抛物线规律

多数金属和合金的氧化动力学曲线为抛物线。因为在较宽的温度范围内氧化时,金属表面上形成较致密的氧化膜,氧化速率与膜厚成反比

$$\frac{\mathrm{d}y}{\mathrm{d}t} = \frac{k_{\mathrm{P}}}{y} \tag{9.12}$$

或积分得抛物线方程

$$y^2 = k_{\mathrm{P}}t + C \tag{9.13}$$

式中　k_{P}——抛物线(Parabolic)速率常数;

　　　C——积分常数,它反映了氧化初始阶段对抛物线规律的偏离。

金属氧化的抛物线规律,主要因为氧化膜具有保护性,氧化反应主要受金属离子和氧在膜中的扩散控制。实际上,许多金属的氧化偏离平方抛物线规律,因此常将式(9.13)写成通式:

$$y^n = k_{\mathrm{P}}t + C \tag{9.14}$$

$n < 2$ 时,氧化的扩散阻滞并非完全与膜厚的增长成正比,应力、孔洞和晶界可能是扩散偏离抛物线的原因;也可能是氧化过程受扩散和表面氧化反应速度共同控制。

$n > 2$ 时,扩散阻滞作用比膜增厚所产生的阻滞更严重,即还有其他因素抑制扩散过程。合金氧化物的掺杂、致密阻挡层的形成都是可能的原因。

3. 立方规律

在一定温度范围内,某些金属的氧化服从立方规律,即

$$y^3 = k_{\mathrm{C}}t + C \tag{9.15}$$

k_{C} 为立方速率常数, C 为常数。如铜在 $100 \sim 300\,^{\circ}\mathrm{C}$ 及各气压下,锆在 $600 \sim 900\,^{\circ}\mathrm{C}$、$1 \times 10^5$ Pa 氧中的恒温氧化均属立方规律。

4. 对数和反对数规律

有些金属在低温或室温氧化时服从对数或反对数规律。对数规律的关系式为

$$\frac{\mathrm{d}y}{\mathrm{d}t} = A\mathrm{e}^{-By} \tag{9.16}$$

反对数规律为

$$y = k_1 \lg(k_2 t + k_3) \tag{9.17}$$

$$\frac{\mathrm{d}y}{\mathrm{d}t} = Ae^{-B/y} \tag{9.18}$$

$$\frac{1}{y} = k_4 - k_5 \lg t \tag{9.19}$$

式中 A、B 以及 k_1、k_2、k_3、k_4 和 k_5 皆为常数。

这两种规律都是在氧化膜相当薄时才出现,它表明氧化过程受到的阻滞远比抛物线关系中的大。例如,室温下的 Mg、Al、Cu;100~200℃下的 Zn、Fe、Ni 等金属的氧化为对数规律。100~200℃下 Al 和 Ta 等金属的氧化服从反对数规律。实际上很难将这两规律区分。

三、金属氧化机理

随生成膜的厚度不同,金属氧化过程的氧化动力学规律和机理有所不同。三种情况为:

1.极薄氧化膜的生长机理

所谓极薄膜是指厚度为几纳米的氧化膜。由于氧的离解吸附,在表面产生了极大的电场,又因膜极薄,膜中的电势梯度很大。这时只需考虑电势梯度对离子移动的影响,而不必考虑浓度梯度对膜生长速度的影响。其次,决定氧化膜生长速度的因素,包括金属离子脱离晶格向氧化膜的迁移和电子从金属通过氧化膜迁移到表面使氧生成氧离子这两个方面。金属离子脱离晶格,移向氧化膜所需的功为 ω;而根据热电子发散,由电子所占的最高能级(即费米能级),把电子移向氧化物的导带所需功函数为 Φ。可根据 ω 和 Φ 的相对大小,来决定是金属离子还是电子的迁移成为氧化反应的控制因素。下面分两种情况讨论。

（1）$\omega < \Phi$

即在电势梯度作用下,金属离子比电子在膜中的迁移更容易,因而电子在膜中的迁移成为反应速度的控制因素。这就要看电子如何能在膜中迁移。如果 $\Phi > 1$ eV,且常温下不发生热电子发散,这时只有电子因量子力学的隧道效应而迁移到氧化膜表面。由于隧道效应随膜的增加而呈指数函数减小,膜厚约 40 nm 时电子已不能通过。因此,氧化膜的生长速率随膜厚增加呈指数规律减小,直至最后停止。

根据量子力学,金属中的电子在真空中出现的几率密度 $|\varphi|^2$ 为

$$|\varphi|^2 = \exp(-Py) \tag{9.20}$$

式中　y——离开金属表面的距离;

　　　P——常数。

由于氧化膜很薄,可见电子在膜表面出现的几率密度如上式所示。在此情况下,氧化膜生长速度与电子隧道效应穿透膜的几率成正比。因膜厚为 y,Hauffe - Ilshner 用下式表示氧化速度

$$\frac{\mathrm{d}y}{\mathrm{d}t} = A \exp\left(-\frac{y}{y_0}\right) \tag{9.21}$$

式中　y_0——常数,$y_0 = h\sqrt{2m_e\phi}$;

　　　h——简约普朗克常数;

　　　m_e——电子质量;

　　　ϕ——势垒高度。

将上式积分得

164

$$y = y_0 \ln(\frac{ht}{y_0} + A) = A \lg(Bt + 1) \tag{9.22}$$

y 与 $\lg t$ 成直线关系,即对数规律。200℃下镍的氧化,225℃以下锌的氧化,以及铜向 Cu_2O 的氧化均相当于这种情况。

(2) $\omega > \Phi$

金属离子比电子迁移的阻力大,因此离子迁移成为决定反应速度的控制因素。由于氧离子 O^{2-} 在极薄氧化膜表面吸附,膜中产生了强电场,电位梯度 E 可达 10^7 V·cm^{-1},使金属离子在膜中的迁移速度 i_{ion} 按下列指数关系变化

$$i_{ion} = A \exp(\frac{zd_eE}{2kT}) \tag{9.23}$$

式中 z——迁移离子的原子价;

   E——电势梯度;

   e——电子电荷;

   k——波尔兹曼常数;

   d——图 9.8 中所示势垒的谷间距。

图中虚线表示无电场的情况;当有强电场 E 时,降低了金属离子向外迁移的势垒,增加了反向迁移的势垒。电场对单价离子做的功为 d_eE。假定电场 E 对势垒正向减小和反向增加的作用相同,即势垒的改变量为 $0.5d_eE$,假定吸附 O^{2-} 对厚度为 y 的膜产生的电压为 V,

图 9.8　强电场时的势垒曲线

(虚线——无电场)

则 $E = V/y$。由于金属离子迁移是氧化膜生长的控制因素,因此氧化速度与 i_{ion} 成正比,按照 Cabrera 和 Mott 的理论,氧化速度用下式表示

$$\frac{dy}{dt} = A \exp(\frac{y_0}{y}) \tag{9.24}$$

式中 $y_0 = zd_eV/2kT$。由于电场的影响随着膜的增厚按指数规律变弱,因而氧化速度也随膜增厚按指数规律减小。当达到一定膜厚时,金属离子的迁移停止,膜也就不再生长了。将上式积分,可得

$$\frac{1}{y} = A - B\lg t \tag{9.25}$$

即反对数规律。Cu、Fe、Al、Ag 等金属在室温下的氧化属于这种情况。

2.薄氧化膜的生长机理

这里薄氧化膜是指厚度为 10～200 nm 的氧化膜。此时可忽略膜中的空间电荷,金属/氧化膜/氧界面双电层结构由图 9.9 中的(a)变为(b)表示。对于这种双电层模型来说,由吸附 O^{2-} 离子层产生的双电层电势差是一定的,随着氧化膜的生长增厚,电场强度 E 逐渐减小,离子

(a) 固相/氧相界面的双电层　(b) Mott 电容器型双电层

图 9.9　氧化膜双电层结构示意图

迁移也越来越困难。当膜厚超过 4 nm,电子也不能由隧道效应通过。但是,随着温度上升,由于离子和电子能量增加,在电场和浓度梯度作用下,它们的迁移扩散速度会增加。因此,随着温度升高,氧化膜还会继续生长,只不过生长机理与上述极薄氧化膜的不同。这时金属离子在电场和浓度梯度下迁移和扩散的流量与电场强度不再是指数关系,而是线性关系。下面根椐氧化物的类型说明其薄膜下的氧化机理。

(1)金属过剩型氧化物(n 型半导体)

这种氧化物薄膜的生长控制因素是晶格间隙金属离子通过氧化膜的移动速度,氧化速度与膜中晶格间隙金属离子流 i_{ion} 成正比。而 i_{ion} 的大小与膜中的电场强度 E 和晶格间隙金属离子的浓度 n_{ion} 成正比。电场强度随厚度 y 增大按比例减小,即 E 与 $1/y$ 成正比。因此膜的成长速率为

$$\frac{dy}{dt} \propto i_{ion} \propto E \cdot n_{ion} \propto \frac{1}{y} \tag{9.26}$$

积分,则得抛物线规律

$$y^2 = k_p t \tag{9.27}$$

应当指出的是,式中常数 k_p 与 Wagner 理论生成厚膜时的速度常数具有完全不同的意义,而且氧压对速度常数的影响也不同。铝在 400℃ 时的氧化,锌在 350~400℃ 时的氧化都属于这种情况。

(2)金属不足型氧化物(p 型半导体)

在这类氧化物薄膜中,电子通过膜中的电子空穴(阳孔)迁移到氧化膜表面并与氧生成 O^{2-} 的速度很快,而金属离子通过膜中离子空位迁移到表面并与吸附 O^{2-} 反应,生成氧化膜。因此、,这种情况下金属氧化过程受金属离子的迁移扩散速度控制。氧化速度决定于单位时间单位表面的离子空位流量 $i_{\square}$,$i_{\square}$ 与电场强度 E 和离子空位密度 $n_{\square}$ 成正比。因此,膜成长速度为

$$\frac{dy}{dt} \propto i_{\square} \propto E \cdot n_{\square} \tag{9.28}$$

金属离子的空位浓度 $n_{\square}$ 与吸附氧离子的表面浓度 n_0 成正比,即

$$n_{\square} \propto n_0 \tag{9.29}$$

由于 e_{n_0} 等于氧化物/氧界面的表面电荷密度,由图 9.9b 所示的平板电容器双电层模型,可得电场强度 E 与 n_0 的关系

$$E = \frac{4\pi e}{\varepsilon} n_0 \tag{9.30}$$

式中 ε——氧化膜的介电常数;

   e——单位电荷。

由于电场强度 E 随膜增厚而减小,即 $E \propto y^{-1}$;根据式(9.29)和式(9.30)可知

$$n_{\square} \propto y^{-1} \tag{9.31}$$

因此,膜的生长速率为

$$\frac{dy}{dt} \propto i_{\square} E \cdot n_{\square} \propto \frac{1}{y^2} \tag{9.32}$$

积分得

$$y^3 = k_c t \tag{9.33}$$

166

得到立方规律。Ti 在 216℃时氧化、Ta 在 350℃时氧化、Ni 在 400℃和 475℃时氧化,Cu 氧化为 Cu_2O 等均属此类。

(3)Wagner 理论

对于已形成的具有一定厚度的氧化膜的生长机理,Wagner 提出了离子－电子理论。实质上属于电化学腐蚀机理。Wagner 认为,已形成的具有一定厚度的氧化膜,可视为固体电解质,金属/氧化物和氧化物/氧气两个界面分别为阳极和阴极(图 9.10)。因为氧化物具有半导体性质,具有电子和离子导电性。在电场和浓度梯度的作用下,电子由金属/氧化物界面(阳极)通过氧化膜到达

图 9.10 金属氧化的电化学机理

氧化膜/氧(阴极),这相当于水溶液腐蚀电池中电子导体的作用。氧化膜是固体电解质,其中可发生离子的迁移和扩散,这相当于水溶液腐蚀电池中的电解质溶液。因此,厚膜下高温氧化与水溶液腐蚀类似,也是电化学腐蚀过程。在金属/氧化物界面发生阳极反应

$$M \longrightarrow M^{2+} + 2e$$

在氧化物/氧界面发生阴极反应

$$\frac{1}{2}O_2 + 2e \longrightarrow O^{2-}$$

总反应为

$$M + \frac{1}{2}O_2 \longrightarrow MO$$

此电池回路的总电阻 R 为离子电阻 R_i 与电子电阻 R_e 之和

$$R = R_i + R_e \tag{9.34}$$

通常,膜中电子、阳离子和阴离子对膜的比电导 k 都有影响,影响程度与它们的迁移数 n_e、n_c 和 n_a 成正比,即电子的比电导为 $n_e \cdot k$,离子的比电导为 $(n_c + n_a) \cdot k$。因此,对于面积为 S、厚度为 y 的氧化膜,其电子电阻 R_e 为

$$R_e = \frac{y}{n \cdot k \cdot S} \tag{9.35}$$

离子电阻 R_i 为

$$R_i = \frac{y}{(n_c + n_a)kS} \tag{9.36}$$

总电阻为

$$R = R_e + R_i = \frac{y}{kS} \cdot \left(\frac{1}{n} + \frac{1}{n_c + n_a}\right) \tag{9.37}$$

因 $n_e + n_c + n_a = 1$,故

$$R = \frac{y}{kSn_e(n_c + n_a)} \tag{9.38}$$

设氧化物的分子量为 M,根据法拉第定律,每形成 1 mol 氧化物需通过 nF 电量。若以通过膜的电流 I 表示氧化膜的生长速度,则在 dt 时间内生长 dy 厚的膜的摩尔数为,$Idt/nF = \frac{dyS\rho}{M}$ 整理可得膜的生长速度

$$\frac{\mathrm{d}y}{\mathrm{d}t} = \frac{IM}{n\mathrm{F}S\rho} \tag{9.39}$$

式中 ρ——氧化膜的密度。

设氧化反应电池的电动势为 ε,它可由反应的自由能变化 ΔG 求出

$$\varepsilon = -\frac{\Delta G}{n\mathrm{F}} \tag{9.40}$$

据欧姆定律

$$I = \frac{\varepsilon}{R} = \frac{\varepsilon k S n_e (n_c + n_a)}{y} \tag{9.41}$$

将式(9.41)代入式(9.39)可得

$$\frac{\mathrm{d}y}{\mathrm{d}t} = \frac{M\varepsilon k n_e (n_c + n_a)}{n\mathrm{F}\rho} \cdot \frac{1}{y} \tag{9.42}$$

积分得

$$y^2 = \frac{2M\varepsilon k n_c (n_c + n_a)}{n\mathrm{F}\rho} \cdot t + C \tag{9.43}$$

式中 C 为积分常数。令

$$k_p = \frac{2M\varepsilon k n_c (n_c + n_a)}{n\mathrm{F}\rho} \tag{9.44}$$

则式(9.43)变为

$$y^2 = k_p t + C \tag{9.45}$$

这就是金属高温氧化的抛物线理论方程式。表 9.4 为部分金属氧化的 k_p 计算值和实测值,可见计算值与实测值符合很好,说明上述推导过程中的假设基本上是正确的。

表 9.4 某些金属计算与实测的 k_p 值

金 属	腐蚀环境	氧化物	反应温度 /℃	$k_p(\mathrm{g}^2/\mathrm{cm}^{-4} \cdot \mathrm{s}^{-1})$	
				计算值	实测值
Ag	S	Ag_2S	220	2.4×10^{-6}	1.6×10^{-6}
Ag	$Br_2(g)$	AgBr	200	2.7×10^{-11}	3.8×10^{-11}
Cu	$I_2(g)$	CuI	195	3.8×10^{-10}	3.4×10^{-10}
Cu	$O_2(p = 8\,410\ \mathrm{Pa})$	Cu_2O	1 000	6.6×10^{-9}	6.2×10^{-9}
Cu	$O_2(p = 1\,520\ \mathrm{Pa})$	Cu_2O	1 000	4.8×10^{-9}	4.5×10^{-9}
Cu	$O_2(p = 233\ \mathrm{Pa})$	Cu_2O	1 000	3.4×10^{-9}	3.1×10^{-9}
Cu	$O_2(p = 30\ \mathrm{Pa})$	Cu_2O	1 000	2.1×10^{-9}	2.2×10^{-9}

根据式(9.42)和式(9.44)可对氧化过程分析如下:

① 当金属氧化反应的 $\Delta G = 0$,即 $\varepsilon = 0$ 时,则 $k_p = 0$,此时处于平衡状态,即金属不能进行氧化反应。ΔG 负值越大,ε、k_p 值越大,说明氧化膜增长的可能性越大。

② 氧化膜的电导率 k 越大,则 k_p 值越大,金属氧化速度越大;反之,k 值越小,k_p 值越小,膜生长速度越小。若生成的膜是绝缘的,则氧化过程将停止。此乃耐热合金的理论依据之一,即加入其氧化物具有高电阻的合金元素,可提高合金的耐热性。表 9.5 为 1 000 ℃时部分氧化物的比电导。

表 9.5　1 000℃下某些氧化物的比电导

氧化物	FeO	Cr$_2$O$_3$	Al$_2$O$_3$	SiO$_2$
比电导/($\Omega^{-1} \cdot cm^{-1}$)	10^2	10^{-1}	10^{-7}	10^{-6}

③ 当 $n_e = n_c + n_a$ 时，$n_e(n_c + n_a)$ 值最大，k_p 也最大。这说明氧化膜增长过程中，电子迁移和离子迁移的比例恰当，未发生极化现象，因而氧化速度快。这一点提示人们，根据氧化膜中电子和离子迁移倾向的大小，加入适当的合金元素，减少电子或离子的迁移速度，从而提高合金的抗氧化性。通常半导体型氧化膜中电子导电性比离子导电性高 1 000 倍。可见，离子迁移是金属氧化的控制因素。

Wagner 理论是基于氧化膜中存在着浓度梯度和电势梯度而进行扩散和电迁移而导出的。因此，它对于薄的和极薄的氧化膜的生长并不适用。

9.4　影响金属氧化速度的因素

一、温度的影响

温度升高会使金属氧化的速度显著增大。根据氧化膜的厚度及其保护性能不同，氧化速度取决于界面反应速度或反应物通过膜的扩散速度。它们与温度的关系分别为

$$k = Z \exp\left(-\frac{Q_r}{RT}\right) \tag{9.46}$$

$$D = D_0 \exp\left(-\frac{Q_d}{RT}\right) \tag{9.47}$$

式中　　k——表面反应速度常数；

　　　　D——扩散系数；

　　　　Z 和 D_0——常数；

　　　　Q_r——界面反应活化能；

　　　　Q_d——扩散激活能。可见，金属氧化速度 U 与温度的关系可表示为

$$v = \frac{dy}{dt} = A \exp\left(-\frac{Q}{RT}\right) \tag{9.48}$$

式中　　A——常数；

　　　　Q——金属氧化的活化能，多数金属和合金的 Q 值为 $(2.1 \sim 21) \times 10^4$ J/mol。

对式(9.48)取对数，得

$$\lg v = \lg A - \frac{Q}{2.3RT} \tag{9.49}$$

即金属氧化速度的对数与 $1/T$ 成直线关系。许多金属的氧化符合此规律。

二、氧压的影响

由于氧化膜的类型不同，气体介质中的氧分压对金属氧化的影响也不一样。

① 对于金属过剩型氧化物(n 型半导体),如 Zn/ZnO 体系,氧化反应为

$$\frac{1}{2}O_2 + Zn_i^{2+} + 2e_i^- \Longleftrightarrow ZnO \qquad (9.50)$$

氧化膜生长速度由 Zn_i^{2+} 向外扩散的速度控制。当氧压增大时,CZn_i^{2+} 应降低,因而使氧化速率降低。但由于在 ZnO/O_2 界面上的 CZn_i^{2+} 相对于 Zn/ZnO 界面已相当低了。因此,增加氧压对 ZnO/O_2 界面上 CZn_i^{2+} 的影响很小,可忽略,因此 Zn 的氧化速率几乎与氧压无关(图 9.11)。

② 对于金属不足型氧化膜(p 型半导体),如 Cu/Cu_2O/O_2 体系,氧化反应为

$$\frac{1}{2}O_2 \Longleftrightarrow Cu_2O + 2\square_{Cu^+} + 2_{\oplus} \qquad (9.51)$$

式中,$\square_{Cu^+}$ 为膜中 Cu^+ 离子空位,$\oplus$ 为电子空穴,也称阳孔。由质量作用定律,由于 $C_{\square_{Cu^+}} = C_{\oplus}$,则

$$K = \frac{C_{Cu^+}^2 \cdot C_{\oplus}^2}{p_{O_2}^{\frac{1}{2}}} = \frac{C_{Cu^+}^4}{p_{O_2}^{\frac{1}{2}}}$$

$$C_{\square_{Cu^+}} = A \cdot p_{O_2}^{1/8} \qquad (9.52)$$

式中 K、A——常数。

由于氧化速度受阳离子空位($\square_{Cu^+}$)的迁移控制,所以,若氧压增加,$C_{\square_{Cu^+}}$ 增大,可导致氧化速度增高(图 9.12)。但若达到氧的溶解度极限,氧压再增大,对氧化速度的影响也不明显。

图 9.11 Zn_i^{2+} 浓度沿氧化膜厚度的分布

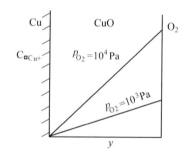

图 9.12 Cu^+ 离子空位浓度沿氧化膜厚度的分布

三、气体介质的影响

不同气体介质对金属和合金的氧化影响有很大差别。表 9.6 列出了在 900℃下碳钢和 18 - 8 不锈钢在混合气氛中的氧化增重。由表可见,大气中含有 SO_2、H_2O 和 CO_2 可显著加速钢的氧化。在上述试验条件下,18 - 8 钢比碳钢的抗氧化性能好。而在含 H_2O 和 SO_2 或 CO_2 的混合气氛中,碳钢的氧化量比大气中增加了 2~3 倍,18 - 8 钢则增加了 8~10 倍。这可能是不同氧化膜保护性能的差异所致。

燃料燃烧产物对金属的高温氧化有很大影响。因燃料和空气成分不同,燃烧产物可有较大差异。研究表明,随 H_2O 气增加,高温氧化量剧增,含有 SO_2 的燃气腐蚀量更大。若含氧量高,则高温氧化严重。反之,若限制供氧量,致使燃气中 CO、H_2、H_2S 量提高,甚至使烟气由氧化性变为还原性气氛,可使氧化减缓,或不发生氧化。但不足的空气量必然导致燃烧不完全,既不经济也不利于控制大气污染。因此,应适当控制供氧量,使烟气保持近中性较合理。实际上完全氧化性或还原性的燃气是不存在的。从化学平衡原理可知,燃气中只要

有大量的 CO_2 存在,就必然有 CO 存在;只要发现有 H_2,就必然会有 H_2O;同样若有 H_2S,就会在高温下形成 SO_2。只是氧化性气氛中富有 H_2O、SO_2 和 CO_2,还原性气氛中富有 H_2、H_2S 和 CO。而含氧量对它们的相对含量有直接影响作用。

表9.6 混合气氛中碳钢和18-8不锈钢的氧化增重(900℃,24h) （mg/cm^2）

混合气氛	碳钢	18-8 不锈钢	碳钢/18-8 钢
纯空气	5	0.44	138
大气	57.2	0.46	124
纯空气 + 2%SO2	65.2	0.86	76
大气 + 2%SO	65.2	1.13	58
大气 + 5%SO2 + 5%H2O	152.4	3.58	43
大气 + 5%CO2 + 5%H2O	100.4	4.58	22
纯空气 + 5%CO2	76.9	1.17	65
纯空气 + 5%H2O	74.2	3.24	23

大气或燃烧产物中的含硫气体(包括硫蒸气、SO_2 或 H_2S)会加速金属的高温腐蚀。这主要是因为腐蚀产物(硫化物)的特性所致。与金属氧化物比较,硫化物有下列特性:

(1)热力学稳定性差,$\Delta G_{硫化} \Delta G_{氧化} > 0$。

(2)体积较大,如 FeS、NiS、MoS、CrS、CuS 等的体积与生成相应硫化物的金属的体积之比,在 2.5~3.0 之间,因而生成硫化物的内应力较大,表面膜易破裂。

(3)晶格缺陷较多,有利于物质的迁移,可加速腐蚀。

(4)硫化物可能与金属、氧化物或别的硫化物生成低熔点共晶物。例如 Fe-FeS、Ni-NiS、FeO-FeS、MnO-MnS、FeS-MnS 等共晶物的共晶温度分别为 985℃、645℃、950℃、1 350℃和 1 181℃。

碳钢和某些合金钢(尤其在 Cr 含量低于 Ni 含量的钢中),在含硫气氛中还可能出现晶间腐蚀现象。这可能是由于硫化物的缺陷多,或生成了低熔点共晶物,从而有利于硫向金属间扩散所致。金属 Cr 和 Al 可有效的抗硫蚀。含 Cr 高的钢,由于 CrS 具有一定的保护性,从而可提高抗 SO_2 腐蚀的能力。

9.5 合金的氧化

一、合金氧化的特点和类型

合金的氧化比纯金属的氧化复杂得多。主要特点有:

1.合金组元的选择性氧化

若合金各组元对氧的亲和力相差悬殊,则与氧亲和力大的组元优先氧化,甚至可能形成只有一种合金组分的氧化膜,也可能产生合金元素贫化层。

2.相的选择性氧化

当合金各相在界面上化学稳定性或相稳定性有显著差异时,则不稳定相优先氧化,造成表层组织不均匀性。

3. 氧化膜由多相构成

合金的氧化膜在一层中可能由两个或两个以上的相组成。而纯金属氧化膜,即使由多层组成,各层往往只是一个相。

以二元合金为例,分析一下合金可能的氧化形式,设 AB 为二元合金,A 为基体金属,B 为少量添加元素,其氧化的可能形式有两种不同情况。

(1)只有一种组分氧化

当 AB 二组元和氧的亲和力相差很大时,则发生选择性氧化。这又分两种情况:

①只有少量合金元素 B 氧化,A 不氧化。如图 9.13(a),这时可能在合金表面上形成氧化膜 BO,也可能在合金内部形成 BO 氧化物颗粒,如图 9.13(b)。这主要取决于氧和合金元素 B 的相对扩散速度。

图 9.13 只有合金元素 B 氧化生成的氧化物

图 9.13(a)表明,合金元素 B 向外扩散的速度很快,在合金表面上生成 BO 膜。即使在氧化初期,合金表面上生成了氧化物 AO,但由于 B 组分与氧的亲和力大(反应的 ΔG 负值大),将发生 AO + B→A + BO 反应生成 BO,即选择性氧化。如果氧向合金内部扩散的速度快,则 B 组分的氧化将在合金内部发生(图 9.13(b)),生成 BO 氧化物颗粒,称为内氧化。Cu 与 Si、Bi、As、Mn、Ni、Ti 等组成的合金中,都可发现内氧化现象。可利用这一现象来制造弥散强化合金。

②合金的基体金属 A 氧化,合金元素 B 不氧化。在形态上有两种:一种是在氧化物 AO 膜内混有合金化组分 B(图 9.14(a));另一种是在邻近 AO 层的合金层中的 B 组分含量比正常的多,即 B 组分在合金表面层中发生了富集现象(图 9.14(b))。产生这两种情况的机制尚不清楚,一般认为与反应速度有关。

图 9.14 只有基体金属 A 氧化生成的氧化膜

(2)合金的两组分同时氧化

当 AB 合金的二组元对氧的亲和力差不多,且环境中的氧压比两组分氧化物的分解压都大时,合金两组分可同时氧化。按其相互作用不同,可发生下列三种情况。

①两种氧化物互不溶解。这种情况下,合金表面通常只形成基体组分 A 的氧化。在氧化初期,产生了 AO 和 BO 二相混合物组成的氧化膜,但由于 A 的含量占绝对多数,故氧化膜几乎都是 AO。根据互不溶解的条件,B 不向 AO 层中迁移。在以后的氧化中,由于 A 向外扩散,AO 逐渐长大,生成净 AO 的氧化膜。B 在邻近氧化膜的合金中富集,形成内层 BO。结

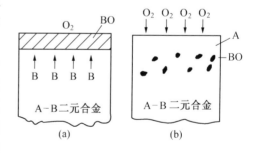

图 9.15 Cu-Si 合金在空气中 700℃以上氧化

172

果形成混合氧化膜。实际上,组分 A 通过 AO 层扩散生长,而组分 B 则通过 BO 层扩散生长。

如 Cu – Si,CuO、Cu2O 层下生成了 SiO₂ 分散的内氧化层(图 9.15(a))。若合金中含 Si 量多,可生成 SiO₂ 层(图 9.15(b))。

Fe – Cr 合金中的 Fe 和氧的亲和力大,Fe 被氧化,内氧化层中多为 Cr 的氧化物。表 9.7 为其他合金钢的类似的情况。

表 9.7 不同合金钢氧化时氧化膜中合金元素的分布

钢种	合金元素的分布		
	内氧化层	中氧化层	外氧化层
质量分数 2.75%Ni 钢	质量分数 7.07%Ni	质量分数 0.16%Ni	0
质量分数 12.23%Cr 钢	质量分数 23.32%Cr	质量分数 1.12%Cr	质量分数 0.61%Cr
质量分数 2.02%Si 钢	质量分数 4.38%Si	微量	微量
质量分数 3.07%Mn 钢	质量分数 2.50%Mn	质量分数 2.58%Mn	质量分数 1.53%Mn

②两种氧化物生成固溶体。最典型的例子是 Ni – Co 合金的氧化(图 9.16),其中一部分 Ni 被 Co 置换,生成具有 NiO 结构的氧化膜。

③两种氧化物生成化合物。对于单相固溶体或单相金属间化合物类型的合金,若 A、B 两组分与氧的亲和力相差较小,且其分布状态有助于形成尖晶石复杂分子结构时,便可形成尖晶石型氧化物膜,如图 9.17(a)所示的 NiO·Cr₂O₃(即 NiCr₂O₄)氧化膜。如果合金组分不等于化合物的组成比时,将形成如图 9.17(b)所示的多种氧化膜层结构。

图 9.16 Ni – Co 合金氧化   图 9.17 Ni – Cr 合金的氧化示意图

二、提高合金抗氧化的可能途径

耐氧化的金属可分为两类:一类是贵金属,如 Au、Pt、Ag 等,其热力学稳定性高,但十分昂贵;另一类是与氧的亲和力强,且生成致密的保护性氧化膜的金属,如 Al、Cr、耐热合金等。因此,工程上多利用第二类耐氧化金属的性质,通过合金化提高钢和其他合金的抗氧化性能。其途径有下列四种,这也是抗高温腐蚀合金化应遵循的基本原则。

1.通过选择性氧化生成优异的保护膜

通过加入与氧亲和力大的合金元素,借助合金元素的优先氧化,生成薄而致密的氧化膜。这种合金元素的加入量必须适中,使之能形成只由该合金元素构成的氧化膜,从而显示出合金元素的抗氧化作用。为了达到选择性氧化应具备下列条件:

① 加入的合金元素与氧的亲和力必须大于基体金属与氧的亲和力。

② 合金元素比基体金属的离子半径小,易于向表面扩散,并形成连续致密的保护膜。

③ 在极易发生扩散的温度下加热。

表9.8列出了一些合金中产生选择性氧化所需合金元素的量。由表可见,钢中含质量分数 Cr 达 18% 以上,或含 Al 质量分数达 10% 以上时,高温氧化可分别形成完整的 Cr_2O_3 和 Al_2O_3 膜,从而使高钢的抗氧化能力提高。含 Si 质量分数达 8.55% 的 Fe – Si 合金,于 1 000℃加热,在极薄的 Fe_2O_3 膜下能生成白色的 SiO_2 膜,也有很好的抗氧化性能。可见,Cr、Al、Si 是提高钢抗高温氧化极重要的合金元素。

表 9.8 一些合金产生选择性氧化所需合金元素含量

合 金	产生选择性氧化所需合金元素的量	产生选择性氧化的温度/℃	选择性氧化生成的氧化物
铬钢	> 质量分数 18% Cr	1 100	Cr_2O_3
铝钢	> 质量分数 10% Al	1 100	Al_2O_3
黄铜	> 质量分数 20% Zn	> 400	ZnO
铝青铜	> 质量分数 2.5Al		Al_2O_3
铜 – 铍合金	> 质量分数 1% Be	赤热	BeO
铝 – 铍合金	质量分数 0.2% Bc	630	BeO
铝 – 铍合金	质量分数 3% Be	500	BeO
铝 – 镁合金	质量分数 0.03% Mg	650 ~ 660	MgO
铝 – 镁合金	质量分数 0.1% Mg	620	MgO
铝 – 镁合金	质量分数 1.4% Mg	400	MgO

2.生成尖晶石结构的氧化膜

尖晶石型的复合氧化物,通式为 $X^{II}O \cdot Y_2^{III}O_3$,其 X^{II} 为两价的金属,Y^{III} 为三价的金属。尖晶石具有复杂致密的结构,离子在这种膜中的移动速度缓慢,这不是由于晶格缺陷浓度减小,而是由于移动所需的激活能增大所致。到目前为止,晶格中离子的扩散机理尚不清楚,但其优秀的抗氧化性能是明显的。例如,优秀的、耐热钢中都含质量分数 10% 以上的 Cr,虽然还达不到发生选择性氧化的 Cr 含量,但可形成尖晶石型复合氧化物 $FeO \cdot Cr_2O_3$(即 $FeCr_2O_4$)。对 Ni – Cr 合金可生成 $NiO \cdot Cr_2O_3$ 尖晶石型氧化物。它们都有优良的抗高温氧化性能。形成尖晶石型氧化物所需的条件是,提供所需合金组分量,使之能顺利地进行合金化,并在生成尖晶石复合氧化物的温度下受热。如 $FeO \cdot Cr_2O_3$ 在 600℃以上,$FeO \cdot Al_2O_3$ 在 1 200℃左右形成,在此温度以下则是各组分氧化物的混合物。为了增加抗氧化性,对尖晶石型氧化膜的要求是:

① 熔点要高。

② 蒸气压要低。

③ 其中离子的扩散速度要小。

由于 Al_2O_3 比 Cr_2O_3 的蒸气压低,且扩散速度小,故在 Fe 中单独加入 Al,或在 Fe 中加入 Cr 和 Al,对抗高温氧化都是有效的。

3.减小氧化膜的晶格缺陷浓度,降低离子的扩散速度

根据氧化物的晶格类型,可加入不同的合金元素,控制氧化膜中的晶格缺陷,来增强合金的抗氧化能力。

① 对于金属过剩型氧化物(n 型半导体)，如 ZnO，向基体金属中加入高价金属元素，如 Al，可提高抗氧化性。因为这类氧化膜的生长速度受膜中间隙金属离子 Zn_i^{2+} 的扩散控制。当 Zn 中加入 Al 后，生成的氧化膜中也含有少量的 Al_2O_3，即有少量的 Al^{3+} 取代了晶格中的 Zn^{2+}。由于氧化膜整体保持电中性，则每个 Al^{3+} 取代 1 个 Zn^{2+} 就会增加 1 个 e_i^-。将图 9.18 与图 9.3 比较，图中有 3 个 Al^{3+} 取代了 3 个 Zn^{2+}，结果 e_i^- 由原来的 4 个增加到 5 个，而 Zn_i^{2+} 则由原来的 2 个减少到 1 个。说明高价离子的加入，使 n 型半导体氧化膜中的间隙电子增多，电导率增大；间隙金属离子的浓度减少，从而使氧化速度降低。

② 对于金属不足型氧化物(p 型半导体)，如 NiO，若加入低价金属离子，如 Li^+，可提高其抗高温氧化性。因为，加热时，NiO/O_2 界面上的氧进入晶体，生成新的 NiO，由于缺陷浓度很低，可视为稀溶液，质量作用定律仍适用，故

图 9.18　Al^{3+} 加入对 ZnOn 型半导体氧化膜晶格缺陷的影响

$$K = c_{\square Ni^{2+}} \cdot c^2_{\square e^-} / P_{O_2}^{1/2} \qquad (9.53)$$

由于合金整体为电中性，氧化膜中 1 个 Ni^{2+} 被 1 个 Li^+ 置换，则要增加 1 个电子空穴 $\square e^-$(阳孔)，图 9.19 中以 Ni^{3+} 表示。按式(9.53)，电子空穴浓度 $c_{\square e^-}$ 增加，离子空位浓度 $c_{\square Ni^{2+}}$ 必然减少。因为 K 和氧压 p_{O_2} 皆为常数。比较图 9.19 和图 9.4 可知，图中有 3 个 Li^+ 取代 3 个 Ni^{2+} 后，电子空穴(Ni^{3+})由原来图 9.4 中的 4 个增至图 9.19 的 5 个；而离子空位 $\square Ni^{2+}$ 由原来的 2 个降至 1 个。由于 p 型半导体氧化膜的生长速度受离子空位扩散速度的控制，因此，随 $c_{\square Ni^{2+}}$ 减小，氧化速度降低。但电导率主要取决于电子空穴浓度，故加入 Li 后因 $c_{\square e^-}$ 增大而电导率增大。

相反，若 P 型半导体氧化膜中加入高价金属离子，将使氧化速度增加。如 Ni 中加入 3% 以下的 Cr，或加入 10% 以下的 Mn，在 1 000℃ 下，这些镍合金的氧化速度都增加。

图 9.19　NiO 中含有少量 Li_2O 的晶格缺陷示意图

上述规律为控制合金氧化的原子价规律，也叫哈菲(Hauffe)原子价规律。它是在大量实验基础上提出来的，只适用于氧化物的固溶极限以下而且氧化反应只受扩散控制的情况。

4.增强氧化膜与基体金属的附着力

研究表明，在耐热钢和耐热合金中加入稀土元素能显著地提高抗氧化能力。例如，在 Fe－Cr－Al 电热合金中加入稀土元素 Y、La、Ce 等，都能显著提高其使用温度和寿命。原因在于加入稀土元素后，增强了氧化膜与基体金属间的结合力，使膜不易脱落。加入这些微量元素后，可能起到以下几种作用：

① 加入这些特殊微量元素，可使外层的 Cr_2O_3 膜成为保护性更好的膜。可能由于它们的原子半径较大，可堵塞氧化膜的空穴，抑制了离子的扩散。

② 局部氧化膜在合金与氧化膜间沿晶界树枝状地深入到合金内部，起"钉扎"作用，提高了膜的结合力，防止剥落。

③ 在 Cr_2O_3 和尖晶石型氧化物间发生分裂形成非均匀体系时,稀土元素的存在能使膜成为均匀的混合单一层,从而变成保护性的膜。

三、铁和耐热合金钢的抗氧化性能

1. 铁的高温氧化

铁在 570℃以下有良好的抗氧化性:温度低于 570℃,铁的氧化皮是由 Fe_3O_4 和 Fe_2O_3 组成(图 9.5(a));高于 570℃由 FeO、Fe_3O_4 和 Fe_2O_3 组成(图 9.5(b)),其中 FeO 层最厚,约占整个膜厚的 90%,其抗氧化性急剧下降。

FeO(氧化亚铁)为 p 型半导体氧化物。熔点 1 377 ℃。它在 570 ~ 575℃间是稳定的,高温下处于亚稳定状态。当从高温缓慢冷却下来时,它转变为 Fe_3O_4。高温时,金属铁离子借助于 FeO 晶体中大量的阳离子空位进行扩散,并在氧化膜/氧界面上进行氧化反应。

Fe_3O_4 为磁性氧化铁,也是 p 型半导体氧化物。具有尖晶石型复杂立方结构,缺陷浓度比 FeO 小,从室温至熔点(1 538 ℃),其相结构是稳定的。它是 Fe 锈皮中结构最致密、抗氧化性最佳的锈皮。

在氧化性介质中加热时,Fe_3O_4 转变为 $\alpha - Fe_2O_3$。这分两个阶段进行:加热到 220℃时形成过渡性的结构 $\gamma - Fe_2O_3$,其成分由 Fe_3O_4 变成 Fe_2O_3,即只与氧结合,$2Fe_3O_4 + 1/2O_2 = 3Fe_2O_3$,$Fe^{2+}$ 转变为 Fe^{3+},晶体结构并未变化,此时仍保留了 Fe_3O_4 固有的磁性,继续加热到 400 ~ 500℃时失磁,形成具有稳定结构的 $\alpha - Fe_2O_3$ 的晶格。

2. 耐热合金钢的抗高温氧化性能

纯铁耐高温氧化性能差,为提高其抗高温氧化性能,可按照上述合金化的途径制取耐热合金。

由于 FeO 和 FeS 均为 P 型半导体,若按哈菲原子价规律控制晶格缺陷,则应加低价合金元素。但一价碱金属不溶于铁,因此这一方法对铁无效,只好用另外三个途径。实践表明,这三个途径综合运用才能得到显著效果。如 Fe – Cr 合金在高温下发生铬的选择性氧化及生成尖晶石型氧化物 $FeO \cdot Cr_2O_3 = FeCr_2O_4$,可显著提高钢的抗氧化性能。因此,合金化是提高钢的抗氧化性的重要途径。钢中常加的合金元素的作用如下:

① Cr、Al、Si 等元素能提高钢的抗高温氧化和硫化的能力。

② Nb、Ti、V、Cr、Mo、W 等元素能防止钢的氢腐蚀。

③ Ni、Co、Cu 等元素能耐高温氮化。

④ Ni、Cu、Al、Si、Ti、Cr(> 18%)能减轻钢的渗碳作用。

⑤ Ni、Mn、N 等元素能稳定钢中的奥氏体组织。

⑥ Mo、W、V、Ti、Al、Si 等元素在高温下能提高钢的高温持久强度及抗蠕变性能。

无论从提高钢的抗高温氧化,还是从其他高温性能来看,Cr、Al、Si 是提高钢高温综合性能的合金元素,特别在提高钢的抗高温氧化、抗硫化方面效果最显著。为了防止氢腐蚀,常加入 Nb、Ti 等碳化物形成元素。耐热钢中加 Ni 对抗高温氧化虽无作用,但有利于获得奥氏体组织,使钢具有相当好的强度和韧性,提高了钢的加工性能和高温抗蠕变性能。

四、镍基高温合金的抗氧化性

Ni 和 Fe、Co 一样都是过渡族元素,其原子尺寸、晶体结构和物理化学性质也和 Fe、Co 相似。金属 Ni 氧化时仅存在一种 P 型半导体 NiO 氧化膜。其表面反应速率和氧化膜增长速度都显著低于 Fe 和 Co,这是由于 NiO 的晶格参数小和晶体中阳离子空穴浓度低的关系。它保证了 NiO 锈皮具有很好的致密性和低的氧化速度。此外,NiO 膜的高温塑性良好,而且与基体 Ni 的热膨胀系数近似,使锈皮在应力和冷热交变作用下牢固地附着在基体表面。但 NiO 表面可大量吸附氧,Ni 中溶解氧的能力也比 Fe、Co 强,因此 Ni 合金易发生内氧化。

Ni 高温抗氧化性优于 Fe 和 Co,略低于 Cr。Ni 的抗氧化温度可达 1 100 ℃,有良好的抗高温碳蚀、氮蚀、卤素气体腐蚀,只是在含硫的气体中腐蚀严重。Cr 在 300 ~ 900 ℃氧化可生成稳定的斜方六面体结构的 $\alpha - Cr_2O_3$,是 p 型半导体,熔点 2 400 ℃。但金属 Cr 和 $\alpha - Cr_2O_3$ 的热膨胀系数差别很大,在热应力作用下氧化皮易从金属表面脱落。$\alpha - Cr_2O_3$ 质脆,不易发生塑性变形,故在应力作用下易造成锈皮裂纹。温度高于 900 ℃,在氧化性气氛中 $\alpha - Cr_2O_3$ 与 O_2 反应还能生成气态的 Cr_2O_3。因此金属 Cr 只有在 900 ℃以下才有抗氧化性。$\alpha - Cr_2O_3$ 在高温下可有效地抑制碳蚀、氮蚀和硫蚀。

可见,单用金属 Ni 或 Cr 达不到满意的效果。以 Cr 作主要合金元素加入 Ni 中,再加上其他合金元素组成 Ni 基合金则具有更好的抗氧化性和其他综合性能。例如,以 Ni80Cr20 为基础发展起来的 γ 固溶体变形板材合金,在 300 ~ 1 200 ℃间,比 Ni 和 Cr 抗氧化性更优良。Ni80Cr20 合金在 400 ℃氧化时,表面锈皮为 NiO;在 500 ~ 700 ℃氧化皮为 $\alpha - Cr_2O_3$;高于 800 ℃,表面锈皮为尖晶石型 $NiCr_2O_3$ 和少量的 Cr_2O_3、NiO。$NiCr_2O_4$ 在表面锈皮中的出现,不仅提高了锈皮的致密性,而且由于它的热膨胀系数与合金相近似,因而在热应力下不易抑制它的脱落;温度高于 1 000 ℃,合金表面开始出现晶界氧化和疏松组织层;高于 1 100 ℃,由于 Cr_2O_3 的局部挥发而破坏了 $NiCr_2O_4$ 锈皮的连续性,使合金抗氧化性急剧恶化,而在 1 000 ℃以下这种合金的抗氧化性是优良的。

在 Ni - Cr 系固溶强化型合金中,为确保抗氧化性,合金中 Cr 质量分数应在 20% ~ 30%,超过 30%对力学性能有不利影响。在 Ni80Cr20 中加入微量稀土元素或 Mn,可增加锈皮与基体的结合力,并由于形成 $MnCr_2O_4$ 尖晶石型氧化物阻碍了 CrO_3 的形成,可使氧化速度降低,内氧化也减轻了。

Ni - Cr 二元系中加入 W、Mo 等元素可增加合金的固溶强度,提高基体的再结晶温度,并降低基体中原子的扩散速度,它们对合金的抗氧化性也有一定影响。温度低于 1 000 ℃时,Ni - 25Cr - 15W 合金有和 Ni80Cr20 几乎相同的初始氧化速率。这表明,W 的加入,在提高合金固溶强度的同时,能抑制 Cr 的扩散。此外,Ni - Cr - W 合金氧化时,虽然形成的锈皮仍是 NiO、Cr_2O_3 和 $NiCr_2O_4$,但由于 W 的加入,改变了 Ni 和 Cr 在合金中的分布状态,因此 Ni - Cr - W 和 Ni - Cr 合金的锈皮形貌不同。当温度超过 1 000 ℃时,其中的 W 和 Mo 合金元素都要被氧化成有较大结构应力的 WO_3 和易挥发的 MoO_3。WO_3 使外锈皮在热应力下易从合金表面剥落。MoO_3 增加了锈皮的不连续性和锈皮中的孔洞。Ni - Cr 二元合金中如存在 Fe 和 Co,它们在氧化时能取代 Ni 而存在于锈皮中,增加阳离子空穴浓度。

第10章　金属材料的耐蚀性

10.1　金属耐腐蚀合金化原理

一、利用合金化提高金属耐蚀性的途径

1.提高金属的热力学稳定性

加入热力学稳定性高的合金元素进行合金化,使合金表面形成由贵金属元素的原子组成的连续保护层,从而提高其耐蚀性。如,铜中加金,镍中加铜,铬钢中加镍等,因此此法有很大局限性。因为一方面需添加大量贵金属,如 Cu – Au 合金中需加入质量分数 25% ~ 50%(原子)的金,很不经济,另一方面受溶解度的限制,许多合金要获高浓度固溶体是不可能的。

2.阻滞阴极过程

当金属腐蚀过程受阴极控制时,用合金化提高合金的阴极极化度的办法,可降低腐蚀速度,如金属在酸中的活性溶解就可用降低阴极活性的方法减小腐蚀。其具体途径是:

(1)减小金属或合金中的活性阴极面积

金属或合金在酸性溶液中腐蚀时,阴极析氢过程优先在氢过电势小的阴极相或夹杂物上进行。如果减少合金中阴极相或夹杂物,就相当于减小了活性阴极面积,阻滞阴极反应过程的进行,从而可提高合金的耐蚀性。例如,减少锌、铝、镁等金属中的阴极性杂质,可显著降低这些金属在氧化硅酸中的腐蚀速度。对于电势值很低的金属,如铝、镁及其合金,在中性水溶液中,效果也十分明显(图 10.1)。

对于阴极控制的腐蚀过程,采用固溶处理以获得单相组织,可提高合金的耐蚀性;反之,时效或退火处理,由于阴极相的析出,将降低其耐蚀性。例如,固溶状态的硬铝比退火状态时有更高的耐蚀性。

图 10.1　纯 Mg、Mn 合金中的 Fe 杂质对其在质量分数 3% NaCl 溶液中腐蚀速度的影响

(2)加入氢过电势高的合金元素

合金中加入析氢过电势高的元素,可提高合金的阴极析氢过电势,从而降低合金在酸中的腐蚀速度。这只适用于不产生钝化的由析氢过电势控制的析氢腐蚀过程,即金属在非氧化性或氧化性弱的酸中腐蚀。如,含 Fe、Cu 等杂质的锌中加入氢过电势高的 Cd、Hg 等元素,可使其在酸中的腐蚀速度显著降低。含铁杂质的工业纯镁中,加入质量分数为 0.5% ~ 1% 锰可大大降低在氯化物水溶液中的腐蚀速度(图10.1)。

178

因为锰上的氢过电势比铁高。在碳钢和铸铁中加入氢过电势高的 Se、Sb、V 和 Sn 也能显著降低在非氧化性酸中的腐蚀速度。

3.阻滞阳极过程

用合金化的方法降低合金的阳极活性,尤其是用提高合金钝性的方法阻滞阳极过程的进行,可大大提高合金的耐蚀性,是耐蚀合金化中最有效、最广泛采用的措施。

(1)减小合金表面阳极区的面积

腐蚀过程中,如果合金基体是阴极,第二相或合金中其他微小区域(如晶界)是阳极,则减小阳极区面积可提高合金的耐蚀性。例如,Al – Mg 合金中强化相 Al_2Mg_3 对基体而言为阳极,在海水中逐渐被溶解,使阳极面积减小,腐蚀速度降低,因此 Al – Mg 合金耐海水性能比第二相为阴极的 Al – Cu 合金高。但实际合金中,这种情况很少,多数合金中的第二相为阴极相,所以此措施有局限性。

利用提高合金纯度和适当热处理,使晶界细化或钝化,减少阳极面积,提高耐蚀性。但对具有晶间腐蚀倾向的合金,仅减小晶界阳极区面积,而不消除阳极区,反倒会加重晶间腐蚀,如粗晶粒的高铬不锈钢比细晶粒的晶间腐蚀严重。

(2)加入易钝化的合金元素

工业上常用的合金基体元素铁、镍、铝、镁等都具有一定的钝化性能,但其钝化性能不够高,特别是铁,只有在氧化性较强的介质中才能钝化,而在一般自然条件下不钝化。为了提高耐蚀性,可加入更易钝化的合金元素,提高整个合金的钝化性能,制成耐蚀合金。例如铁中加入质量分数 12% ~ 30% 的铬,制成不锈钢或耐酸钢;镍或钛中加入铝,制成 Ni – Mo 或 Ti – Mo 合金,耐蚀性都有极大的提高。这是一种应用最广泛的合金化途径。

(3)加入强阴极性合金元素,促使合金钝化

对于可钝化的腐蚀体系,如果在金属或合金中加入阴极性很强的合金元素,可使金属的腐蚀电势进入稳定钝化区,成为耐蚀性金属。

利用这种方法提高合金的耐蚀性是有条件的。首先,腐蚀体系(包括合金和腐蚀介质)是可钝化的,否则,加入阴极性合金元素会加速腐蚀。其次,所加阴极合金元素的活性(包括所加元素的种类和数量)要与腐蚀体系的钝性相适应,活性不足或过强都会加速腐蚀。由图 10.2 所示,若所加阴极性元素活性不足,阴极极化曲线只由 $E_{0,C}C_1$ 变到 $E_{0,C}C_2$,与阳极极化曲线的交点仍处于活性溶解区,腐蚀电流由 I_{C_1} 增到 I_{C_2}。若所加阴极元素活性过强,使阴极极化曲线变成 $E_{0,C4}C_4$,与阳极极化曲线交于过钝化区或点蚀区,相应的腐蚀电流为 I_{tp} 或 I_{br},产生强烈的过钝化腐

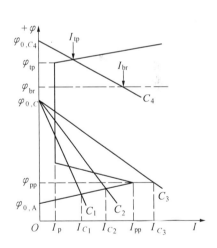

图 10.2　阴极性元素对可钝化体系腐蚀电流的影响

蚀或点蚀。只有当阴极性元素活性适当,使阴极极化曲线 $E_{0,C}C_3$ 与阳极极化曲线恰好交于稳定的钝化区,从而使合金由活化状态转入稳定的钝化状态。稳定钝化区的电流一般比活性溶解电流小几个数量级,因此,加入阴极性合金元素可显著提高可钝化体系合金的耐蚀性。

作为阴极性合金元素,可用各种正电性的金属,如钯、铂、钌等金属元素,有时可用电势偏正的金属元素,如铼、铜、镍、铝等,质量分数一般为 0.2% ~ 0.5%。这是一种很有发展前途的耐蚀合金化途径。

4.加入合金元素使表面形成完整的有保护性的腐蚀产物膜

当金属中加入一些能促使表面生成致密保护膜的合金元素,可进一步提高体系的电阻,阻滞腐蚀过程的进行。例如,在钢中加入铜和磷,能显著提高低合金钢耐大气腐蚀的性能,主要因为它们能促进表面生成致密的非晶态羟基氧化铁 $FeO_x \cdot (OH)_{3-2x}$ 保护膜。

由于腐蚀过程十分复杂,因此研制耐蚀合金不能限于一种途径,同样也无一种合金能对任何腐蚀性介质都耐蚀。因此,只能根据不同的环境选择最适宜的合金,或者根据使用条件研制新的耐蚀合金。

二、金属耐蚀合金化机理

1.有序固溶体理论——$n/8$ 定律

在给定腐蚀介质中,当耐蚀组元(热力学上稳定或易钝化)与不耐蚀组元组成长程有序固溶体,形成了由单一耐蚀组元的原子构成的表面层时,使合金在该条件下耐蚀。这种耐蚀的长程有序化,是在耐蚀组元占一定原子分数的情况下发生的,原子百分比通常服从 $n/8$ 定律,其中 n 为 1,2,3,4,6 等。例如 Cu – Au 合金中,当金质量分数为 50%(原子)时,在 90℃浓硝酸中的耐蚀性突然增高。对于 Fe – Cr 合金固溶体也有类似的稳定性界限。

2.电子结构理论

此理论是根据过渡族金属在形成固溶体时原子内部的电子结构发生变化提出的。例如,Cr 原子的 3d 层缺 5 个电子,Cr 与 Fe 组成固溶体时,每个 Cr 原子可从 Fe 原子那里夺取 5 个电子,并使 5 个 Fe 原子转入钝态。因而 Cr 加入 Fe 中后可使 Fe 的耐蚀性提高。

3.表面富集耐蚀相理论

多相合金腐蚀时,依腐蚀电势和钝化性能不同,常有一个优先溶解,另一个则富集在合金表面。如 $\alpha + \beta$ 黄铜在酸中腐蚀时,β 相含 Zn 多,热力学稳定性低,优先腐蚀,于是在黄铜表面逐渐富集含 Cu 多的 α 相。又如 Ti + 10%Mo 合金,当腐蚀电势处于极化曲线的活性溶解电势区时(例如 70℃的质量分数 40% H_2SO_4 中),含 Mo 少的 α 相优先溶解,合金表面将富集含 Mo 多的 β 相;但当该合金的腐蚀电势处于过钝化区时(例如 70℃的质量分数 40% 的 HNO_3 中),β 相将发生过钝化溶解,合金表面将富集 α 相。

但是,在多相合金表面上富集较稳定相并不一定能提高合金的耐蚀性,这主要取决于富集的耐蚀相能否形成完整的表面覆盖层和阳极相的钝化能力。可分为下面两种情况:

(1)合金基体为阳极,面积小的第二相为阴极

经腐蚀后,作为阴极的第二相以疏松不连续物堆积在表面(图 10.3(a))。若阳极相不能钝化,则表面上疏松堆积着的阴极相不但不能降低腐蚀速度,反而加速合金腐蚀。例如灰口铸铁或高碳钢在硫酸中腐蚀时,表面铁素体腐蚀掉了,而石墨或碳化物留在合金表面上疏松地堆积着,将加速合金腐蚀。同样硬铝腐蚀时,θ 相($CuAl_2$)在表面富集,也导致合金腐蚀加速。只有在阳极性基体能够钝化的条件下,疏松堆积的阴极相可促进基体金属钝化,使腐蚀速度降低。例如灰口铸铁在浓硝酸中的耐蚀性比纯铁还高。

(2)合金基体为阴极,少量的第二相或夹杂物为阳极

腐蚀一段时间后,合金表面阳极相被溶解掉,使合金表面变成完全由稳定相组成的连续层(图10.3(b)),合金耐蚀性提高了。例如,Al-Mg 及 Al-Mg-Si 合金,其第二相分别为 Mg_2Al_3 及 Mg_2Si,作为阳极相,基体为阴极相。因此它们在海水中的耐蚀性比 Al-Cu 合金高。再如,含质量分数 10%(Ta+Nb)的钛合金,在100℃的质量分数5%盐酸中腐蚀时,基体 α 相为阳极,第二相为阴极,合金不耐蚀;但当钛中含质量分数 20% 以上的(Ta+Nb)时,基体相为耐蚀的 β 相,第二相 α 相为阳极相,合金的耐蚀性则明显提高了。

(a) 合金基体 A 为阳极,第二相 C 为阴极　　(b) 合金基体 C 为阴极,第二相 A 为阳极

图 10.3　多相合金表面腐蚀结构示意图

4.表面富集耐蚀组分形成完整结晶层理论

这是解释固溶体耐蚀性的一种学说。要点是,固溶体合金的腐蚀常是一种元素优先溶解,因而合金表面相对富集了另一种元素,这种富集的元素在给定腐蚀条件下是热力学稳定或易钝化而耐蚀的,这些元素的原子如果能通过表面扩散或体积扩散重结晶成一层极薄完整的表面层,就可显著提高合金的耐蚀性。这种理论是以固溶体组元选择性溶解为基础的,即认为固溶体合金表面上存在着原子级的电化学不均匀性,具有位置变换不定的亚微观(原子级)的阴极和阳极,从而导致选择性溶解。阳极性原子进入溶液;阴极性原子通过表面扩散迁移到晶核处,结晶出由此耐蚀组元的原子构成的阴极相,或者依靠体积扩散造成比合金原始成分更富集的耐蚀合金层。如 Cu-Au 合金腐蚀时,合金表面富集金原子。Cu-Ni 合金腐蚀时,表面富集着给定腐蚀条件下的较耐蚀的组分原子。

固溶体合金腐蚀时,表面富集耐蚀元素是否能提高合金耐蚀性,在于耐蚀组分的原子能否通过表面扩散或体积扩散重结晶出独立的相而完整地覆盖在合金表面。如果能形成完整的耐蚀元素结晶层,则可提高耐蚀性;反之,如果耐蚀元素不能重结晶成完整层,则成为阴极相,这时不但不能提高耐蚀性,反而加速腐蚀。如 β 黄铜的脱锌腐蚀。

5.表面富集阴极性合金元素促使阳极钝化的理论

对于用阴极性合金元素促使阳极钝化的耐蚀合金来说,阴极性合金元素的加入质量分数极少(<1%,一般为 0.2%~0.5%),但当合金实现阳极钝化时,在合金表面上却富集着比平均含量高得多的阴极性合金元素。如经中子辐射 Pb 质量分数 0.1% 的 Ti-Pd 合金试样,在沸腾的质量分数 5%HCl 中腐蚀 30 min 后,合金表面上的 Pd 比合金中平均含量高 75~100 倍。这说明只有在合金表面上富集了一定数量的阴极性合金元素后,才能促使阳极钝化,并导致腐蚀速率显著降低。

对加入阴极性合金元素的高铬不锈钢的研究也证实了这一点。如图 10.4 所示,加入质量分数 0.7% Pd 的 Cr27 不锈钢开始腐蚀时,耐蚀性还不如未加 Pd 的钢,只是在 7 min 以后腐蚀才停止下来。电势-时间曲线与此完全对应。腐蚀开始时,加质量分数 0.7% Pd 的钢其电势向正方向移动很少,7 min 后突然增大。这说明,开始阶段的剧烈腐蚀为 Pd 在表面上

的富集创造了条件。当 Pd 量富集到一定数量后,在强阴极性元素 Pd 的作用下,腐蚀电流增大到临界钝化电流密度使阳极钝化。未加 Pd 的 Cr27 钢,电势几乎不随时间而变,腐蚀以等速进行。

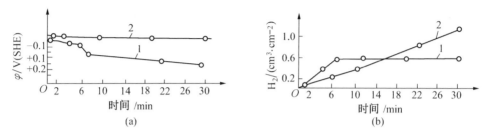

图 10.4 铬钢在 18℃ 的 30% H_2SO_4 中的电势 – 时间曲线(a)和腐蚀量 – 时间曲线(b)
1—含质量分数 0.7%Pd 的 Cr27 钢;2—不加 Pd 的 Cr27 钢

强阴极性合金元素富集于表面,一般不须生成完整的表面层即可使阳极钝化。Cr25 不锈钢加质量分数 0.5%Pd,经 25℃ 的质量分数 10%H_2SO_4 腐蚀 2、3 和 10 min 后,电子显微镜观察表明,Pd 是以细小分散的颗粒富集在钢表面上,因此,富集在合金表面的阴极性合金元素,其作用机理不是覆盖作用,而是电化学作用,但也不完全排除生成完整的薄覆盖层的可能性。

6.贵金属元素表面富集机理

贵金属元素表面富集机理有两种。一种是贵金属组元与电势较低的组元一起,以离子的形式溶入溶液,但由于贵金属离子的析出电势高于固溶体的腐蚀电势,因此贵金属离子在合金表面上第二次电化学析出(电结晶)。例如,Pb 质量分数为 0.2% 的 Ti – Pd 合金在酸液中腐蚀时表面富集 Pd,是由于 Pd 随 Ti_2Pd 的溶解而进入溶液,然后溶液中的 Pd^{2+} 离子通过电化学方式在合金表面析出。第二种机理是电势较低的组元原子的选择性溶解,使贵金属组元在表面上逐渐积累,这样在合金表面薄层内可发生合金组元原子的体积相互扩散。因为表面扩散速度远大于体积扩散速度,结果,贵金属组元的原子能够重新结晶出自己的纯金属相。对于 Au 质量分数为 10% 的 Cu – Au 合金在 0.5 mol·L^{-1} $CuSO_4$ + 0.05 mol·L^{-1} H_2SO_4 溶液中以及 Cu – 30%Zn(原子)合金在 pH = 5 的 0.5mol·L^{-1} $ZnSO_4$ 溶液中(23℃)溶解时的研究指出:在这些合金的腐蚀电势下(Cu – Au 合金为 1.1V,Cu – Zn 合金为 – 0.3V),CuAu 合金未发现有金离子转入溶掖,CuZn 合金也未发现有铜离子转入溶液中,说明此溶解过程遵循电势较低的组分原子选择性溶解机理。

7.形成致密的腐蚀产物膜

若加入的合金元素能促使合金表面形成致密的、电阻大的腐蚀产物膜,则可有效地阻滞腐蚀过程的进行。致密腐蚀产物膜的形成机理及合金化的影响随腐蚀体系而异。

在大气中,普通钢表面所形成的锈层保护性不大,而加入 Cu、P、Cr 等合金元素的耐候钢的锈层具有很好的保护作用。这类钢受大气腐蚀时,先是铁以 $FeOH^+$ 形式溶解出亚铁离子,然后被空气氧化,生成 γ – FeOOH;其后随湿气膜或水膜中电解质溶液的 pH 值降低,γ – FeOOH 溶解,逐渐生成非晶态羟基氧化铁[$FeO_x(OH)_{3-2x}$]沉淀,或 α – FeOOH。

锈层结构分析表明,虽然耐候钢与普通钢锈层都同样由 γ – FeOOH、α – FeOOH、Fe_3O_4 组成,但耐候钢的锈层与金属基体间有 50 ~ 100 μm 厚的非晶态的尖晶石型氧化物层,该层中富集有合金元素 Cr、Cu、P。由图 10.5 可见，普通钢锈层中有相当多的 FeOOH 直接与基体接触，而耐候钢锈层中则有一层与基体金属附着性好、致密、富集合金元素的非晶态内层，这是耐候钢抗蚀性提高的主要原因。这一内层含有较多结晶水，它能促进锈层颗粒间的凝聚，当大气干湿交替或温度变化时，对锈层颗粒间的

图 10.5　耐候钢与普通钢的锈层比较

体积变化起缓冲作用，不易产生裂纹。结晶水的存在可使腐蚀溶解下来的铁离子能够生成 $\gamma - FeOOH$，甚至形成非晶态羟基氧化铁或 $\alpha - FeOOH$，这就修补了锈层的缝隙和孔，使锈层变成致密的耐大气腐蚀的锈层。

　　在大气腐蚀条件下，若在合金中加入铜和磷时，铜是阴极去极化剂，磷是阳极去极化剂，它们能加速钢的均匀溶解和 Fe^{2+} 的氧化速度，有助于钢表面上形成均匀的 $\gamma - FeOOH$ 锈层，促进非晶态羟基氧化铁致密保护膜的生成。铬和磷同时加入钢中，也有助于生成含结晶水的非晶态羟基氧化铁保护膜，在干湿交替与 SO_2 气氛作用下，能促成生锈反应，加快稳定的耐大气腐蚀锈层的形成。

10.2　铁和钢的耐蚀性

一、铁的耐蚀性特点

　　这里所说的"铁"，是泛指工业纯铁、低碳钢和部分铸铁，其耐蚀性特点是相对其他铁合金和非铁金属而言的，铁在大气、天然水、土壤等自然环境中的耐蚀性差，远不如铝、钛、锌、铬、镉等金属，其可能原因是：

　　① 铁及其氧化物上的氢过电势低，在酸性天然水中易发生析氢腐蚀（而 Zn 和 Cd 的氢过电势则较高）。

　　② 铁及其氧化物上氧离子化过电势低，也容易发生吸氧腐蚀。

　　③ 铁锈层和 Fe^{3+} 可作为阴极去极化剂，加速铁的腐蚀，在阴极上

$$Fe_3O_4 + H_2O + 2e \longrightarrow 3FeO + 2OH^-$$

$$Fe^{3+} + e \longrightarrow Fe^{2+}$$

溶液中的 Fe^{2+} 又可被氧化成 Fe^{3+}。

　　④ 碳钢和铸铁中的石墨和渗碳体 Fe_3C 是高效率的微阴极，可加速铁的腐蚀。如灰口铸铁在酸性水溶液中的腐蚀速度相当高。

　　⑤ 铁的腐蚀产物的保护性能很差，可能是初步形成较易溶解的 $Fe(OH)_2$ 所致。

　　⑥ 铁易形成差异充气电池，引起缝隙腐蚀，也加剧了土壤中的局部腐蚀。

　　⑦ 铁在自然条件下的钝化能力差。

　　铁在各种电解质中的腐蚀随介质而异。在氧化性和非氧化性酸中的腐蚀规律也不同，见表 10.1，这些规律在很大程度上也适用于其他金属。金属在酸中腐蚀时，若阴极过程只限于 H^+ 离子的去极化过程，这种酸称为氧化性酸；如果主要阴极极化过程是酸的阴离子或其本身作为氧化剂的还原过程，则称这种酸为非氧化性酸。当然，有时很难把某种酸划归为

氧化性酸或非氧化性酸,它们可能随浓度变化而不同。例如,硝酸是典型的氧化性酸,但当其浓度不高时,对铁或一些其他金属的作用与非氧化性酸一样。硫酸通常视为非氧化性酸,但当高浓度时,也象氧化性酸一样对铁作用。因此,只有在给定浓度、温度和金属的腐蚀电位下,才能判断是否是氧化性酸。盐酸是非氧化性酸,含有活性阴离子 Cl^-,铁在盐酸中易受腐蚀。腐蚀速度随盐酸浓度增大呈指数关系上升(图 10.6)。随温度升高腐蚀速度也按指数规律增加(图 10.7)。

铁在硫酸中的腐蚀速度与硫酸浓度呈"双峰"规律,如图 10.8 所示,当硫酸质量分数在 47%～50%(重量)时达到最大值,这相当于活度的极大值(pH 极小值)。随着质量分数 100%H_2SO_4 中过剩的 SO_3 的出现及含量的增高,腐蚀速度又重新增大,过剩 SO_3 质量分数为 18%～20% 时,出现第二个极大值,当 SO_3 含量继续增加时,腐蚀速度又下降了。铁在稀 HF 酸中(质量分数达 48%～50%HF)腐蚀很快。而在较浓的溶液中(质量分数 60%～95%HF)铁是稳定的。这时可用铁桶运输 HF 酸,不过铁桶应先在质量分数 58%HF 溶液中处理48 h。铁在稀硝酸中,随浓度增加腐蚀速度增大;但当硝酸质量分数 50% 时,铁变为钝态,此时铁的电势近似等于铂的电势。对铁腐蚀最强烈的有机酸是草酸、蚁酸、醋酸和柠檬酸;但比等浓度的无机酸要弱得多。铁在有机酸中的腐蚀速度随氧的通入及温度升高而加快。

表 10.1　铁在氧化性和非氧化性酸中腐蚀规律的比较

主要变化因素	非氧化性酸	氧化性酸
1.酸浓度增大	金属腐蚀速度随之增大	溶解速度先升后降(因钝化)
2.主要阴极去极化过程	H^+ 离子的还原	酸根离子(氧化剂)的还原,如 $NO_3^- + 2H^+ + 2e \longrightarrow NO_2^- + H_2O$
3.氧通入的速度增加	腐蚀加速,酸浓度低时尤为明显(氧去极化影响)	氧对腐蚀几乎无影响(因高浓度氧化性为主要去极化剂)
4.活性阴离子(如 Cl^-)浓度增加	影响不大(因金属处于活化状态)	可能使金属从钝态转向活化态而使腐蚀加剧
5.合金中阴极性杂质增加	腐蚀速度随阴极性杂质面积增大而成比例地增大	无影响(扩散控制)或促使合金由活化转入钝化使腐蚀速度降低

图 10.6　铁在盐酸中腐蚀

图 10.7　铁在盐酸中腐蚀速度与温度的关系

图 10.8　铁在20℃时的溶解速度与硫酸浓度之间的关系

184

在常温下,当溶有氧的水中 NaOH 质量分数量在 1% ~ 30% 时,铁和钢都十分稳定。NaOH 浓质量分数高于 30% 时,随碱的浓度和温度升高,铁腐蚀加速。

当拉应力接近屈服点时,钢在浓碱,甚至在稀而热的碱溶液中可发生应力腐蚀断裂——碱脆。铁在氨溶液中是稳定的,但在热而浓的氨溶液中,铁被缓慢的腐蚀。

二、碳钢的耐蚀性

碳钢在强腐蚀介质、大气、海水、土壤中都不耐蚀,需采取各种保护措施,但碳钢在室温的碱或碱性溶液中是耐蚀的。当水溶液中 NaOH 含量超过 $1 \ g \cdot L^{-1}$ 时($pH > 9.5$),有氧存在下,碳钢的耐蚀性很好。但在浓碱溶液中,特别在高温下,碳钢不耐蚀。

碳钢的基本组成为铁素体和渗碳体(Fe_3C)。铁素体的电势比渗碳体低,在微电池中作为阳极而被腐蚀,渗碳体为阴极,它在钢中的含量及分布对碳钢的腐蚀有很大影响。

在非氧化性酸中,含碳量愈高,腐蚀速度愈大(图 10.9)。因为钢中含碳量增高,渗碳体增多,形成的微电池多,从而加速了腐蚀。在氧化性酸中,含碳量增加,开始腐蚀速度增高,当含碳量达一定量时,腐蚀速度下降(图 10.10)。高碳钢的腐蚀速度比低碳钢低的原因,就是因为阴极相渗碳体促进了铁的钝化。在大气、淡水和海水等中性或极弱酸性水溶液中,碳含量对碳钢的腐蚀速度影响不大。在这类溶液中以氧去极化为主,影响腐蚀速度的主要因素是表面保护膜的性能及溶液中氧到达阴极表面的难易,与钢中碳含量关系不大。

图 10.9 碳钢在 25℃、20% 硫酸溶液中的腐蚀速度与含碳量的关系

图 10.10 铁碳合金在 25℃、30% 硝酸溶中的腐蚀速度与含碳量的关系

三、低合金钢的耐蚀性

低合金钢通常指碳钢中加入合金元素总量低于 5% 左右的合金钢。为了不同的目的,现在已研制生产了各种耐蚀低合金钢。诸如耐候钢、耐海水腐蚀钢、耐高温高压氢和氮腐蚀的钢以及耐硫化物应力腐蚀开裂的合金钢等。

合金元素的加入,使表面在浸蚀过程中形成了致密而附着性好的保护性锈层。外锈层由 $\gamma - Fe_2O_3$、$\alpha - FeOOH$、$\gamma - FeOOH$ 和 $\beta - FeOOH$ 组成;中锈层有较多的 Fe_3O_4 及 α、γ、$\beta - FeOOH$;而内锈层的结构随合金不同有三种看法:1.内锈层为 $\alpha - FeOOH$ 粒度小的微晶(约 30 nm);2.形成结晶程度低、晶粒细微的 Fe_3O_4 结构;3.阻挡层的 80% 是 $\beta - FeOOH$。这三种看法都确认上述合金元素在内锈层(阻挡层)中有合金元素的富集作用,甚至在蚀坑内的锈层中富集,因而对局部腐蚀的发展有阻滞作用。

10.3 不锈钢的耐蚀性

一、不锈钢的种类及一般耐蚀性

在空气中耐蚀的钢称"不锈钢";在各种侵蚀性较强的介质中耐蚀的钢称为"耐酸钢"。通常把不锈钢和耐酸钢统称为不锈耐酸钢,简称"不锈钢"。可按成分、组织和用途进行分类:

① 按成分分为铬钢、铬镍钢、铬锰钢等。

② 按组织分为奥氏体钢、铁素体钢、马氏体钢及奥氏体、铁素体双相钢等。

③ 按用途可分为耐海水腐蚀、耐点蚀、耐应力腐蚀及耐硝酸不锈钢等。

图 10.11 为按组织分类的不锈钢合金化示意图。

图 10.11 按组织分类的不锈钢的合金化示意图

不锈钢的"不锈"和耐蚀是相对的。在有些介质条件下它是不锈的、耐蚀的,但在另一些条件下可能遭到腐蚀,因此没有绝对耐蚀的不锈钢。

如普通不锈钢,若将其放到中等浓度的热硫酸中,其腐蚀电势处于阳极极化曲线的活性溶解电势区(图 10.12),钢将受到强烈的全面腐蚀。当在浓硝酸中,其腐蚀电势进入过钝化区(图中 φ_{tp}),钝态遭到破坏,钢也受到强烈的全面腐蚀。当存在晶界贫铬区时,在一定的介质中,不锈钢可发生晶间腐蚀。在拉伸应力作用下,在特定的介质中,不锈钢可发生应力腐蚀断裂。发生应力腐蚀断裂的电势一般处于活化 – 钝化或钝化 – 过钝化的过渡区。普通不锈钢在海水中,当腐蚀电势达到点蚀电势 φ_{br},钝化膜局部破坏,将引起不锈

图 10.12 不锈钢腐蚀形态与腐蚀电位示意图

钢发生点蚀。可见,不锈钢并不是在任何情况下都耐蚀。因此,要根据使用条件正确选材,或对普通不锈钢进行特殊的合金化,或控制环境,使其在相应条件下的腐蚀电势进入稳定的钝化区,使钢耐蚀。

虽然高铬铁素体钢发展较早,且屈服强度比奥氏体不锈钢高、导热系数较大、成本较低,但由于其脆性较大,特别是焊接后因热影响区晶粒粗化而易引起脆性,耐点蚀性能差,对缺口敏感性高等缺点,因此其应用范围远不如 Cr – Ni 奥氏体不锈钢广泛。

铁素体不锈钢可分为 Crl3 型、Crl6 – 19 型和 Cr25 – 28 型三种。随 Cr 含量增加,其耐氧化酸腐蚀的能力和抗氧化性均增高。在硝酸等氧化性介质中,铬铁素体不锈钢与同等 Cr 含量的 Cr – Ni 奥氏体不锈钢耐蚀性相近,但在还原性介质中,则不如 Cr – Ni 钢。铁素体铬不锈钢在加 Mo 以后耐蚀性有所改善,例如 Cr18Mo2Ti 钢,不仅有优良的耐应力腐蚀性能,且有较好的耐点蚀和耐海水腐蚀性能。高铬铁素体不锈钢中加入 0.2% ~ 0.5%Pd,可大大提高其在盐酸和中等浓度热硫酸中的耐蚀性。

马氏体不锈钢除含有较高的铬(13 ~ 18%Cr)和较高的碳(0.1 ~ 0.9%C),在正常淬火温度下是纯奥氏体组织,冷却至室温则为马氏体组织。随着钢中含碳量增加,此类钢强度、硬度及耐磨性均显著提高,而耐蚀性则下降。因此这类钢主要用来制造机械性能要求较高并兼有一定耐蚀性的器械及零件。9Cr18,9Cr18MoV 等属过共析钢,主要用于制造医用夹持器械和量具等。1Cr13、2Cr13、Cr17Ni2 通常认为是能耐大气及水蒸气腐蚀的不锈钢,但不作耐酸钢使用。为了提高 Cr13 型不锈钢耐蚀性能与机械性能,大多是在调质状态下使用。此类钢可在海洋大气及飞溅区使用,但不宜用于海水全浸条件及潮汐区。因在此条件下,铬不锈钢表面钝化所需氧供应不足,以致产生较严重的均匀腐蚀和孔蚀,它对硫酸、盐酸、热磷酸、熔融碱等的腐蚀性较差。

为提高马氏体不锈钢的耐蚀性,可提高 Cr 含量,但需相应提高含 C 量,才能获得马氏体组织,用 Ni 代替 C 可获得同样效果。因此 Cr17Ni2 便成为耐蚀性较好的马氏体钢,它在海水、硝酸等介质中的耐蚀性比 Cr13 型钢好,可做氧化氮压缩机转子的轴、叶轮和叶片等。

奥氏体不锈钢是以 18 – 8 型铬镍钢为基础发展起来的,应用最广。18 – 8 型不锈钢约占奥氏体不锈耐酸钢的 70%,占全部不锈耐酸钢的 50%。为了提高耐蚀性,18 – 8 型钢中常加

入 Ti、Nb、Mo、Si 等铁素体形成元素,并提高铬含量,降低碳含量。但这些元素都能缩小 γ 相区,为了使 Cr–Ni 钢保持奥氏体组织,钢中含镍量应不少于按下列经验公式计算的数值

$$Ni = 1.1(Cr + Mo + 1.5Si + 1.5Nb) - 0.5Mn - 30C - 8.2$$

式中 Ni、Cr、Mo、Si、Nb、Mn、C 分别表示相应元素在钢中的含量(%)。当钢中含镍量小于此式的计算值时,钢的组织中除奥氏体外还会出现 δ 铁素体。铬镍奥氏体钢中的镍,可用锰或氮部分或全部代替,氮的镍当量与碳一样都是30。奥氏体不锈钢具有优良的综合机械性能和加工性能。

奥氏体不锈钢化学成分的主要发展演变过程如图 10.13 所示。奥氏体不锈钢全面腐蚀的性能,主要取决于钢中 Cr、Ni、Mo、Si、Pd 等合金元素的含量。一般不锈耐酸钢只耐稀的和中等浓度的硝酸腐蚀,而不耐浓硝酸腐蚀。这是因为在浓硝酸中钢处于过钝化电势下,发生

图 10.13　奥氏体不锈耐酸钢的发展演变

过钝化溶解。在这种强氧化介质中能提高钢的耐蚀性的合金元素是硅,各种奥氏体不锈钢中加入硅,都能使钢的腐蚀速度随钢中硅含量的增加而急剧下降。如我国研制的0Cr20Ni24Si4Ti,日本的 NAR – SN1 钢(00Cr18Ni14Si4 钢)都能耐浓硝酸腐蚀。

一般不锈耐酸钢只耐稀硫酸腐蚀,钢中加入铝、铜、硅可降低腐蚀速度,因而可扩大其应用范围。性能较好的耐硫酸腐蚀用的奥氏体不锈钢是 0Cr23Ni28Mo3Cu3Ti 钢。对于腐蚀条件非常苛刻的热硫酸,则需采用镍合金,如 Ni70Mo27V 合金。

Cr – Ni 奥氏体不锈钢在碱液中的耐蚀性相当好,且随钢中 Ni 含量升高耐蚀性增强。在中等腐蚀性介质中,约含质量分数 18% Cr 的 Cr – Mn – N 和 Cr – Mn – Ni – N 钢的耐蚀性与18 – 8 钢相同,但在强腐蚀介质中则不如 18 – 8 钢。铁素体 – 奥氏体双相不锈钢具有良好的耐应力腐蚀、晶间腐蚀和点蚀性能。用各种精炼方法降低钢中 C、N、S、O 等非金属夹杂,可显著改善不锈钢的耐蚀、加工和焊接性能。

二、不锈钢的晶间腐蚀

含碳质量分数大于 0.03% 的奥氏体不锈钢,在 450 ~ 750 ℃范围内加热一定时间(敏化处理)后,碳化物(主要是 $Cr_{25}C_6$)沿晶界析出,形成连续的贫铬区,在弱氧化性介质中很容易引起晶间腐蚀。正如 6.6 节中所讨论的那样,这种晶间腐蚀机理称为贫铬论。实际上,随钢的成分、介质和电势的不同,奥氏体不锈钢的晶间腐蚀机理也不相同。如上所述,在弱氧化性介质中(活化 – 钝化过渡电势区)普遍发生的晶间腐蚀的机理为贫铬论;低碳(≤质量分数0.03% C)或超低碳奥氏体不锈钢在 650 ~ 850 ℃受热后,在强氧化性介质中(过钝化电势区)的晶间腐蚀通常是由于沿晶界析出的 σ 相(FeCr)的选择性溶解;超低碳 18Cr – 9Ni 钢在1 050 ℃固溶处理后,在强氧化性介质中出现的晶间腐蚀则认为是 P 或 Si 沿晶界吸附(偏析)引起的。

奥氏体不锈钢中碳含量愈高,晶间腐蚀倾向愈严重。防止晶间腐蚀的有效措施是改变钢的化学成分,如钢中加入足够的碳化物形成元素钛和铌。据统计,钛含量高于碳含量 5.8倍,可防止晶间腐蚀。降低钢中碳含量,如质量分数小于 0.02% 可避免晶间腐蚀。但从实际应用考虑,应根据钢可能经受的敏化加热时间长短,合理地选用含碳量较低的不锈钢。若受热时间较长,或严格要求避免晶间腐蚀,则应选用低含碳量的不锈钢。此外,还可采用改变介质的腐蚀性、电化学保护、避免在敏化温度范围内受热等措施。

对于铁素体不锈钢,引起和消除其晶间腐蚀敏感性的热处理工艺与奥氏体不锈钢不同,甚至相反。例如,铁素体不锈钢自 900 ℃以上高温区快速冷却(淬火或空冷),有晶间腐蚀倾向,而在 700 ~ 800 ℃退火则可消除晶间腐蚀倾向。这两类不锈钢产生晶间腐蚀倾向的条件虽不相同,但机理一样,都是由于晶界析出铬的碳、氮化合物,引起晶界贫铬区的结果。C、N在铁素体不锈钢中的固溶度比在奥氏体不锈钢中小得多,且 Cr 原子在铁素体中的扩散速度比在奥氏体中大两个数量级,因此,即使自高温快冷,铬的碳或氮化物仍能在晶界析出。如冷却速度较慢或中温退火,由于 Cr 由晶内向晶界扩散可消除贫铬区,从而使钢的晶间腐蚀倾向降低。铁素体不锈钢产生晶间腐蚀倾向的碳化物主要是 $(Cr,Fe)_7C_3$ 型,而引起奥氏体晶界贫铬的碳化物为 $(Cr,Fe)_{23}C_6$。

三、不锈钢的应力腐蚀断裂

引起奥氏体不锈钢发生应力腐蚀的介质很多,如氯化物溶液(特别是 80 ℃以上高浓度氯化物水溶液)、纯水(尤其是 150～350 ℃高温高压水)、浓热碱液、连多硫酸、硫化氢水溶液等。其中饱和 $MgCl_2$ 沸腾溶液常用于检验奥氏体不锈钢应力腐蚀断裂(SCC)敏感性。

Cr-Ni 奥氏体不锈钢的钝化膜主要是 Cr^{3+} 的氧化物和少量 Ni 的氧化物,在氯化物溶液中保护性能较差,容易在应力和应变作用下遭到破坏。奥氏体不锈钢在热浓氯化物中的穿晶应力腐蚀断裂多发生在钝化-过钝化过渡电势区,应力腐蚀裂纹并不起始于点蚀。显然钝化膜的破坏与这一电势区内膜的不稳定和在应力作用下发生的滑移有关。奥氏体不锈钢具有面心立方结构,滑移主要限于(111)面,因此变形时易出现层状位错结构,即位错呈平行紧密排列的结构,不易交叉滑移。这种层状位错将在基体与膜的界面处塞积,位错塞积的端部产生很大的应力集中,致使表面膜破裂,且易形成大的滑移台阶,显微观察可达 0.5 μm,于是产生了裸露的新鲜表面。新鲜金属表面与膜之间存在电势差,引起裸金属的溶解,随后裸金属可发生再钝化。滑移 – 溶解 – 再钝化,如此反复进行,导致裂纹不断扩展。

实验表明,在一定的应变速率范围内,应力腐蚀最敏感。因此人们认为,裂纹形核和扩展是由滑移台阶生成的速度 v_s、滑移台阶溶解速度 v_d 和表面膜修复(再钝化)速度 v_r 的相对关系决定的,即在 $v_s \approx v_d \approx v_r$ 时发生。一般 v_d、v_r 较小,故 v_s 较低时,即在较慢的应变速率下容易发生应力腐蚀。如果 $v_s \gg v_d$ 或 $v_s \ll v_r$ 时,易发生纯机械破坏;如果 $v_d \gg v_s$ 或 $v_d \gg v_r$ 时,则易发生全面腐蚀或点蚀。由于裂纹尖端应力集中,破坏了脆性膜,并阻滞钝化膜的再形成,从而使尖端快速溶解,而裂纹两侧(非屈服)仍保持钝态。裂纹的扩展是与裂纹尖端迅速屈服、裂纹尖端附近溶液的酸度急剧升高及闭塞区内所进行过程的自催化性质有关。此外,奥氏体不锈钢在沸腾 $MgCl_2$ 溶液中的裂纹扩展速度与所测得的电流呈直线关系,证明裂纹扩展是阳极溶解的结果。

铁素体不锈钢耐氯化物应力腐蚀性能比奥氏体不锈钢高得多。这是由于铁素体不锈钢为体心立方结构,其中(112)、(110)和(123)晶面都容易滑移,易形成网状位错结构,不易形成线状蚀沟,因此难于发生穿晶断裂。由于它容易产生交叉滑移,不致造成粗大滑移台阶,因而应力腐蚀敏感性小。但是铁素体不锈钢可发生起源于晶间腐蚀或点蚀的应力腐蚀。由晶间腐蚀引起的铁素体不锈钢的应力腐蚀,可通过向钢中加入 Ti 或 Nb 来防止。铁素体不锈钢中加 Ni,其耐氯化物应力腐蚀能力下降。此外,冷变形会增加铁素体不锈钢的应力腐蚀敏感性。

四、不锈钢的点蚀和缝隙腐蚀

奥氏体不锈钢的点蚀和缝隙腐蚀常发生在氯化物溶液中,可对管道、容器造成很大的危害,甚至引起穿孔。虽然它们的腐蚀机理不同,但通常都具有大面积的阴极和极小的阳极区,而且在腐蚀进展过程中都存在闭塞电池的自催化效应。

介质中 Cl^- 离子浓度对点蚀影响很大。随 Cl^- 离子浓度增高,18 - 8 钢的点蚀电势降低

$$\varphi_{br} = 0.168 - 0.088\lg[Cl^-]$$

随 pH 降低和温度升高,不锈钢的点蚀电势也降低,即易发生点蚀。缝隙腐蚀也随 pH 降低和 Cl^- 离子浓度升高而加速,这两种腐蚀都可用电化学保护来防止。阴极极化到低于保护电势(再钝化电势)φ_{rp},高于 Flade 电势 φ_F 下的电势区内,就可使不锈钢既不产生点蚀,也不发生缝隙腐蚀。在氯化物溶液中加入 NO^{3-}、OH^- 等缓蚀剂也可防止不锈钢点蚀。抑制碳化物析出、减少硫化物夹杂、生产高纯不锈钢等措施都有利于减轻点蚀和缝隙腐蚀。通常

合金元素 Cr、Mo、N、Si、Ni 能有效提高奥氏体不锈钢的耐点蚀性能,而 C、Ti、Nb 有害。合金元素 Mo、Cu 能改善奥氏体不锈钢耐缝隙腐蚀的性能。

普通铁素体不锈钢的耐点蚀性能不高。因为钢中 C、N 及杂质元素,特别是非金属夹杂对耐点蚀有害。实验证明,局部腐蚀最易起源于非金属夹杂物周围。高纯度铁素体不锈钢的耐点蚀和耐缝隙腐蚀性能随钢中 Cr、Mo 含量增加而增高。

10.4　铜及铜合金的耐蚀性

一、铜的耐蚀性特点

铜属半贵金属。对于反应 Cu $\longrightarrow$ Cu^{2+} + 2e 和 Cu $\longrightarrow$ Cu$^+$ + e 的标准电势分别为 + 0.34V(SHE) 和 + 0.52V(SHE),因此,多数情况下铜在溶液中形成 Cu^{2+} 离子。因铜的电势比标准氢电极电势高,而比氧电极的标准电势低,因此,铜在一般水溶液中不会发生析氢腐蚀,而可发生氧去极化腐蚀。例如,当酸、碱中无氧化剂存在时,铜耐蚀;但若其中含氧化剂,则铜发生腐蚀。浓硫酸是氧化酸,可使钢耐蚀,但却使铜腐蚀。铜的钝化能力很弱,但在浓而冷(- 10℃)的 HNO$_3$ 中是耐蚀的。铜在弱的和中等浓度的非氧化性酸(HCl、H$_2$SO$_4$、醋酸、柠檬酸)中相当稳定。但当溶液中含有氧化剂(如 HNO$_3$、H$_2$O$_2$),通入氧气或空气,则铜及其合金的腐蚀显著被加速。铜在氧化性酸(如 HNO$_3$)中被腐蚀,铜也不耐 H$_2$S 腐蚀。铜在含氧酸中腐蚀时,氧化膜溶解,生成 Cu^{2+} 离子,在含氧碱中腐蚀时,氧化膜溶解,生成 CuO$_2^{2-}$ 离子。

铜的络合离子的形成可降低铜的电势,从而加速铜的腐蚀。因此在含 NH$_3$、NH$_4^+$ 或 CN$^-$ 的介质中,因形成铬离子而加速铜的腐蚀。若溶液中含氧或氧化剂时腐蚀更严重。

铜耐大气腐蚀,一方面因其热力学稳定性高,另一方面长期暴露在大气中,铜表面先生成 Cu$_2$O,然后逐渐生成 CuCO$_3$·Cu(OH)$_2$ 组成的天然孔雀石型的保护膜。在工业大气中可生成 CuSO$_4$·3Cu(OH)$_2$,在海洋大气中生成 CuCl$_2$·3Cu(OH)$_2$。铜耐海水腐蚀,腐蚀率约 0.05 mm·a^{-1}。此外,铜离子有毒,使海生物不易粘附在铜表面,可避免海生物腐蚀。因此常用来制造在海水中工作的设备或零件。当海水流速很大时,铜的腐蚀由于保护膜难于形成以及高速海水的冲击、摩擦作用,而被加速了。

二、黄铜的耐蚀性

黄铜即为 Cu – Zn 合金,有的也加入 Sn、Al、As 等合金元素。Zn 的质量分数低于 39% 的黄铜为单相固溶体,称为 α 黄铜;Zn 的质量分数在 39% ~ 47% 的黄铜为 α + β 复相黄铜;Zn 的质量分数在 47% ~ 50% 的黄铜为 β 黄铜。黄铜具有良好的塑性,是工业上常用的变形结构材料。表 10.2 列出几种常见的铜及铜合金的牌号、成分、性能和主要用途。

黄铜在大气中腐蚀很慢,在淡水中腐蚀速度也较小(0.002 5 ~ 0.025 mm·a^{-1}),在海水中腐蚀稍快(0.007 5 ~ 0.1 mm·a^{-1}),当溶液中含 Cl$^-$、I$^-$、O$_2$、CO$_2$、H$_2$S、SO$_2$ 和 NH$_3$ 时,黄铜的腐蚀速度显著增加,黄铜在含 Fe^{3+} 的溶液中极易腐蚀,在 HNO$_3$ 和 HCl 溶液中腐蚀严重,在 H$_2$SO$_4$ 溶液中腐蚀较慢,在 NaOH 溶液中则耐蚀。黄铜的耐冲击腐蚀性能比纯铜高,常用于制造冷凝器管。

在 Cu – Zn 基础上加入 Sn、Al、Mn、Fe、Ni、Si 等元素冶炼出的特殊黄铜,其耐蚀性比普通黄铜好。如锡黄铜可显著降低脱锌腐蚀并提高耐海水腐蚀性,铝黄铜可提高耐磨性,并大大降低了在流动海水中的腐蚀;海军黄铜中含有约质量分数为 0.5% ~ 1.0% 的 Mn,可提高强度,并有很好的耐蚀性。

表 10.2 常见的铜及铜合金牌号、成分和耐蚀性

合金名称	牌号	主要化学成分/%		耐蚀性能	主要用途
		Cu	其它元素		
一号铜	T1	> 99.95			电线
一号无氧铜	TU1	> 99.97		耐蚀性好	真空器件
磷脱氧铜	TUP	> 99.95	P0.01/0.04		热交换器管、油管等
62 黄铜	H62	60.5/63.5	余 Zn	强度高,耐蚀性好,有季裂倾向	销钉,垫圈等
68 黄铜	H68A	67/70	余 Zn As 0.03/0.06	强度、塑性均好,耐蚀性好	散热器外壳,波纹管等
铝黄铜	HA177 – 2 加砷	76/79	Al 1.75/2.5 As 0.03/0.06 余 Zn	耐蚀性良好	电厂冷凝管
锡黄铜	HSn 70 – 1 加砷	68/71	Sn 1.0/1.5 余 Zn	海水中耐蚀性良好	船舶、电厂冷凝管
锡青铜	QSn4 – 3	余	Sn3.5/4.5 Zn2.7/3.3	大气、淡水及海水中有良好的耐蚀性	弹性元件等
铝青铜	QAl9 – 2	余	Al8/10 Mn1.5/2.5	力学性能及耐蚀性均好	250℃以下工作的海轮零件
硅青铜	QSi3 – 1	余	Si2.5/3.5 Mn1.0/1.5	大气、淡水和海水中耐蚀性良好	弹簧零件
铍青铜	QBe2	余	Be1.9/2.2 Ni0.2/0.5	耐蚀、耐磨、弹性好	重要弹性元件
白铜	B10	余	Ni9/10,Fe1.5	耐海水腐蚀	船用冷凝器
白铜	B30	余	(Ni + Co)29/33	耐海水腐蚀	船用冷凝器
铁白铜	BFe30-1-1	余	Ni29/33,Fe1.5 Mn1.0	耐海水腐蚀	船用冷凝器
铝白铜	BAl13 – 3	余	Ni12/15 Al1.3/3.0	高强耐蚀	高强耐蚀件

黄铜除了上述的一般性腐蚀和高流速介质中的冲击腐蚀外,还有两种特殊的腐蚀破坏形式,即脱锌腐蚀和应力腐蚀断裂。

黄铜脱锌腐蚀在 6.7 节中已讨论过了。黄铜脱锌主要发生在海水中,特别是热海水中,有时也发生在淡水和大气环境中。在中性溶液供氧不足的情况下以及酸性溶液中(如黄铜退火后酸洗时)也容易产生脱锌腐蚀。高温、低流速或水中氯化物含量高时会加速黄铜脱

192

锌。为了防止黄铜脱锌,可在黄铜中加入少量合金元素 As、Sb、P(0.02% ~ 0.05%)。

有宏观残余应力的黄铜构件在特定腐蚀条件下工作时,由于腐蚀和静态应力的共同作用,促使构件的开裂。其特征是:裂纹的发展方向与应力腐蚀方向垂直。20 世纪初已发现黄铜弹壳常常在雨季出现开裂,当时称为"季裂"。后来证实其断裂与环境中含有 NH_3(或 NH_4^+、胺)有关,也称为"氨脆",属于应力腐蚀断裂。

在拉伸应力作用下,黄铜在大气、海水、淡水、高温高压水、蒸气以及一切含 NH_3(或 NH_4^+)的介质中都可发生应力腐蚀断裂。溶液中铜氨络离子 $Cu(NH_3)_n^{2+}$ 的存在是 α 黄铜应力腐蚀的必要条件,含 NH_3 水溶液的成分决定了黄铜应力腐蚀的断裂途径。在成膜溶液中(铜合金在这种溶液中生成一层氧化亚铜膜)主要发生沿晶断裂;在不成膜溶液中(铜合金在这种溶液中活性溶解)主要是穿晶断裂。著名的 Mattson 溶液(含 Cu^{2+} 和 NH_4^+ 离子)的 pH 值为 6.3 ~ 7.3 时,黄铜成膜;pH 值为 7.8 ~ 11.2 时,黄铜无膜生成。因此常用它作为黄铜氨脆的试验介质。

黄铜在成膜溶液中的沿晶断裂机理为"膜破裂理论"。因为在这种溶液中黄铜表面形成氧化亚铜膜,其韧性差,在一定的应力、应变作用下膜发生脆性破裂。如图 10.14 所示,膜优先沿晶界生成,至一定厚度后发生脆裂(c),裂纹扩展到基体金属,由于滑移而中止,使裂尖又暴露在腐蚀溶液中(d),然后又发生界间渗透、成膜(e),引起下一步裂纹扩展(f),断裂过程反复进行,最后显示阶梯状的间断性断口(g)。

俄歇能谱分析表明,裂尖附近断口有氧化膜存在,证实了膜破裂理论。膜破裂后,裸露的基体处于溶解与再钝化

图 10.14　α – 黄铜在成膜溶液中断裂机制示意图

的竞争过程中。Zn 的质量分数低时,再钝化快,故应力腐蚀敏感性小;Zn 的质量分数高时,合金呈平面滑移,更易使膜破裂,故应力腐蚀敏感性大。

黄铜在不成膜的溶液中处于活性溶解状态,其应力腐蚀机理是应力引起的露头位错的优先溶解,因而裂纹将沿着位错密度最高的途径扩展。对于 Zn 的质量分数较低的合金主要是胞状位错,晶界为最大位错密度区,故产生沿晶断裂;Zn 的质量分数较高的黄铜呈平面位错结构,堆垛层错是最大位错密度区,故产生穿晶断裂。此外,由于 Zn 原子在应力作用下在位错处偏聚,使得这些位置具有更高的活性,故裂纹扩展速度随 Zn 的质量分数增加而增大。

黄铜中锌的质量分数越高,越易产生应力腐蚀。锌的质量分数低于 20% 的黄铜在自然环境中一般不发生应力腐蚀断裂。黄铜中加入硅可提高耐应力腐蚀能力。张应力,特别是加工制造过程中产生的残余应力是引起黄铜应力腐蚀断裂的必要条件。张应力愈大,应力腐蚀敏感性越高。用低温退火(常用 250℃,1 h)可消除残余应力,使黄铜免遭应力腐蚀断裂。阴极保护也是防止黄铜应力腐蚀断裂的有效措施。

10.5 镍及其合金的耐蚀性

一、镍的耐蚀性

镍的标准电势为 -0.25V,虽比氢电势低,但由于镍的阳极反应过电势很高,故在非氧化性酸中(质量分数为 15% 以下的 HCl,质量分数为 70% 以下的 H_2SO_4)以及许多有机酸中是稳定的;但若增加氧化剂 $FeCl_3$、$CuCl_2$、$HgCl_2$、$AgNO_3$、次亚氯酸盐的浓度或通入空气时,会显著增加镍的腐蚀。当通气时,镍也在含 NH_3 的水溶液中溶解。在中等浓度的硝酸中镍不稳定,但在高浓度的硝酸中易钝化而稳定。镍的氧化物溶于酸,不溶于碱,耐蚀性随着溶液 pH 的升高而增强。

镍在大气、海水、淡水和许多盐溶液中都稳定;但在含 SO_2 的大气中镍不耐蚀。镍的突出特点是在所有碱性溶液中以及高温熔融碱中都完全稳定。因此镍是制造熔碱容器的优良材料之一。但在高温(300~500℃)、高压和高质量分数(75%~98%)苛性碱或熔融碱中,受拉应力的镍易产生沿晶腐蚀破裂,故使用前应去应力退火处理。

二、镍基合金中主要合金元素对耐蚀性的影响

镍基合金具有优良的耐蚀性,而且强度高、塑性大、易于冷热加工,是工业上很好的耐蚀材料。常用的耐蚀合金元素有 Cu、Cr、Mo、Fe、Mn、Si 等。其中 Cu 能提高镍在还原性介质(如非氧化性酸)中的耐蚀性,并使在高速流动的充气海水中有均匀的钝性;Cr 赋于镍在氧化性介质中(如 HNO_3、$HClO_4$ 中)的抗蚀能力及高温下的抗氧化能力;Mo 和 W 可提高镍在酸中,尤其是在还原性酸中的耐蚀能力。Cr 和 Mo 同时加入,可改善在氧化性介质和还原性介质中的耐蚀性;Mn 可改善镍在含硫的高温气体中的耐蚀性;Si 可抗浓硫酸腐蚀并提高合金强度;Fe 虽对耐蚀性影响不大,但可强化基体,改善加工性。若 Ni 中同时加入 Cr、Mo、W、Fe 等合金元素,如 0Cr16Ni57Mo16Fe6W4 合金,不但在海洋大气中不会明显地失去光泽,而且还可避免在海水中发生点蚀和缝隙腐蚀。

三、Ni-Cu 合金的耐蚀性

Ni 和 Cu 可形成连续固溶体。当合金中 $w(Ni) < 50\%$(原子)时,腐蚀性能接近于 Cu;当 $w(Ni) > 50\%$(原子)时,腐蚀性能接近于 Ni。

最著名的 Ni-Cu 合金是蒙耐尔(Monel)合金($w(Cu) = 27\% \sim 29\%$,$w(Fe) = 2\% \sim 3\%$,$w(Mn) = 1.2\% \sim 1.8\%$,余为 Ni),它兼有 Ni 和 Cu 的许多优点,在还原性介质中较纯 Ni 耐蚀,在氧化性介质中较纯 Cu 耐蚀。一般对卤素元素、中性水溶液、一定温度和浓度的苛性碱溶液以及中等温度的稀盐酸、硫酸、磷酸等都是耐蚀的。在各种浓度和温度的氢氟酸中特别耐蚀,这在金属材料中仅次于铂和银。Ni-Cu 合金的优良耐蚀性被认为是由于腐蚀开始时,在表面形成富集耐蚀组元原子结构的缘故。

四、Ni-Cr 合金的耐蚀性

最早使用的 Ni-Cr 合金是 Cr20Ni80 电热合金,后来在其基础上出现了 Nimonic 型的各

种高温合金及各种耐蚀合金,其高温强度比奥氏体耐热钢更高。通常用 W、Mo、Cr、Co 等元素来强化镍基固溶体,提高基体的再结晶温度及降低基体中原子的扩散速度。加 Ti 和 Al 的作用在于形成 $Ni_3(AlTi)$ 强化相。最早发展起来的镍基高温合金是英国的 Nimonic80(0.1C,20Cr,余 Ni),在此基础上又发展起 Nimonic75(Cr20Ni76Ti0.4Al0.06)、Nimonic90、95、100 和 105(0.3C,0.5Si,20Co,5Mo,1.5Ti,5Al,Fe≤2.0,Ni 余)等一系列高温合金。它们的出现,使航空发动机的使用温度得到很大提高,可用来制造航空发动机的燃烧室、加力燃烧室、导向叶片、转子叶片以及涡轮盘等,使用温度一般不超过 850℃。为了满足航空、航天、航海工业的发展需要,又研制出来许多新型镍基合金、钴基高温合金。

这类合金在高温下有高的力学性能和抗氧化性能,通常用作高温材料,如燃气轮机的叶片等,有时也作为高级耐酸合金使用,在核工业中也得到广泛应用。它在非氧化性酸(HCl、H_2SO_4)中的稳定性不如蒙乃尔合金,但在氧化性酸(HNO_3)中的稳定性比蒙乃尔合金高许多。在有机介质和食品介质中非常稳定。Inconel 合金是抗热浓 $MgCl_2$ 腐蚀的少数几种材料之一,不但腐蚀速度低,且无应力腐蚀倾向。但在高温高压纯水中对晶间型应力腐蚀断裂是很敏感的,核电站用 Inconel600 制造的蒸发器曾发生多起由应力腐蚀引起的泄漏事故。

五、Ni – Mo 和 Ni – Cr – Mo 合金的耐蚀性

Ni – Mo 合金是耐盐酸腐蚀的优异材料。Ni60Mo20Fe20 是最早研制的 Ni – Mo 合金(HastelloyA,哈氏合金 A),耐 70℃ 以下的盐酸腐蚀。Ni65Mo28Fe5V(HastelloyB)耐沸腾温度下任何浓度的盐酸腐蚀,在 H_2SO_4、甚至在 HF 酸中也有很好的耐蚀性。

有代表性的 Ni – Cr – Mo 合金是 HastelloyC(Ni – 16Cr – 16Mo – W)和不含 W 的 Chromet 合金。HastelloyC 合金耐室温下所有浓度的盐酸并耐氢氟酸,在 70℃ 下通气的盐酸中耐蚀性也优于 HastelloyA,Chromet3 合金在 65℃ 的 $w(HCl)5\% + w(HNO_3)0.5\%$ 混酸中于通气条件下,耐一般腐蚀和耐点蚀性能均优于 HastelloyC。

10.6 铝及铝合金的耐蚀性

一、纯铝的耐蚀性

铝的标准电势为 – 1.67 V(SHE),热力学上不稳定,但钝化能力很强,因此在大气、水、中性和弱酸性溶液中都有很好的稳定性。空气和水中的氧以及水本身都是铝的钝化剂,使铝处于钝态,即有自钝化能力。所以,中性溶液中铝的电势要比其标准电势高 1 V 左右。

铝的耐蚀性主要取决于给定环境中形成的保护膜的稳定性。钝态铝的保护膜为 Al_2O_3 或 $Al_2O_3 \cdot nH_2O$,其厚度随形成条件而异,一般在 5 ~ 100 nm 之间。干燥空气中铝的保护膜为 2 ~ 20 nm,铝上的氧化膜是两性的,既溶于非氧化性强酸,又溶于碱。因此铝在中性和近中性(pH 为 4 ~ 8)的水及大气中耐蚀很好,但当介质中含 Cl^- 时,可导致点蚀。

铝在酸中耐蚀性很差,特别是对盐酸,但铝在质量分数为 40% 以下的稀硫酸和发烟硫酸中耐蚀;在质量分数为 10% 以下和质量分数为 80% 以上的硝酸中,铝的腐蚀速度小于 0.02 mm/a,耐蚀性较好;铝在许多有机酸中耐蚀,尤其是在无水醋酸中耐蚀性更好。

铝在碱和碱性溶液中耐蚀性不好,因为 Al_2O_3 保护膜可溶于碱溶液

$$Al_2O_3 + 2NaOH \longrightarrow 2NaAlO_2 + H_2O$$

而且铝也容易和 OH^- 离子结合而形成 AlO_2^- ,发生析氢腐蚀

$$2Al + 2NaOH + 2H_2O \longrightarrow 2NaAlO_2 + 3H_2\uparrow$$

这个反应即使在室温下也很容易进行。但对氨水和硅酸钠是例外,铝在其中耐蚀。铝对硫和硫化物(如 SO_2、H_2S)耐蚀。氯化物或其他卤素化物能破坏铝上的保护膜,使铝的耐蚀性下降或产生局部腐蚀。

铝与电势高的金属(如 Pt、Cn、Fe、Ni 等)及合金接触时,易发生接触腐蚀。同样,当铝中含有电势较高的金属杂质时,其耐蚀性会显著下降,其中以 Cu、Fe 等杂质影响最为显著。铝的纯度越高,耐蚀性越好。

二、铝合金的耐蚀性

1.合金元素对铝合金耐蚀性的影响

表 10.3 列出了一些铝及铝合金的成分及耐蚀性能。铝中加入合金元素主要目的是获得较高的力学、物理性能或较好的机械性能,但通过合金化的方法提高铝耐蚀性能的可能性很小。铝合金的耐蚀性很少能超过纯铝。

表 10.3　几种铝合金的成分和耐蚀性

合金	牌号	质量分数/%					耐蚀性能	应用举例
		Cu	Mg	Mn	S	其他		
防锈铝	LF2(5052)		2.0/2.8	0.15/0.4			耐蚀性好,与纯铝耐蚀性相近	油箱、油管中强度零件
	LF3(5154)		3.2/3.8	0.3/0.6				
硬铝	LY2	2.6/3.2 3.8/4.9	2.0/2.4 1.2/1.8	0.45/0.7 0.3/0.9			耐蚀性较好,有应力腐蚀倾向	200～300℃压气机叶片结构受力件
	LY12(2024)						耐蚀性不高,170℃时效晶间腐蚀倾向大	
超硬铝	LC4(7075)	1.4/1.6 1.2/2.0	1.2/1.6 2.0/3.0	0.2/0.6 Cr		Zn5/7 Zn5.1/6.1	强度高,应力腐蚀敏感	飞机结构受力件,飞机蒙皮受力件
	LC9			0.16/0.3			板材抗应力腐蚀稍优于 LC4	
锻铝	LD2(6061)	0.2/0.6 3.9/4.8	0.45/0.9 0.4/0.8	0.15/0.35 0.4/1.0	0.5/1.2 0.5/1.2		耐蚀性类似 LF,有晶间腐蚀倾向	要求塑性高且耐蚀的零件
	LD10(2014)						强度高,耐蚀性不高	承受载荷的锻件
铸铝	ZL101	0.2/0.4 0.3/0.7 4.5/5.5	0.1/0.4	6－8 10－13 0.8/1.3			耐蚀性及力学性能均好	仪器零件 复杂铸件
	ZL102 ZL103						耐蚀及工艺性均好	腐蚀介质中使用的零件

能使铝强化的合金元素主要有 Cu、Mg、Zn、Mn、Si,其次有 Cr、Fe、Ti 等。为了特殊目的可加入少量的 Be、Bi、B、Pb、Ni、P、Sn、Sb 等元素。它们对耐蚀性的影响大致为:

Cu——降低 Al 的耐蚀性,并增大点蚀倾向。具体影响取决于它在合金中的含量、存在形式及分布。

Mg——可改善耐蚀性,Al – Mg 合金为防锈铝合金,且可提高对碱性溶液(如石灰和碳酸钠溶液)的耐蚀性。

Mn——对改善耐蚀性有一定作用,Al – Mn 合金也是一种防锈铝合金。

Si——使合金的耐蚀性稍有降低,具体影响决定于它的形态及在显微组织中的分布。

Zn——在大多数介质中对耐蚀性影响不大。

Cr——通常加入其质量分数只有 0.1% ~ 0.3%,可改善某些合金抗应力腐蚀的能力。

Fe——降低铝的耐蚀性,因此在对耐蚀性要求高时,应控制 Fe 含量。与 Ni 一起加入某种铝合金,可提高其在 150 ~ 350℃ 高温水中的耐蚀性。

Ti——对耐蚀性影响很小,加 Ti 主要是为了细化晶粒。

耐蚀铝合金主要有 Al – Mg、Al – Mn、Al – Mn – Mg 和 Al – Mg – Si 四种。

铝中加入 Mg、Zn、Mn、Si、Cu 这些元素后,铝合金的电极电势也随之发生变动,铝合金的耐蚀性与合金中各相的电极电势有很大关系。若基体相为阴极相,第二相为阳极相,合金一般有较高的耐蚀性;反之,若基体相为阳极相,第二相为阴极相,则第二相数量越多,电势越高,合金腐蚀程度越严重。表 10.4 为铝合金中各种常见相在 53 g/L NaCl + 3 g/L H_2O 水溶液中的电极电势(相对于 0.05 $mol \cdot L^{-1}$ 甘汞电极),由表可见,与纯铝相比,含 Zn、Mg 的固溶体为阳极,而含 Cu 的固溶体为阴极,Mg_5Al_8 及 $MgZn_2$ 相为阳极,$CuAl_2$ 及 $FeAl_3$ 相为阴极;$MnAl_6$ 及 Mg_2Si 相与纯 Al 的电势接近。因此,Al – Mg 及 Al – Mn 合金具有较高的耐蚀性,而 Al-Cu 合金的耐蚀性不好。Si 的电势虽比 Al 高许多,但在复相合金中抗蚀性仍很好,这是由于在含氧或氧化性介质中,合金表面可生成有保护性的 Al_2O_3 + SiO_2 氧化物膜。

表 10.4　铝合金各相在 NaCl – H_2O_2 水溶液[①]中的电极电势

固溶体或化合物	电势/V[②]	固溶体或化合物	电势/V[②]
α(Al – Mg)或 Mg_5Al_8	– 1.07	Al – Mg – Si(1 w% Mg_2Si)固溶体	– 0.83
Al – Zn – Mg(4% $MgZn_2$)固溶体	– 1.07	Al – 1 w% Si 固溶体	– 0.81
β(Zn – Mg)或 $MgZn_2$	– 1.04	$NiAl_3$	– 0.73
Al – 4 w% Zn 固溶体	– 1.02	Al – 4 w% Cu 固溶体	– 0.69
Al – 1 w% Zn 固溶体	– 0.96	Fe_2SiAl_8	– 0.58
Al – 4 w% Mg 固溶体	– 0.87	α(Al – Fe)或 $FeAl_3$	– 0.56
α(Al – Mn)或 $MnAl_6$	– 0.85	$CuAl_2$	– 0.53
高纯铝	– 0.85	Si	– 0.26
$FeMnAl_{12}$	– 0.84		

①电解液—每升含 53 g NaCl 及 3 g H_2O_2;②相对于 0.5 $mol \cdot L^{-1}$ 甘汞电极。

2.铝合金的局部腐蚀

铝合金常见的局部腐蚀形式有点蚀、晶间腐蚀、剥蚀和应力腐蚀断裂等。

(1)点蚀

点蚀是铝合金最常见的腐蚀形态。在大气、淡水、海水及其他一些中性和近中性水溶液中都会发生点蚀。一般说来,铝合金在大气中产生点蚀的情况并不严重,而在水中产生的点

蚀较严重。实验表明,引起铝合金发生点蚀的水质条件有以下三种:

① 含有能抑制全面腐蚀的离子,如 SO_4^{2-}、SiO_3^{2-} 或 PO_4^{3-} 等。

② 含有能局部破坏钝化膜的离子,如 Cl^-。

③ 含有能促进阴极反应的氧化剂,因为铝合金在中性溶液中的点蚀是阴极控制过程。

防止铝合金发生点蚀应从材料和环境两方面加以考虑。例如,从材料上,采用纯铝或耐点蚀性能较好的 Al – Mn 和 Al – Mg 合金,对不耐点蚀的 Al – Cu 合金,可用包覆纯铝或 Al – Mg 合金层的办法。从环境角度,应消除介质中产生点蚀的有害成分,如尽可能除去溶解氧、氧化性离子和 Cl^- 离子等。提高水温可降低溶解氧,使水流动可减少局部浓差,这些都有利于再钝化,从而减缓点蚀。水中含 Cu^{2+} 是 Al 发生点蚀的原因之一,应尽量去除。

(2)晶间腐蚀

Al – Cu、Al – Cu – Mg 和 Al – Zn – Mg 合金以及含 Mg 质量分数大于3%的 Al – Mg 合金,常因热处理不当而产生晶间腐蚀敏感性。Al – Cu 和 Al – Cu – Mg 合金热处理时,会在晶界处连续析出富 Cu 的 $CuAl_2$ 相,沿晶界产生贫 Cu 区。$CuAl_2$ 与晶界贫 Cu 区之间构成腐蚀电池,贫 Cu 区为阳极,从而导致晶间腐蚀。

对于 Al – Zn – Mg 和含 Mg 质量分数大于3%的 Al – Mg 合金,因热处理而在晶界析出连续的 $MgZn_2$ 或 Mg_5Al_8 相,其电势比母相电势低,成为阳极,在腐蚀介质中这些晶界析出物发生溶解,造成晶间腐蚀。

具有晶间腐蚀倾向的铝合金,在工业大气、海洋大气和海水中都可产生晶间腐蚀。通过适当的热处理,消除有害相在晶界的连续析出,可消除晶间腐蚀倾向;也可采用包镀或喷镀牺牲阳极金属的方法来防止晶间腐蚀发生。

(3)应力腐蚀断裂

纯铝和低强度铝合金一般无应力腐蚀断裂倾向。高强铝合金,如 Al – Cu、Al – Cu – Mg,含 Mg 质量分数高于5%的 Al – Mg 合金,以及含过剩硅的 Al – Si 合金,都有应力腐蚀断裂倾向,特别是 Al – Zn – Mg 和 Al – Zn – Mg – Cu 系合金的应力腐蚀敏感性最大。

有应力腐蚀敏感性的铝合金在大气、特别是海洋大气和海水中易发生应力腐蚀断裂。温度和湿度越高,Cl^- 离子浓度越大,pH 越低,应力腐蚀越严重。在不含 Cl^- 的高温水和蒸气中也会发生应力腐蚀断裂。

当应力大于屈服强度的 40% ~ 50% 时,就容易发生应力腐蚀断裂。应力越高,断裂寿命越短。应力方向与铝材加工方向之间的角度对合金应力腐蚀敏感性也有很大影响。当应力方向垂直于轧制平面的方向时,材料对应力腐蚀最敏感。

铝合金应力腐蚀都是沿晶断裂型。其断裂机理有:阳极溶解理论、氢致开裂理论、阳极溶解和氢致开裂协同作用理论。

消除或防止铝合金应力腐蚀的措施有:进行适当的热处理;消除残余应力;加入微量的 Mn、Cr、Zr、V、Mo 等合金元素;采用包镀技术等。

(4)剥蚀

剥蚀是变形铝合金的一种特殊腐蚀形态。腐蚀结果使材料表面像云母似的一层一层地剥离下来。剥蚀以 Al – Cu – Mg 合金最常见,Al – Mg、Al – Mg – Si 和 Al – Zn – Mg 系也有发生,但 Al – Si 系合金不发生剥蚀。剥蚀多见于挤压材,因为挤压材表面的再结晶层不受腐蚀,而此层之下发生腐蚀,因此剥蚀与这种特殊的结晶组织有关。以前认为剥蚀是被拉长了的变形组织的晶间腐蚀;现在认为它是沿加工方向伸长了的 Al – Fe – Mn 系化合物发生的腐蚀,与晶界和应力并无必然联系。

为防止剥蚀,可采用牺牲阳极保护、涂层等措施,用适宜的热处理也有一定的效果。

10.7 镁及镁合金的耐蚀性

一、镁的耐蚀性

镁的标准电势非常低,为 – 2.3 V(SHE),其腐蚀活性较高。镁在 0.25 mol·L^{-1} NaCl 溶液中的稳定电势为 – 1.45 V 左右,是结构材料中电极电势最低的一种。因此在多数介质中耐蚀性差,呈现出极高的化学和电化学活性。由于镁极易钝化,在某些介质中仍具有相当好的的耐蚀性。

镁在干燥大气中易于氧化而失去金属光泽。这是因为表面形成了一层暗色氧化膜,此氧化膜性脆,远不如铝上的氧化膜致密坚实,故保护性很差。在潮湿大气中,表面由浅灰变为深灰,表面上的腐蚀产物一般为镁的碳酸盐、硫酸盐和氢氧化物的混合物。化学成分大致为:$w(MgCO_3 \cdot 3H_2O) = 61.5\%$, $w(MgSO_4 \cdot 7H_2O) = 26.7\%$, $w(Mg(OH)_2) = 6.4\%$, $w(C) = 2.5\%$。这些腐蚀产物随大气成分不同而改变。

镁在酸中不稳定,但在铬酸和氢氟酸中却耐蚀。这是因为镁在铬酸中处于钝态,而在氢氟酸中表面上生成不溶的 MgF_2 保护膜。镁及其合金在有机酸中不稳定;在中性盐溶液中,甚至在纯水中镁遭受腐蚀而析出氢;水中 pH 降低可显著加速镁的腐蚀。活性阴离子,特别是 Cl^-,能加快镁的腐蚀,腐蚀速度随 Cl^- 浓度增加而增加。纯镁在海水中的腐蚀速度大约比铁高 2 倍。

当温度低于 50 ~ 60℃时,镁在 NH_3 或碱溶液中是稳定的。因此水溶液碱化时,即使含有氯离子,也能降低镁的腐蚀速度。氧化性阴离子,特别是 CrO_4^{2-}、$Cr_2O_7^{2-}$ 以及 PO_4^{2-},与镁能够生成保护膜(钝化膜),从而显著提高镁及其合金在水中和盐类溶液中的耐蚀性。镁及 Mg – Mn 合金在液态碳氢化合物中是稳定的。

镁的电极电势比铝低,钝化能力也比铝差,因此镁的耐蚀性不如铝。而且和铝一样,镁有"负差异效应",即在氯化物溶液中受阳极极化的影响,其自溶解速度增大。因此,与铝相比,镁中的杂质元素,或在镁与其他金属接触时,会使其腐蚀速度增高的倾向更大。所以,镁中即使含有极少量的氢过电势低的金属(如 Cu、Fe、Ni、Co 等),其耐蚀性也将显著降低。但镁中含有氢过电势较高的金属,如 Pb、Zn、Cd,以及电极电势低的金属(如 Mn、Al 等),则对耐蚀性影响不大。

　　镁在大气条件下和溶液中的腐蚀特征不同,后者主要是析氢腐蚀;前者 H^+ 和 O_2 都参与了阴极去极化过程,且空气相对温度越低,金属表面水膜越薄,氧去极化的比例越大。高温时,镁在空气中极易氧化,氧化动力学曲线为直线形,说明镁表面的氧化膜在高温下无保护性。镁中加入 Cu、Ni、Zn、Sn、Al 和稀土元素,可增强合金在大气中抗高温氧化的能力。

二、镁合金的耐蚀性

　　Mg – Al、Mg – Zn 和 Mg – Mn 系合金是应用最广泛的镁合金。表 10.5 为常用镁合金的性能。镁合金在酸性、中性和碱性溶液中都不耐蚀,即使在纯水中也会腐蚀。但在 pH > 11 的碱性溶液中,由于生成稳定的钝化膜,镁合金是耐蚀的。若碱溶液中有 Cl^- 存在,使钝态破坏,镁合金也会腐蚀。

表 10.5　主要镁合金的成分、耐蚀性和典型应用

名称	牌号	质量分数 /%					耐蚀性	典型应用
		Al	Mn	Zn	其他	Mg		
铸造镁合金	ZM1			3.5/5.5	Zo0.5/1.0	余	耐蚀性较好	飞机轮毂,轮缘等
	ZM2			3.5/5.0	稀土 0.7/1.7	余	耐蚀性较好,耐高温性能好	200℃ 以下工作的发动机零件
	ZM3	2.5/4.0		0.2/0.7		余	耐蚀性较好	高温下工作的气密件
	ZM5	7.5/9.0	0.15/0.5	0.2/0.8		余	耐蚀性尚好	强度高的飞机零件
变形镁合金	MB1		1.3/2.5			余	耐蚀性良好,无应力腐蚀断裂倾向	承力不大的耐蚀零件
	MB2	3.0/4.0	0.15/0.5	0.2/0.8		余	耐蚀性尚好,有一定的应力腐蚀断裂倾向	形状复杂的锻件
	MB8		1.5/2.5		Ce 0.15/0.35	余	耐蚀性良好,无应力腐蚀断裂倾向	耐腐蚀零件
	MB15		0.3/0.9	5.0/6.0		余	强度高,耐蚀性好,无应力腐蚀断裂倾向	使用温度不超过 150℃

　　杂质质量分数对镁合金的耐蚀性影响很大,特别是 Fe、Cu、Ni、Si,它们的质量分数越低越好,一般其总质量分数不超过 0.4% ~ 0.6%。通常纯镁比镁合金的耐蚀性好些。

　　镁合金分为变形镁合金和铸造镁合金。变形镁合金在大气和水中易产生应力腐蚀开裂,当水中通氧时会加速镁合金的应力腐蚀开裂。某些阴离子(不仅限于 Cl^-)也会加速镁合金的应力腐蚀断裂。合金元素对镁合金的应力腐蚀开裂有一定影响,如 Mg – Al – Zn 有很高的应力腐蚀敏感性,且随 Al 质量分数增加而增加。不含 Al 的镁合金(如 MB15),其应力腐蚀倾向很小或没有。镁合金薄壁件的应力腐蚀敏感性更大,只有在应力小于 60% 的屈服极限并且用涂层保护的情况下才能使用。

　　铸造镁合金经氧化处理后耐蚀性尚好,一般氧化后还需用涂层保护。不允许将镁合金与铝合金、铜合金、镍合金、钢、贵金属等材料直接接触,以免发生电偶腐蚀,必须接触时,应涂以绝缘层。

10.8 钛及钛合金的耐蚀性

一、钛的耐蚀性

钛的标准电势为 -1.628 V(SHE),化学活性很高。但它易钝化,因此在许多介质中非常耐蚀。例如在 25℃的海水中,其自腐蚀电势约为 $+0.09$ V(SCE),比铜在同一介质中的腐蚀电极电势还高。钛的钝化膜有很好的自修复性能,钝化膜机械破损后能很快地自修复形成新膜。钛在水溶液中的再钝化作用可在 0.1 s 内完成。因此,钛的耐蚀性主要取决于钛在使用条件下能否钝化。在能钝化的条件下,钛的耐蚀性很好,在不能钝化的条件下,钛很活泼,甚至可发生强烈的化学反应。

在氧化性的含水介质中,钛能钝化,图 10.15 为极化曲线。与锆和不锈钢比较,钛钝化有三个特点:

① 致钝电势低,说明钛易钝化,在稍具氧化性的介质中就可钝化,例如只靠 H^+ 离子的阴极还原反应就能使钛钝化。

② 稳定钝化电势区宽,表明钝态极稳定,不易过钝化,例如在硫酸中直到 $+2.5$ V,钛的钝态还是稳定的。钛对高温高浓度的硝酸也耐蚀(除发烟硝酸外)。18-8不锈钢在电势大约超过 1.0 V 时,就开始发生过钝化腐蚀了。钛的高钝态稳定性是由于表面上生成 TiO_2 钝化膜,而且 TiO_2 钝化膜有较高的氧过电势。

③ 在 Cl^- 离子存在时,钛的钝态也不受破坏,而锆在 $w(HCl) = 10\%$ 溶液中在电势 0.1 V 附近发生过钝化,而钛在同样条件下不会发生过钝化,可见钛具有耐氯化物腐蚀的电化学特性。

图 10.15 钛、锆及不锈钢的阳极极化曲线(35℃)

由于钛可在任何浓度的氯化物溶液中保持钝态,因此钛及其合金在中性和弱酸性的氯化物溶液中耐蚀性良好。如钛在 100℃的 $FeCl_3$($w(FeCl_3) = 0\% \sim 30\%$)、100℃的 $CuCl_2$($w(CuCl_2) = 0\% \sim 20\%$)、100℃的 $HgCl_2$(所有浓度)、60℃的 $AlCl_3$($w(AlCl_3) = 0\% \sim 25\%$)以及100℃的所有浓度下的 NaCl 的溶液中都能稳定存在。钛在氯化物溶液和海水中还耐点蚀和空蚀,这些都优于不锈钢和铜合金。

钛在含 Cl^- 离子的氧化剂溶液中也很稳定,如在王水、100℃以下的次氯酸钠溶液、氯水、湿氯气(约 75℃)、含有 H_2O_2 的氯化钠溶液中都耐蚀。钛对某些氧化剂也是稳定的,如沸腾的铬酸,100℃的 $w(HNO_3) = 0\% \sim 65\%$、$w(H_2SO_4) = 40\%$ 和 $w(HNO_3) = 60\%$ 的混合酸。

在盐酸、氢氟酸、稀硫酸和磷酸等非氧化酸中钛不耐蚀,但其溶解速度比铁缓慢得多。随着浓度和温度的增加,钛的溶解速度显著加快。在氢氟酸和硝酸的混合物中钛溶解得很快。如果盐酸或硫酸中含有少量的氧化剂(如铬酸、硝盐、氯、Fe^{3+}、Ti^{4+}、Cu^{2+} 等)或添加贵金属离子(如 Pt^{4+}、Pd^{2+}、Au^{3+} 等),或者使具有低氢过电势的金属 Pt、Pd 与钛接触,都可完全抑制钛的腐蚀,这是因为它们促进了钛的阳极钝化。钛中加入 Pd 制成合金或钛表面镀 Pd

都可获得同样良好的效果。

除了甲酸、草酸和一定浓度的柠檬酸外,几乎在所有的有机酸中钛都不腐蚀。对果汁、食品也是耐蚀的。在质量分数低于20%的稀碱中,钛是稳定的。浓度升高,特别是加热时则不耐蚀,这时缓慢地放出氢并生成钛酸盐。可见,钛是化学工业中最有前途的耐蚀材料。钛在大气和土壤中,在海洋大气和动、静海水中都有很好的耐蚀性。

钛在高温下很不稳定,能剧烈地与氧、硫、卤族元素、碳,甚至和氮、氨化合。

钛在某些强氧化性环境中,由于表面氧化剧烈,这种快速放热反应可引起恶性的自燃事故。国内外都发生过钛设备在发烟硝酸和干氯气中自燃爆炸事故。但只要在介质中加入少量水($>2\%$),即可防止自燃。

二、钛及钛合金的几种局部腐蚀形态

钛和钛合金可分为变形和铸造两大类。根据退火态组织,可将钛合金分为三种类型:

① α 相钛合金,如 TA6 钛铝合金(Ti – 5Al),可做飞机蒙皮、压气机叶片等400℃以下工作的零件。TA7 钛铝锡合金(Ti – 5Al – 2.5Sn),可做500℃下长期工作的结构件。

② β 相钛合金,如 TB1(Ti – 3Al – 8Mo – 11Cr)。

③ $\alpha + \beta$ 双相钛合金,如 TC4 钛铝钒合金(Ti – 6Al – 4V),常制作 400℃以下长期工作的飞机零件、舰艇耐压壳体和坦克履带。由于钛及钛合金有强度高、密度小、耐蚀性优良等特点,在航空航天和化学工业上得到了广泛应用。

工业纯钛和钛合金虽是耐蚀性良好的金属材料,但在一定条件下仍有不同形态的腐蚀发生。钛及其合金主要的局部腐蚀形态有缝隙腐蚀、氢脆、应力腐蚀断裂和焊缝腐蚀。

在高温下的氯化物溶液中钛会产生缝隙腐蚀。在含有少量 NH_3 的 NH_4Cl 和 NaCl 溶液中、含有氧化剂的盐酸溶液中以及有氯的有机介质中都发现过钛制设备的严重缝隙腐蚀。

钛及其合金的氢脆常引起化学工业中的事故。因为钛及其合金易吸收氢而使其延伸率和冲击韧性大大下降,因此,一般规定每千克钛中氢含量要小于 150 mg。当钛及其合金在氢气氛中、在阴极极化(如阴极过保护)或电化学腐蚀时,当吸收的氢量达到一定程度后,就会导致氢脆。钛的氢化物引起的氢脆是常见的,且其敏感性随温度降低而增加。当试样有缺口时,敏感性也增加。另外,氢脆敏感性与变形速率有关,通常在慢应变速率下氢脆敏感性大。钛的氢脆还与氢化物的形状和分布有关,一般片状氢化物的敏感性较大。为防止钛发生氢脆,根据氢的来源不同应采取不同措施。例如,在氢气环境中钛制品应选用杂质少,特别是含 Fe 少的钛材,不能用 Ti – Pd 合金或渗 Pd 的钛;在清洗、加工、焊接时,避免粘附、吸入或混入铁杂质,因为 Fe、Pd、Pt 等对钛在氢气氛下吸收氢有促进作用。钛及其合金腐蚀时阴极还原产生的原子氢易进入钛,而造成氢脆。这种情况下,凡能抑制钛腐蚀的方法都能防止这种氢脆,如介质中加入氧化剂或贵金属离子,采用 Ti – Pd 合金等。显然这与氢气中防止氢脆的方法恰好相反。避免电偶腐蚀和阴极过保护,采用阳极氧化法使表面形成氧化膜也可防止钛的氢脆。

应力腐蚀断裂是钛及其合金的另一种重要破坏形式。工业纯钛在水溶液中一般不发生应力腐蚀断裂,而钛在质量分数为20%的红烟硝酸和含溴的甲醇溶液中可发生应力腐蚀断裂。钛合金发生应力腐蚀断裂的情况较多,特别是 Ti – Al 合金最敏感。它们在热盐、红硝酸、N_2O_4、甲醇氯化物溶液以及氯化物水溶液中都发生过应力腐蚀断裂。应力腐蚀断裂机理有阳极溶解和氢致开裂两种。

钛及其合金还有一种腐蚀破坏形式是焊缝腐蚀,这种腐蚀在强氧化性介质中最突出。

三、耐蚀钛合金

钛及钛合金的耐蚀性主要取决于钛的钝态稳定性。钝态稳定性的大小除与介质的氧化性能有关外,合金元素也有很大影响。例如,用Nb、Ta、Mo合金化可显著提高钛合金的耐蚀性。因为这些合金元素可直接影响钛的阳极极化特性,例如,使致钝电势负移、降低致钝电流密度、增加稳态钝化电势范围、降低维钝电流等。但用这些合金元素使钛合金化时,只有含量很大,才能显著降低腐蚀速度(图10.16)。如果用强阴极性合金元素Pd、Pt等使钛合金化时,其质量分数只需0.1%就可获得良好的效果。

图10.16　Pd、Nb、Mo、Ta含量对钛在100℃,质量分数5%HCl中腐蚀速度的影响

1．Ti－Pd合金

Pd是析氢过电势低的元素,少量Pd($w(Pb)=0.1\%\sim0.5\%$)加入钛中,能促使Ti阳极钝化,提高其在HCl、H_2SO_4等非氧化性酸中的耐蚀性。例如,纯钛中加入质量分数为1%的Pb,可使其在质量分数为5%的沸腾HCl中腐蚀速度从25.4 mm/a以上降至0.25 mm/a;加入质量分数为0.2%的Pb,可使其在质量分数为5%的H_2SO_4溶液中的腐蚀速度从48.26 mm/a降至0.5 mm/a。

与纯钛相似,在非氧化性酸中加入氧化剂,可使Ti－Pd合金更易钝化,而所需氧化剂的量比纯钛时少得多。例如,在每千克80℃的质量分数10%的HCl中加入5 mg的Fe^{3+},可使Ti－Pd($w(Pb)=15\%$)合金的腐蚀速度从0.96 mm/a降至0.08 mm/a。

Ti－Pd合金在高温高浓度的氯化物溶液中非常耐蚀,且不产生缝隙腐蚀,而纯钛在此类介质中常产生缝隙腐蚀。Ti－Pd合金的另一个优点是不易因腐蚀而产生氢脆。Ti－Pd合金的耐蚀性特点是耐氧化性酸腐蚀,也耐中等还原性酸的腐蚀,但不耐强还原酸腐蚀。Ti－Pd合金不仅可广泛用于化学工业,还可用作舰船阴极保护的阳极。

2．Ti－Mo合金

Ti－Mo合金的特点是耐强的还原酸腐蚀。因为铝在还原性介质中和含氯离子的溶液中具有很高的钝化能力,与钛相比,钼表面的钝化膜在非氧化性酸(HCl、H_2SO_4等)中的稳定性比在氧化性酸(HNO_3溶液)中高。因此Ti－Mo合金中Mo的质量分数越高,在非氧化性介质中越稳定。研究表明,Ti－Mo合金中$w(Mo)>20\%$,尤其是$w(Mo)=30\%\sim40\%$时,该合金在热浓非氧化性酸中才具有高的稳定性。例如,在100℃质量分数为40%的H_2SO_4中,Ti－Mo合金中$w(Mo)=30\%$时,腐蚀率才低于0.1 mm/a。此类合金在100℃的质量分数为60%的H_3PO_4溶液及质量分数为20%的HCl溶液中都有类似的耐蚀性。相反,在质量分数为51%的HNO_3中只有$w(Mo)=5\%$的Ti－MO合金才稳定。因此Ti－Mo合金有Ti－15Mo和Ti－32Mo两种类型。为改善某些性能还加入其他元素,如Ti－15Mo－5Zr,Ti－15Mo－0.2Pd,Ti－32Mo－2.5Nb等。据报导,Ti－28Mo－7Nb－7Zr合金对浓热硫酸、盐酸、磷酸耐蚀性最好。

第11章　腐蚀控制方法

控制或防止金属腐蚀而采取的各种方法,称为防腐蚀技术。

每一种防腐蚀措施都有其应用条件和范围。对于一个具体的腐蚀体系,究竟采用哪种防护措施,是用一种方法还是用几种方法,主要应从防护效果、施工难易以及经济效益等各方面综合考虑。

11.1　正确选用金属材料和合理设计金属结构

一、正确选用金属材料和加工工艺

在设计和制造产品或构件时,首先应选择对使用介质具有耐蚀性的材料。材料选择不当,常常是造成腐蚀破坏的主要原因。第10章讨论了一些重要金属材料的耐蚀性,这远不能满足实际需要。为此,要查阅耐蚀材料手册和腐蚀数据图册等,以得到各种材料在不同环境下耐蚀程度定量或定性的资料。

工业上在进行产品构件设计时,正确选材是一项十分重要而又相当复杂的工作,选材的合理与否直接影响产品的性能。选材时,除了注意耐蚀性外,还要考虑到机械性能、加工性能及材料本身的价格等综合因素。选材时应遵循下列原则:

① 应根据使用条件全面综合地考虑各种因素。如在有介质存在下,除考虑材料的断裂韧性 K_{IC} 外,更应考虑产品的门槛应力强度因子 K_{ISCC} 或应力腐蚀断裂门槛应力 σ_{th} 值。

② 对初选材料应查明它们对哪些类型的腐蚀敏感;可能发生哪种腐蚀类型以及防护的可能性;与其接触的材料是否相容,能否发生接触腐蚀;以及承受应力的状态等。

③ 在容易产生腐蚀和不易维护的部位,应选择高耐蚀性的材料。

④ 选择腐蚀倾向小的材料和热处理状态。例如,30CrMnSiA 钢拉伸强度在 1 176 MPa 以下时,对应力腐蚀和氢脆的敏感性高;但经热处理使其拉伸强度达到 1 373 MPa 以上时,材料对应力腐蚀和氢脆的敏感性明显增高。因此,合理地选择材料的热处理状态,控制材料使用的拉伸强度上限是非常必要的。铝合金、不锈钢在一定的热处理状态或加热条件下,可产生晶间腐蚀,选材时也应予以考虑。

⑤ 选用杂质含量低的材料,以提高耐蚀性。对高强度钢、铝合金、镁合金等强度高的材料,杂质的存在会直接影响其抗均匀腐蚀和应力腐蚀的能力。

二、合理设计金属结构

为防止腐蚀,在产品设计阶段就应当进行合理的防腐蚀结构设计,严格地计算和确定使用应力,正确选择材料和防护系统。在机械结构中,设计是否合理,对应力腐蚀、接触腐蚀、均匀腐蚀、缝隙腐蚀等敏感性影响很大。为减少或防止这些腐蚀,应注意下列各点:

① 外形力求简单,避免雨水的积存,以便进行防护施工,对腐蚀状态进行检查并定期维修。

② 采用密闭结构,以防雨水、雾,甚至海水的侵入。

③ 能积水的地方设置排水孔。

④ 布置合适的通风口,以防湿气的汇集和凝露。

⑤ 尽量避免尖角、凹槽和缝隙,以防冷凝水积聚。

⑥ 铆钉、螺钉或点焊连接头的结合面应当有隔离绝缘层,以防接触腐蚀或缝隙腐蚀。

⑦ 尽量少用吸水性强的材料,若不可避免时,周围应加以密封。

⑧ 在零件的晶粒取向上,尽量避免在短横向上受拉力。应避免使用应力、装配应力和残余应力在同一个方向上叠加,以减少和防止应力腐蚀断裂。设计锻件时要保证晶粒流向适应于应力方向。

⑨ 当无法避免不同金属间的接触时,对接触表面进行适当的防护处理,例如钢零件镀锌或镀镉后可与阳极化的铝合金零件接触;或两种金属间用缓蚀密封膏、绝缘材料隔开。

⑩ 防止零部件局部应力集中或局部受热,并控制材料的最大允许使用应力。对于长时间承受拉伸应力的零部件,应符合下式要求,以防止应力腐蚀断裂发生

$$\sum_{i=1}^{n} \sigma_i = (\sum_{i=1}^{j} \sigma'_i + \sum_{i=1}^{k} \sigma''_i) \leq \sigma_{th} \qquad (11.1)$$

式中 $\sum_{i=1}^{n} \sigma_i$ 为残余应力和使用应力的总和;$\sum_{i=1}^{j} \sigma'_i$ 为结构件在加工、成形、焊接、热处理、装配等过程中造成的残余拉伸应力的总和;$\sum_{i=1}^{k} \sigma''_i$ 为设计工作应力;σ_{th} 为光滑试样应力腐蚀断裂门槛应力。

若每道工序都设法消除残余应力,并合理设计公差,提高加工精度,采用加垫措施,尽量减少装配应力。使 $\sum_{i=1}^{j} \sigma'_i \rightarrow 0$ 时,则

$$\sum_{i=1}^{j} \sigma''_i \leq \sigma_{th} \qquad (11.2)$$

这样就可最大限度地提高使用材料的潜力。

11.2　缓蚀剂

一、概述

缓蚀剂是一些少量加入腐蚀介质中能显著减缓或阻止金属腐蚀的物质,也叫腐蚀抑制剂(Corrosion Inhibitor)。缓蚀剂防护金属的优点在于用量少、见效快、成本较低、使用方便,目前已广泛用于机械、化工、冶金、能源等许多部门。例如在酸洗过程中,硫酸和盐酸除去钢铁表面氧化皮的同时,也会使金属本身迅速溶解,若加入适当的缓蚀剂,则可抑制金属本身过分的腐蚀。缓蚀剂保护的缺点是,它只适用于腐蚀介质的体积量有限的情况,例如电镀和喷漆前金属的酸洗除锈、锅炉内壁的化学清洗、油气井的酸化、内燃机及工业冷却水的防腐蚀处理和金属产品的工序间防锈和产品包装等;但对于钻井平台、码头、桥梁等敞开体系,则不适用。

腐蚀介质中缓蚀剂的加入量很少,通常为 0.1%～1%。缓蚀剂的保护效果与金属材料的种类、性质和腐蚀介质的性质、温度、流动情况等有密切关系,即缓蚀剂保护有强烈的选择性。如亚硝酸钠或碳酸环己胺对钢铁有缓蚀作用,对铜合金不但无效,反而会加速其腐蚀。目前还没有对各种金属在不同介质中普遍适用的通用缓蚀剂。

缓蚀剂的缓蚀效率 ε 定义为

$$\varepsilon/\% = \frac{v_{corr}^0 - v_{corr}}{v_{corr}^0} \times 100 \qquad (11.3)$$

式中 ε 为缓蚀效率,用% 表示;v_{corr}^0 和 v_{corr} 分别表示加入缓蚀剂前、后金属的腐蚀速度,可用任何通用单位,但 v_{corr}^0 和 v_{corr} 的单位必须一致。如果用 i_{corr}^0 和 i_{corr} 表示加入缓蚀剂前、后的腐蚀电流密度,则缓蚀效率可写为

$$\varepsilon/\% = \frac{i_{corr}^0 - i_{corr}}{i_{corr}^0} \times 100 \qquad (11.4)$$

缓蚀效率能达到90%以上的为良好的缓蚀剂,若 ε 达到100%,则意味着达到了完全保护。

可见,缓蚀效率的测试方法也就是金属腐蚀速度的测试方法。因此可用失重法、各种电化学测试方法(如塔费尔直线外推法、线性极化法、交流阻抗法等)来测定缓蚀剂的缓蚀效率。为了最大限度地模拟现场的腐蚀情况,并使结果易于重现和各实验室的测量能够相互对比,测试条件必须严格规定,并予以标准化。

二、缓蚀剂分类

1.按化学成分分类

(1)无机缓蚀剂

无机缓蚀剂有亚硝酸盐、铬酸盐、硅酸盐、聚磷酸盐、铝酸盐、硼酸盐和亚砷酸盐等,它们往往与金属表面反应,促使形成钝化膜或金属盐膜,以阻止阳极溶解过程。

(2)有机缓蚀剂

有机缓蚀剂远比无机缓蚀剂多,有机缓蚀剂往往在金属表面上发生物理或化学吸附,从而阻止腐蚀性物质接近金属表面,或者阻滞阴、阳极过程。

2.按作用机理分类

根据缓蚀剂对腐蚀电极过程发生的主要影响,可把缓蚀剂分为阳极型、阴极型和混合型三种。从图 11.1 中可明显看出,由于缓蚀剂的加入,分别增加阳极极化、阴极极化或二者同时增大,使腐蚀电流由原来的 I_{corr}^0 减小到 I_{corr}。

(1)阳极型缓蚀剂

阳极缓蚀剂能抑制阳极反应,增大阳极极化,从而使腐蚀电流下降,且使腐蚀电极电势变高(图 11.1(a))。

(2)阴极型缓蚀剂

阴极缓蚀剂能抑制阴极反应,增大阴极极化,降低腐蚀电流,且使自腐蚀电极电势变低(图 11.1(b))。

(3)混合型缓蚀剂

混合型缓蚀剂对阴、阳极极化过程都起抑制作用,腐蚀电势可能变化不大,但腐蚀电流显著降低(图 11.1(c))。

(a)阳极型缓蚀剂   (b)阴极型缓蚀剂   (c)混合型缓蚀剂

图 11.1　不同类型缓蚀剂的极化图

3.按缓蚀剂形成的保护膜特征分类

(1)氧化(膜)型缓蚀剂

氧化(膜)型缓蚀剂能使金属表面生成致密而附着力好的氧化物膜,从而抑制金属的腐蚀。因其有钝化作用,故又称为钝化型缓蚀剂,或者直接称为钝化剂(Passivator)。钢在中性介质中常用的缓蚀剂如 Na_2CrO_4、$NaNO_2$、$NaMoO_4$ 等都属于此类。

(2)沉淀(膜)型缓蚀剂

沉淀(膜)型缓蚀剂本身无氧化性,但它们能与金属的腐蚀产物(如 Fe^{2+}、Fe^{3+})或与共轭阴极反应的产物(一般是 OH^-)生成沉淀,能够有效地修补金属氧化膜的破损处,从而起到缓蚀作用,这种物质称为沉淀型缓蚀剂。例如,中性水溶液中常用的缓蚀剂硅酸钠(水解产生 SiO_2 胶凝物)、锌盐(与 OH^- 反应产生 $Zn(OH)_2$ 沉淀膜)、磷酸盐类(与 Fe^{2+} 反应形成 $FePO_4$ 膜)。显然它们必须有 O_2、NO_2^- 或 CrO_4^{2-} 等去极化剂存在时才起作用。

(3)吸附型缓蚀剂

吸附型缓蚀剂能在金属/介质界面上形成致密的吸附层,阻挡水分和侵蚀性物质接近金属,或者抑制金属腐蚀过程,起到缓蚀作用。这类缓蚀剂大多含有 O、N、S、P 的极性基团或不饱和键的有机化合物。如钢在酸中常用的缓蚀剂硫脲、喹啉、炔醇等类的衍生物,铜在中性介质中常用的缓蚀剂苯丙三氮唑及其衍生物等。

上述氧化型和沉淀型两类缓蚀剂也常合称为被膜型缓蚀剂。因为被膜的形成,产生了三维的新相,故也称为三维缓蚀剂。而单纯吸附形成的缓蚀剂单分子层,是二维的,也称为二维缓蚀剂。实际上,对于具体的高效缓蚀剂,其作用机理是相当复杂的,很难简单地归之于某一类型。即使是典型的氧化型缓蚀剂 NO_2^-、CrO_4^{2-} 等,由于加入量很少,也必须首先吸附(富集)于金属表面氧化膜的薄弱点或破损处,才能使该处钝化,起到保护作用。而且有机缓蚀剂,除了初始的吸附作用外,可能通过二次化学作用产生三维被膜,起到更好的缓蚀作用。另外,上述分类和名称往往是交叉的。例如,氧化型缓蚀剂一般是阳极型的;沉淀型缓蚀剂往往是阴极型的;而吸附型缓蚀剂很可能是混合型的。但这些并不是绝对的。

4.按物理性质分类

(1)水溶性缓蚀剂

水溶性缓蚀剂可溶于水溶液中,通常作为酸、盐水溶液及冷却水中的缓蚀剂,也用作工序间防锈水、防锈润滑切削液中。

（2）油溶性缓蚀剂

水溶性缓蚀剂可溶于矿物油中，作为防锈油（脂）的主要添加剂。它们大多是有机缓蚀剂，分子中存在着极性基团（亲金属和水）和非极性基团（亲油的碳氢链）。因此，这类缓蚀剂可在金属/油的界面上发生定向吸附，构成紧密的吸附膜，阻挡水分和腐蚀性物质接近金属。

（3）气相缓蚀剂

气相缓蚀剂是在常温下能挥发成气体的金属缓蚀剂。若是固体，必须能升华，若是液体，必须具有足够大的蒸气压。这类缓蚀剂必须在有限的空间内使用，如将气相缓蚀放入密封袋中。

5.按用途分类

根据缓蚀剂的用途可分为冷却水缓蚀剂、锅炉缓蚀剂、酸洗缓蚀剂、油气井缓蚀剂、石油化工缓蚀剂、工序间防锈缓蚀剂等。

三、缓蚀剂的作用机理

1.阳极型缓蚀剂作用机理

阳极型缓蚀剂主要抑制腐蚀的阳极过程，其缓蚀机理可分为两种情况：

（1）氧化型缓蚀剂

氧化型缓蚀剂主要促使金属阳极钝化。例如，在含氧的中性水溶液中加入少量铬酸盐，可使钢铁、铝、锌、铜等金属的腐蚀速度显著降低。由图 11.2 可见，未加缓蚀剂时，金属的阳极极化曲线为 A，添加缓蚀剂后金属的阳极极化曲线为 A'，假定两种情况下的阴极极化曲线不变，均为 C。由于铬酸盐的加入，使钝化膜容易在金属表面生成，或者使原来破损的氧化膜得到修复，从而提高了金属的钝性。因此阳极极化曲线由 A 变成 A'，致钝电流 I_{pp} 和维钝电流 I_p 都减小，钝化电位区扩大，使致钝电势 φ'_{pp} 下的 $I_C > I'_{pp}$。也就是说，由于加入了缓蚀剂，阳极极化曲线和阴极极化曲线的交点由活化态的 M 点变为钝态的 N 点，腐蚀电流由 I_{corr} 减小到 I'_{corr}。

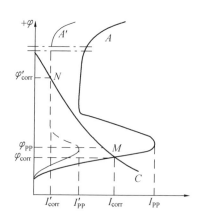

图 11.2　阳极钝化型缓蚀剂作用原理图

氧化型缓蚀剂本身是氧化剂，可使腐蚀金属的电势正移进入钝化曲线的钝化区，从而阻滞了金属的腐蚀。因此，常用测定阳极极化曲线的方法来评定这类缓蚀剂。如果加入缓蚀剂后，阳极钝化曲线的 I_{pp} 和 I_p 都下降，φ_p 负移，则说明该缓蚀剂有促进钝化、扩大钝化区范围的作用。图 11.3 描述了加入 K_2CrO_4 对钢在中性介质中阳极钝化曲线的影响。由图可见，加入 0.01 mol/L（质量分数约 0.19%）的 K_2CrO_4 后，使致钝电流 I_{pp} 下降约 2.7 倍，φ_p 负移 120 mV，使金属更易钝化。

氧化型缓蚀剂添加量必须超过某个临界值。例如，铬酸盐（如 $K_2Cr_2O_7$）在水中的加入质量分数为 0.2%～0.5%，而在盐溶液中的加入质量分数要提高到 2%～5%。添加量不足，易加速腐蚀或造成局部腐蚀。

亚硝酸钠也是钝化型缓蚀剂，它不但可使钢在酸性溶液中的阳极极化曲线的 I_{pp} 下降，

φ_p 负移(图 11.4),而且又是强的阴极去极化剂,加速阴极反应

$$NO_2^- + 8H^+ + 6e \longrightarrow NH_4^+ + 2H_2O$$

增大阴极电流,使 φ_{pp} 下的阴极电流 $I'_C > I_{pp}$,金属的自腐蚀电势进入钝态电势区(图 11.5 中曲线 A 和 C' 的交点),从而使腐蚀电流由 I_{corr} 降到 I'_{corr},起到缓蚀作用。

图 11.3 加入 K_2CrO_4 对钢在 $1\ mol \cdot L^{-1}\ Na_2SO_4$ 溶液中钝化曲线的影响

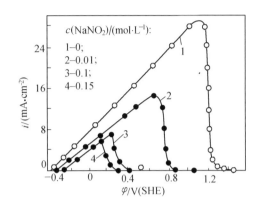

图 11.4 $NaNO_2$ 对钢在 $H_3BO_4 + H_3PO_4 + L$ 醋酸 $(0.014 + 0.014 + 0.04)\ mol \cdot L^{-1}$ 混合液 中阳极钝化曲线的影响

氧化型缓蚀剂如果添加量不足,如图 11.5 中曲线 A 与 C'' 的交点所示,腐蚀电流反而增加到 I''_{corr}。因此,也存在临界加入量的问题,使用时应当注意。

(2)沉淀型缓蚀剂

沉淀型缓蚀剂是非氧化性物质,如 NaOH、Na_2CO_3、Na_2SiO_3、Na_3PO_4 和苯甲酸钠等。它们的作用在于能和金属表面阳极部分溶解下来的金属离子生成难溶性化合物,沉淀在阳极区表面,或者修补氧化膜的破损处,从而抑制阳极反应。例如,磷酸盐离解后的 PO_4^{3-} 离子能与腐蚀产生的 Fe^{2+} 反应生成沉淀

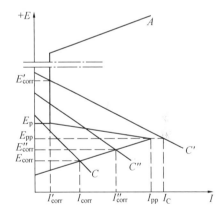

图 11.5 阴极去极化型钝化作用原理

$$3Fe^{2+} + 2PO_4^{3-} \longrightarrow Fe_3(PO_4)_2 \downarrow$$

这类缓蚀剂要有 O_2 等去极化剂存在时才起作用。图 11.6 为 Na_3PO_4 和 Na_2SiO_3 对钢在 $0.025\ mol \cdot L^{-1}\ Na_2SO_4$ 的硼酸缓冲溶液(pH = 7.1)中阳极极化曲线的影响。从图中可见,加入缓蚀剂 Na_3PO_4 后,由于它有较强的碱性,钢完全处于钝化区,故无 i_{pp} 存在,i_p 比未加 Na_3PO_4 的下降了两个数量级,说明上述条件下 Na_3PO_4 比 Na_2SiO_3 有更强的缓蚀作用。实验表明,在 O_2 存在下用磷酸盐作缓蚀剂时,生成的 $\gamma - Fe_2O_3$ 钝化膜中含有少量的 PO_4^{3-} 离子。说明磷酸盐沉淀参与了钝化膜的形成和修补。

2.阴极型缓蚀剂作用机理

阴极型缓蚀剂能在金属表面形成沉淀膜,覆盖阴极表面,阻碍氧的扩散或者提高氧或 H^+ 还原反应的过电势,使腐蚀速度降低。阴极型缓蚀剂又有三种类型:

① 缓蚀剂的阳离子向腐蚀微电池的阴极迁移,与阴极产生的 OH^- 离子反应,形成氢氧化物或碳酸盐沉淀膜,阻碍氧向阴极扩散,提高阴极过电势,从而降低腐蚀速度。这类缓蚀剂有 $ZnSO_4$ 和 $Ca(HCO_3)_2$ 等。$Ca(HCO_3)_2$ 与 OH^- 离子反应可生成 $CaCO_3$ 沉淀

图 11.6 Na_3PO_4 和 Na_2SiO_3 对钢在 0.025 $mol \cdot L^{-1}$ Na_2SO_4 的硼酸缓冲溶液($pH = 7.1$)中阳极极化曲线的影响

$$Ca(HCO_3)_2 + OH^- \longrightarrow CaCO_3 \downarrow + HCO_3^- + H_2O$$

$ZnSO_4$ 在含氧的中性水溶液中可生成难溶的 $Zn(OH)_2$ 沉淀。沉淀膜可达几十到上百纳米。沉淀膜不如阳极钝化膜致密,附着力也差,因此缓蚀效果不如阳极型缓蚀剂。为了达到同样效果,这类缓蚀剂的用量大;但阴极缓蚀剂比阳极缓蚀剂安全。

② 缓蚀剂能与水溶液中某些阳离子作用,生成大的胶体阳离子,然后向阴极表面迁移,在阴极区放电并形成较厚的保护膜。例如,在循环冷却水和锅炉水中经常采用聚磷酸盐作缓蚀剂。其结构式为

$$NaO-\overset{\overset{O}{\|}}{\underset{\underset{ONa}{|}}{P}}-O\left[\overset{\overset{O}{\|}}{\underset{\underset{ONa}{|}}{P}}-O\right]_n\overset{\overset{O}{\|}}{\underset{\underset{ONa}{|}}{P}}-ONa$$

其中六偏磷酸钠($n = 4$)和三聚磷酸钠($n = 1$)应用广泛。前者比后者缓蚀效果好,但后者更便宜。它们的缓蚀机理较复杂。一般认为,在水中有溶解氧的情况下,它们在促进钢铁表面生成 $\gamma - Fe_2O_3$ 的同时,可与水中的 Ca^{2+}、Mg^{2+}、Zn^{2+} 等离子形成化合物,如

然后在阴极区放电,生成沉淀膜,阻滞阴极过程的进行。聚磷酸盐中钠钙的比例以 $5:1$ 较合适。聚磷酸盐常与锌盐复合使用,可提高缓蚀效果。如六偏磷酸钠与氯化锌以 $4:1$ 配合的复合缓蚀剂,用于循环冷却水系统,缓蚀效率可达 95% 以上。

③ 缓蚀剂中阳离子在腐蚀微电池阴极区放电,析出的金属能提高氢过电位,从而阻滞阴极还原过程。例如,锑盐和砷盐在酸性溶液中可在阴极区还原为金属 Sb 和 As 的覆盖层,增加析氢过电势,因而是阴极性缓蚀剂,如图 11.7。

阴极型缓蚀剂不像阳极型缓蚀剂那样,在用量不足时会由于氧化型缓蚀剂是强的阴极去极化剂或钝化不完全,而造成腐蚀加速或局部腐蚀。因此阳极型缓蚀剂是"危险的缓蚀剂",而阴极型缓蚀剂为"安全的缓蚀剂"。

3.吸附型缓蚀剂作用机理

吸附型缓蚀剂大都含有 N、O、S、P 极性基团或不饱和键的有机化合物,极性基团或不饱和键中的 π 键与金属的亲和力强,而非极性基则疏水、亲油,这些有机物在金属表面定向吸附,特别是发生"二次化学作用"后,形成保护性的吸附膜,可以阻止水分和侵蚀性物质接近金属表面或阻滞腐蚀的阴、阳极过程,从而起到缓蚀作用。

图 11.7　As 对钢在硫酸中腐蚀速度的影响

吸附过程是缓蚀剂作用的必要条件。少量的缓蚀物质所以能有效地抑制金属腐蚀,首先它必须在金属表面或表面膜的薄弱处吸附。研究表明,即便是 NO_2^- 和 CrO_4^{2-} 等典型的氧化型缓蚀剂,也是首先吸附于金属表面氧化膜上或其破损处,然后再把低价的铁氧化为更加稳定的高价铁氧化物($\gamma - Fe_2O_3$),从而发挥其保护作用。对于有机缓蚀剂,除了一开始吸附于金属表面外,往往还需通过进一步的"二次化学作用",才能形成有效的保护膜。吸附过程是缓蚀剂起作用的必要条件,但有吸附能力的物质并不一定有缓蚀性能。

吸附作用包括物理吸附和化学吸附。物理吸附是由缓蚀剂离子与金属的表面电荷产生的静电引力和范德华力引起的,这种吸附速度快、可逆。化学吸附是缓蚀剂分子中的 N、O、S、P 等原子与金属形成了配位键,它比物理吸附强、不可逆,吸附速度也较慢。对于金属/腐蚀介质的界面有大量极性水分子的定向吸附,缓蚀剂分子要在金属表面富集,必须依靠较强的化学作用力,才能从金属表面挤走水分子,实现化学吸附。它与吸附物的化学特性有关,故也称特性吸附。

缓蚀剂分子在金属表面吸附后,特别是通过"二次化学作用",生成了保护性吸附膜,可阻挡水分和侵蚀性物质腐蚀金属,或者阻滞阴极析氢过程,用作酸性溶液的缓蚀剂。

金属表面实际带电状态(不是电势正负),对缓蚀剂离子的静电力引起的物理吸附有很大影响,从而影响缓蚀性能。例如,钢在硫酸中的某些有机阳离子缓蚀剂,单独使用时效果不大,但加入卤素离子后就可显著提高缓蚀能力。这是因为加入阴离子后大大增强了有机阳离子缓蚀剂的吸附能力。由图 11.8 可看出,I^- 离子的加入大大增强了阳离子缓蚀剂三苯胺在铁上的吸附能力,表现为吸附电势范围加宽,微分电容显著下降。这是因为阴离子(I^-)的吸附引起了电极零电荷电势的改变。在 $0.5\ mol \cdot L^{-1}\ H_2SO_4$ 中自腐蚀电势为 $-0.25 \sim -0.27\ V$ 的铁电极表面是带正电荷的,有机阳离子不能有效地吸附在铁电极上,卤素离子在铁上吸附后,使零电荷电势正移。于是自腐蚀电势下,铁电极表面变成带负电荷,这样在静电引力下有利于有机阳离子缓蚀剂的吸附。从图 11.9 可看出,铁在 $0.5\ mol \cdot L^{-1}\ H_2SO_4$ 中,单加入四丁基胺硫酸盐几乎无缓蚀作用,再加入 KI 后大大增强了这种阳离子缓蚀剂的能力。胺－醛缩合物类缓蚀剂(如苦丁)中必须加入一定量的 NaCl,才有显著的缓蚀效果。高浓、高温、浓酸油气井酸化缓蚀剂中,添加一定量的碘化物,可增强缓蚀作用,都是这个道理。卤化物被称为增强剂。

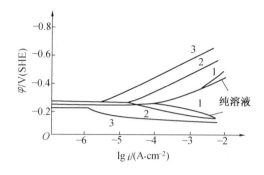

图 11.8　铁在 0.5 mol·L^{-1} H$_2$SO$_4$ 中的微分电容曲线
1—纯溶液;
2—含 5×10^{-4}mol·L^{-1}的三苯胺;
3—含 5×10^{-3}mol·L^{-1}的 KI;
4—含 5×10^{-3}mol·L^{-1}的三苯胺 + 5×10^{-3}mol·L^{-1}KI

图 11.9　铁在 0.5 mol·L^{-1} H$_2$SO$_4$ 中的极化曲线
1—含 1×10^{-3}M 四丁基胺硫酸盐;
2—含 1×10^{-4}NKI;
3—含 1×10^{-4}NKI + 1×10^{-3}M 四丁基胺硫酸盐

　　有些表面活性剂可作为缓蚀剂使用。特别是防锈油中使用的油溶性缓蚀剂,如石油磺酸钡、二壬基萘磺酸钡、十二烯基丁二酸等属于这一类。这些缓蚀剂都是表面活性剂,其分子具有极性"头"(亲金属、亲水)和非极性"尾"(亲油、疏水),可在金属/溶液界面上发生定向吸附,如图 11.10,形成的吸附层把金属与腐蚀介质隔开,起到保护金属的作用。

图 11.10　有机缓蚀剂分子定向吸附示意图

4.气相缓蚀剂作用机理

　　气相缓蚀剂通过挥发成为气体,再经扩散而到达金属表面。当达到足够浓度时就可保护金属免遭腐蚀。

　　气相缓蚀剂气化并到达金属表面的历程,因气相缓蚀剂分子结构的不同而有两种可能:一是气相缓蚀剂分子遇到潮气,离解或水解出有保护作用而又能挥发的基团,如碳酸环己胺分解为环己胺和二氧化碳,磷酸氢二铵分解成氨和磷酸,这些基团经过挥发、扩散到达金属表面,达到一定浓度可抑制金属腐蚀。它们分解的过程并不是在金属表面上进行的。

　　另一种可能是缓蚀剂整个分子挥发、扩散到金属表面,在金属表面上发生离解和水解,形成保护性基团而起保护作用。如亚硝酸二环己胺是以整个分子挥发、扩散到金属表面,当湿气凝聚时,在金属表面上发生水解

$$\text{（}\text{N—NO}_2\text{）}+\text{H}_2\text{O} \longrightarrow \text{（}\text{N—OH）}+\text{HNO}_2 \longrightarrow \text{（}\text{N}^+\text{）}+\text{NO}_2^-+\text{H}_2\text{O}$$

生成的二环己胺阳离子吸附在钢铁表面的阴极区,按吸附型缓蚀剂作用机理起缓蚀作用,而离解出的 NO$_2^-$ 离子可促使阳极区钝化,从而达到保护目的。

　　多数气相缓蚀剂是有机或无机酸的胺盐,它们挥发并扩散到金属表面的液膜中后,水解成季胺阳离子和酸根阴离子。季胺阳离子或有机胺分子的缓蚀作用,属于吸附型机理。

苯丙三氮唑(BTA)是铜的特效缓蚀剂。由于其分子中 N 原子上有孤对原子,可与 Cu 以配价键结合,形成配合物,吸附在铜表面上,形成约 5 nm 厚的致密稳定的保护膜,有很好的缓蚀作用。在 pH 值为 6.5~10 的范围内,BTA 的效果很好。pH 值过低,缓蚀效果差。这是因为 BTACu(I)是与铜表面的氧化物结合,而不是直接与裸露的铜表面原子结合,而当 pH 低时,铜表面的氧化物则不稳定。

四、缓蚀剂的选择和应用

采用缓蚀剂防腐蚀,由于设备简单,使用方便,投资少,收效大,因而广泛应用于酸洗、工序间防锈、油封包装、冷却水处理、石油化工等许多方面。

缓蚀剂有明显的选择性,因此应根据金属和介质选用合适的缓蚀剂。金属不同,适用的缓蚀剂不同,如 Fe 是过渡族金属,有空位的 d 轨道,易接受电子,对许多带孤对电子的基团产生吸附。而铜的 d 轨道已填满电子,因此对钢铁高效的缓蚀剂,对铜效果不好,甚至有害(如胺类);而对铜有特效的缓蚀剂 BTA,对钢铁的效果也很差。因此,对于多种金属组成的系统,如汽车、火车发动机的冷却水系统,包含多种金属,因此要选用多效缓蚀剂或用多种缓蚀剂配合使用。

介质不同,也要选不同的缓蚀剂。一般中性水介质中多用无机缓蚀剂,以氧化型和沉淀型为主。酸性介质中有机缓蚀剂较多,以吸附型为主。油类介质中要选用油溶性吸附型缓蚀剂。气相缓蚀剂必须有一定的蒸气压和密封的环境。

缓蚀剂不但要选择其品种,还必须确定其合适的用量。缓蚀剂用量过多,可能改变介质的性质(如 pH 值),成本增高,缓蚀效果也未必好;过少则达不到缓蚀作用,对于阳极型缓蚀剂,还会加速腐蚀或产生局部腐蚀。因此,通常存在着临界缓蚀剂浓度。临界浓度随腐蚀体系而异,在选用缓蚀剂时必须进行试验,以确定合适的用量。对于被膜型缓蚀剂,初始使用时往往要加大用量,有时比正常用量高出十几倍,以便快速生成完好的保护膜,这就是所谓"预膜"处理。

单独使用一种缓蚀剂往往达不到良好的效果。多种缓蚀物质复配使用时,常常比单独使用时的总效果好得多,这种现象叫协同效应。产生协同效应的机理随体系而异,许多还不太清楚,一般考虑阴极型和阳极型复配。不同吸附基团的复配、缓蚀剂与增溶分散剂复配、照顾不同金属的复配以及高效多功能缓蚀剂的研制,这些都是目前缓蚀剂研究的重点。

缓蚀剂的选用,除了防蚀目的外,还应考虑到工业系统运行的总效果(如冷却水系统要考虑防蚀、防垢、杀菌、冷却效率及运行通畅等)和环境保护等问题。

11.3　电化学保护

电化学保护就是使金属构件极化到免蚀区或钝化区而得到保护。电化学保护分为阴极保护和阳极保护。

一、阴极保护

阴极保护是使金属构件作为阴极,通过阴极极化来消除该金属表面的电化学不均匀性,达到保护目的。阴极保护是一种经济而有效的防护措施。一条海船在建造费中,涂装费占了 5%,而阴极保护用的牺牲阳极材料和施工费加起来不到 1%。一座海上采油平台的建造费超过 1 亿元,而牺牲阳极材料和施工费只需 100～200 万元。不采用保护,平台寿命只有 5 年,而阴极保护下可用 20 年以上。地下管线的阴极保护费只占总投资的 0.3%～0.6%,就可显著延长使用寿命。一些要求在海水、土壤中使用几十年的设备,如海洋平台、轮船、码头、地下管线、电缆、贮槽等,都必须采用阴极保护,提高其抗蚀能力。

1.阴极保护原理

阴极保护原理参见图 11.11。当未进行阴极保护时,金属腐蚀微电池的阳极极化曲线 $\varphi_{0,A}A$ 和阴极极化曲线 $\varphi_{0,C}C$ 相交于点 S(忽略溶液电阻),此点对应的电势为金属的自腐蚀电势 φ_{corr},对应的电流为金属的腐蚀电流 I_{corr}。在腐蚀电流 I_{corr} 作用下,微电池阳极不断溶解,导致腐蚀破坏。

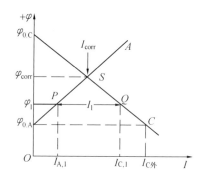

图 11.11　阴极保护原理示意图

阴极保护时,在外加阴极电流 I_1 的极化下,金属总电势由 φ_{corr} 变负到 φ_1,阴极总电流 $I_{C,1}$($\varphi_1 Q$ 段)中,一部分电流是外加的,即 I_1(PQ 段),另一部分电流仍然是由金属阳极腐蚀提供的,即 $I_{A,1}$($\varphi_1 P$ 段)。显然,这时金属微电池的阳极电流 $I_{A,1}$ 比原来的腐蚀电流 I_{corr} 减小了,即腐蚀速度降低了,金属得到了部分保护。差值($I_{corr}-I_{A,1}$)表示外加阴极极化后金属上腐蚀微电池作用的减小值,即腐蚀电流的减小值,称为保护效应。

当外加阴极电流继续增大时,金属体系的电极电势变得更低。当金属的总电势达到微电池阳极的起始电势 $\varphi_{0,A}$ 时,金属上阳极电流为零,全部电流为外加阴极电流 $I_{C外}$($\varphi_{0,A} C$ 段),这时,金属表面上只发生阴极还原反应,而金属溶解反应停止了,因此金属得到完全的保护,这时金属的电势称为最小保护电势。金属达到最小保护电势所需要的外加电流密度称为最小保护电流密度。

由此我们可得出这样的结论:要使金属得到完全保护,必须把它阴极极化到其腐蚀微电池阳极的平衡电势。

这只是阴极保护的基本原理,实际情况要复杂得多,例如还要考虑时间因素的影响。以钢在海水中为例,原来海水中无铁离子,要使钢的混合电势降到阳极反应即铁溶解反应的平衡电势,就需要在钢表面阳极附近的海水中有相应的铁离子浓度,譬如 10^{-6} mol·L^{-1}。这在阴极保护初期是很难做到的。实际上,为了达到满意的保护效果,选用的保护电势总要低于腐蚀微电池阳极平衡电势。

2.阴极保护的基本参数

阴极保护中,判断金属是否达到完全保护,通常用测定保护电势的方法。而为了达到必要的保护电势,则要通过控制保护电流密度来实现。

(1)最小保护电势

最小保护电势的数值与金属和介质条件有关,虽可进行估算,但大多是通过实验确定的。表 11.1 列出了不同金属和合金在海水和土壤中的阴极保护电势。我国制定的标准中,钢质船舶在海水中的保护电势范围为 $-0.75～-0.95$V(vs Ag/AgCl)。

阴极保护电势并不是越低越好,超过规定的范围,除浪费电能外,还可引起析氢,导致附近介质 pH 升高,破坏漆膜,甚至引起金属氢脆。

表 11.1　几种金属和合金的阴极保护电势　　　　　（V）

金属或合金		参 比 电 极		
		$Cu/CuSO_4$	Ag/AgCl	Zn
铁和钢	含氧环境	-0.35	-0.80	$+0.25$
	缺氧环境	-0.95	-0.90	$+0.15$
铜合金		$-0.5 \sim -0.65$	$-0.45 \sim -0.60$	$+0.6 \sim +0.45$
铝及铝合金		$-0.95 \sim -1.20$	$-0.90 \sim -1.15$	$+0.15 \sim -0.10$
铅		-0.60	-0.55	$+0.50$

（2）最小保护电流密度

使金属得到完全保护所需的电流密度,即最小保护电流密度。其大小受多种因素的影响,它与金属的种类、表面状态、有无保护膜、漆膜损失程度、生物附着情况以及介质的组成、浓度、温度、流速等条件有关,很难找到统一的规律,而且实验室中通过极化曲线测定的数值与实际使用数值间也往往有较大的差异。实际上,随情况不同,最小保护电流密度可以从几十分之一 mA/m^2 到几百 mA/m^2。主要检查阴极保护电势范围是否合格,而保护电流密度只要能保证实现这一保护电势范围就可以了。

3.牺牲阳极法

阴极保护可通过两种方法实现:一是牺牲阳极法,二是外加电流法。

牺牲阳极法是在被保护的金属上连接电极电势更低的金属或合金,作为牺牲阳极,靠它不断溶解所产生的电流对被保护的金属进行阴极极化,达到保护的目的。牺牲阳极法包括牺牲阳极材料的确定和设计安装两大部分。

牺牲阳极材料必须能与被保护的金属构件之间形成足够大的电势差(一般在 0.25 V 左右)。所以对牺牲阳极材料的主要要求是:有足够低的电极电势,且阳极极化率要小,电容量要大,即消耗单位质量金属所提供的电量要多,单位面积输出电流大;自腐蚀很小,电流效率高;长期使用时保持阳极活性,不易钝化,能维持稳定的电势和输出电流,阳极溶解均匀,腐蚀产物疏松易脱落、不粘附于阳极表面或形成高电阻硬壳;价格便宜,来源充分,制造工艺简单,无公害等。

常用的牺牲阳极材料有:Zn – 0.6Al 0.1Cd,Al – 2.5 Zn 0.02 In,Mg – 6 Al 3 Zn 0.2 Mn,高纯锌等,其中铝合金多用于海水中。

牺牲阳极保护系统的设计包括:保护面积的计算,保护参数的确定,牺牲阳极的形状,大小和数量,分布和安装以及阴极保护效果的评定等。

4.外加电流法阴极保护

外加电流法是将被保护金属接到直流电源的负极,通以阴极电流,使金属极化到保护电势范围内,达到防蚀目的。

牺牲阳极法虽然不需要外加电源和专人管理,不会干扰邻近金属设施,而且电流分散能力好,施工方便,但需要消耗大量金属材料,自动调节电流的能力差,而且安装大量牺牲阳极会增加船体质量和阻力,或者影响海洋石油平台的稳定性和牵引特性。因此,20 世纪 50 年代后随着电子工业的发展,外加电流阴极保护技术得到很大发展。外加电流阴极保护系统具有体积及质量小、能自动调节电流和电压、运用范围广等优点。若采用可靠的不溶性阳极,其使用寿命较长。

外加电流法阴极保护系统主要由三部分组成:直流电源、辅助阳极和参比电极。

直流电源通常用大功率的恒电位仪,可根据外界条件的变化,自动调节输出电流,使被保护体的电势始终控制在保护电势范围内。

外加电流法的辅助阳极是用来把电流输送到阴极(即被保护的金属)上,这与牺牲阳极法所用的阳极材料截然不同。外加电流法的辅助阳极材料应具有导电性好、耐蚀性好、寿命长、排流量大(即一定电压下单位面积通过的电流大)、阳极极化小、有一定的机械强度、易于加工、来源方便、价格便宜等特点。常用的辅助阳极材料有钢、石墨、高硅铁、磁性氧化铁、铅银(2%)合金、镀铂的钛等。这些阳极板除钢外,都是耐蚀的,可供长期使用。钛上镀一层 $2 \sim 5 \ \mu m$ 的铂作为阳极,使用工作电流密度为 $1\ 000 \sim 2\ 000 \ A/m^2$,而铂的消耗率只有 $4 \sim 10$ mg/(A·a),一般可使用 $5 \sim 10$ 年。

参比电极用来与恒电位仪配合使用,测量和控制保护电势,因此要求参比电极可逆性好,不易极化,在长期使用中能保持电势稳定、准确、灵敏,坚固耐用等。常用的参比电极有 Ag/AgCl 电极、Cu/CuSO$_4$ 电极、Zn 电极等。

外加电流保护系统的设计主要包括:选择保护参数,确定辅助阳极材料、数量、尺寸和安装位置,确定阳极屏材料和尺寸,计算供电电源的容量等。由于辅助阳极是绝缘地安装在被保护体上,故阳极附近的电流密度很高,易引起"过保护",使阳极周围的涂料遭到破坏。因此,必须在阳极附近一定范围内涂刷或安装特殊的阳极屏蔽层。它应具有与钢结合力高、绝缘性优良,良好的耐碱、耐海水性能。对海船用的阳极屏蔽材料有玻璃钢阳极屏,或涂氯化橡胶厚浆型涂料,或环氧沥青聚酰胺涂料。

阴极保护的应用日益广泛,主要用于保护水中和地下的各种金属构件和设备:如舰船、码头、桥梁、水闸、浮筒、海洋平台、海底管线;工厂中的冷却水系统、热交换器、污水处理设施,原子能发电厂的各类给水系统;地下油、气、水管线,地下电缆等,都可用牺牲阳极法或外加电流法进行阴极保护,防蚀效果很好。

二、阳极保护

将被保护的金属设备与外加直流电源的正极相连,在腐蚀介质中使其阳极极化到稳定的钝化区,金属设备就得到保护。这种方法称为阳极保护法。这种防护技术已成功地用于工业生产,以防止碱性纸浆蒸煮锅的腐蚀。现在逐渐用到硫酸、磷酸、有机酸和液体肥料生产系统中,取得了很好的效果。

图 11.12　阳极保护原理示意图

阳极保护的基本原理已在第 5 章讨论过了,如图 11.12 所示。对于具有钝化行为的金属设备,用外电源对它进行阳极极化,使其电势进入钝化区,腐蚀速度甚微,即得到阳极保护。

为了判断给定腐蚀体系是否可采用阳极保护,首先要根据恒电势法测得的阳极极化曲线来分析。在实施阳极保护时,主要考虑下列三个基本参数。

1.致钝电流密度 i_{pp}

致纯电流密度是金属在给定介质中达到钝态所需要的临界电流密度,也叫初始钝化电流密度或临界钝化电流密度。一般 i_{pp} 越小越好,否则,需要容量大的整流器,设备费用高,而且增加了钝化过程中金属设备的阳极溶解。

2.钝化区电势范围

开始建立稳定钝态的电势 φ_p 与过钝化电势 φ_{tp} 间的范围($\varphi_p \sim \varphi_{tp}$)叫致钝电流密度。在可能发生点蚀的情况下为 φ_p 与点蚀电势 φ_{br} 间的范围($\varphi_p \sim \varphi_{br}$)。显然钝化区电势范围越宽越好,一般不应小于 50 mV。否则,由于恒电势仪控制精度不高,使电势超出这一区域,可造成严重的活化溶解或点蚀。

表 11.2　金属材料在某些介质中阳极保护的主要参数

材料	介 质		温度/℃	i_{pp}/(A·m²)	i_p/(A·m²)	钝化电势范围/mV
碳钢	$w(H_2SO_4)$	96%	49	1.55	0.77	> +800
		96%~100%	93	6.2	0.46	> +600
		96%~100%	270	930	3.1	> +800
		105%	27	62	0.31	> +100
	$w(HNO_3)$	20%	20	10 000	0.07	+900 ~ +1 300
		50%	30	1500	0.03	+900 ~ +1 200
	$w(H_3PO_4)$	75%	27	232	23	+600 ~ +1 400
	$w(NH_4OH)$	25%	25	2.65	< 0.3	− 800 ~ + 400
	$w(NH_4NO_3)$	60%	25	40	0.002	+ 100 ~ + 900
		80%	120 ~ 130	500	0.004 ~ 0.02	+ 200 ~ + 800
不锈钢	$w(HNO_3)$	80%	24	0.01	0.001	
		80%	82	0.48	0.0045	
	$w(H_2SO_4)$	67%	24	6	0.001	+ 30 ~ + 800
		67%	66	43	0.003	+ 30 ~ + 800
		70%	沸腾	10	0.1 ~ 0.2	+ 100 ~ + 500
	$w(H_3PO_4)$	85%	135	46.5	3.1	+ 200 ~ + 700
	$w(草酸)$	30%	沸腾	100	0.1 ~ 0.2	+ 100 ~ + 500
	$w(NaOH)$	20%	24	47	0.1	+ 50 ~ + 350

3.维钝电流密度

i_p 代表金属在钝态下的腐蚀速度。i_p 越小,防护效果越好,耗电也越少。

以上三个参量与金属材料和介质的组成、浓度、温度、压力及 pH 值有关。因此要先测定出给定材料在腐蚀介质中的阳极极化曲线,找出这三个参量作为阳极保护的工艺参数,或以此判断阳极保护的效果。表 11.2 为部分金属在不同介质中阳极保护的主要参数。

阳极保护系统主要由恒电势仪(直流电源)、辅助阴极以及测量和控制保护电势的参比电极组成。对辅助阴极材料的要求是:在阴极极化下耐蚀,一定的强度,来源广泛、价廉、易加工。对浓硫酸可用铂或镀铂电极、金、钽、铝、高硅铸铁或普通铸铁等;对稀硫酸可用银、铝青铜、石墨等;碱溶液可用高镍铬合金或普通碳钢,在布置辅助阴极时也要考虑被保护体上电流均匀分布的问题。若开始电流达不到致钝电流,则会加速腐蚀。

对于不能钝化的体系或者在含 Cl⁻ 离子的介质中,阳极保护不能应用。因而阳极保护的应用还是有限的。目前主要用于硫酸和废硫酸贮槽、贮罐,硫酸槽加热盘管,纸浆蒸煮锅,碳化塔冷却水箱,铁路槽车,有机磺酸中和罐等的保护。

11.4 表面保护覆盖层

在金属表面形成保护性覆盖层,可避免金属与腐蚀介质直接接触,或者利用覆盖层对基体金属的电化学保护或缓蚀作用,达到防止金属腐蚀的目的。

保护性覆盖层的基本要求是:

① 结构致密,完整无孔,不透过介质。

② 与基体金属有良好的结合力,不易脱落。

③ 具有高的硬度和耐磨性。

④ 在整个被保护表面上均匀分布。

保护性覆盖层分为金属覆盖层和非金属覆盖层两大类。它们可用化学法、电化学法或物理方法实现。

一、金属覆盖层

金属覆盖层有时也叫金属涂(镀)层,其制造方法包括下列工艺:

1.电镀

用电沉积的方法使金属表面镀上一层金属或合金。镀层金属有 Ni、Cr、Cu、Sn、Zn、Cd、Fe、Pb、Co、Au、Ag、Pt 等单金属电镀层,还有 Zn – Ni、Cd – Ti、Cu – Zn、Cu – Sn 等合金电镀层。除了防护、装饰、耐磨、耐热等作用外,还有各种功能电镀层。

2.热镀

热镀亦称热浸镀,是将被保护金属制品浸渍在熔融金属中,使其表面形成一层保护性金属覆盖层。选用的液态金属一般是低熔点、耐蚀、耐热的金属,如 Al、Zn、Sn、Pb 等。镀锌钢板(俗称白铁)和镀锡钢板(俗称马口铁)就是采用热浸镀工艺。通常热镀锌温度在 450℃ 左右,为改善镀层质量,可在锌中加质量分数为0.2% 的 Al 和少量Mg。热镀锡温度为310 ～ 330℃。与电镀法相比,金属热镀层较厚,在相同环境中,其寿命较长。

3.热喷涂

热喷涂技术是利用气体燃烧、爆炸或电能作热源,将丝状或粉状金属加热至熔化或半熔化状态,并以高速喷向零件表面,从而形成一层具有特殊性能涂层的工艺方法。自 30 年代出现氧乙炔焰的金属喷涂枪技术以来,热喷涂工艺从热源、介质、喷涂材料形态等已做了多方面的改进,以满足不同应用的要求。图 11.13 为各种热喷涂的工艺方法。

图 11.13 热喷涂种类

常用的喷料金属有 Al、Zn、Sn、Pb、不锈钢、Ni – Al 和 Ni₃Al 等。厚的喷金属层可用于修复已磨损的轴或其他损坏的部件。虽然喷金属层的孔隙度较大,但由于涂层金属的机械隔离或对基体的阴极保护作用,也能起到良好的防蚀效果。

4.渗镀

在高温下利用金属原子的扩散,在被保护金属表面形成合金扩散层。最常见的是 Si、Cr、Al、Ti、B、W、Mo 等渗镀层。这类镀层厚度均匀、无孔隙、热稳定性好、与基体结合牢,不但有良好的耐蚀性,还可改善材料的其他物理化学性能。

5.化学镀

利用氧化还原反应,使盐溶液中的金属离子在被保护金属上析出,形成保护性覆盖层。化学镀层具有厚度均匀、致密、针孔少的优点,而且不用电源,操作简单,适于结构形状较复杂的零件和管子的内表面。但是化学镀层较薄($5 \sim 12~\mu m$),槽液维护较困难。目前化学镀 Ni 和 Ni – P 非晶态合金研究和应用日臻广泛。这种镀层不仅具有良好的耐蚀性,且硬度值也较高,热处理后的镀层硬度可接近 HV1 000,是一种很有效的抗微振磨损防护层。

6.包镀

将耐蚀性良好的金属通过辗压的方法包覆在被保护的金属或合金上,形成包覆层或双金属层。如高强度铝合金表面包覆纯铝层,形成有包铝层的铝合金板材。

7.机械镀

机械镀是把冲击料(如玻璃球)、表面处理剂、镀覆促进剂、金属粉和零件一起放入镀覆用的滚筒中,并通过滚筒滚动时产生的动能,把金属粉冷压到零件表面上形成镀层。若用一种金属粉,得到单一镀层;若用合金粉末,可得合金镀层;若同时加入两种金属粉末,可得到混合镀层;若先加入一种金属粉,镀覆一定时间后,再加另一种金属粉,则可获得多层镀层。表面处理剂和镀覆促进剂可使零件表面保持无氧化物的清洁状态,并控制镀覆速度。

机械镀的优点是镀层厚度均匀、无氢脆、室温操作、耗能少、成本低等。适于机械镀的金属有 Zn、Cd、Sn、Al、Cu 等软金属。适于机械镀的零件有螺钉、螺帽、垫片、铁针、铁链、簧片等小零件。零件长度一般不宜超过 150 mm,质量不超过 0.5 kg。机械镀工艺特别适于对氢脆敏感的高强钢和弹簧。但零件上孔不能太小太深,零件外形不得使其在滚筒中互相卡死。

8.真空镀

真空镀包括真空蒸镀、溅射镀和离子镀,它们都是在真空中镀覆的工艺方法。它们具有无污染、无氢脆、适于金属和非金属多种基材,且工艺简单等特点。但有镀层薄、设备贵、镀件尺寸受限的缺点。

真空蒸镀是在真空(10^{-2} Pa 以下)中将镀料加热,使其蒸发或升华,并沉积在镀件上的工艺方法。加热方法有电阻加热、电子束加热、高频感应加热、电弧放电或激光加热等,常用的是电阻加热。真空蒸镀可用来镀覆 Al、黄铜、Cd、Zn 等防护或装饰性镀层;电阻、电容等电子元件用的金属或金属化合物镀层;镜头等光学元件用的金属化合物镀层。

溅射镀是用荷能粒子(通常为气体正离子)轰击靶材,使靶材表面某些原子逸出,溅射到靶材附近的零件上形成镀层。溅射室内的真空度($0.1 \sim 1$ Pa)比真空蒸镀法低。溅射镀分为阴极溅射、磁控溅射、等离子溅射、高频溅射、反应溅射、吸气剂溅射、偏压溅射和非对称交流溅射等。

溅射镀的最大特点是能镀覆与靶材成分完全相同的镀层,因此特别适用高熔点金属、合金、半导体和各类化合物的镀覆。缺点是镀件温升较高($150 \sim 500~^{\circ}C$)。目前溅射镀主要用于制备电子元器件上所需的各种薄膜,也可用来镀覆 TiN 仿金镀层以及在切削刀具上镀覆 TiN、TiC 等硬质镀层,以提高其使用寿命。

离子镀需要首先将真空室抽至 10^{-3}Pa 的真空度,再从针形阀通入惰性气体(通常为氩气),使真空度保持在 0.1~1 Pa;接着接通负高压,使蒸发源(阳极)和镀件(阴极)之间产生辉光放电,建立起低气压气体放电的等离子区和阴极区;然后将蒸发源通电,使镀料金属气化并进入等离子区,金属气体在高速电子轰击下,一部分被电离,并在电场作用下被加速射在镀件表面而形成镀层。

离子镀的主要特点是绕镀性好和镀层附着力强。绕镀性好是由于镀料被离子化而成为正离子,而镀件带负电荷,镀料的气化粒子相互碰撞,分散在镀件(阴极)周围空间,因此能镀在零件的所有表面上,而真空蒸镀和溅射镀则只能镀在蒸发源或溅射源直射的表面。附着力强的原因是由于已电离的惰性气体不断地对镀件进行轰击,使镀件表面得以净化。另外,离子镀对零件镀前清理的要求也不甚严格。离子镀可用于装饰(如 TiN 仿金镀层)、表面硬化、电子元器件用的金属或化合物镀层以及光学用镀层等方面。

9. 离子注入

离子注入技术用于金属表面硬化和防蚀,可提高材料的耐磨、抗蚀性。以往,此项技术仅被用于半导体掺杂。自 1989 年 J.R.conrad 首次提出等离子体基离子注入技术以来,相继出现了金属等离子体基离子注入、等离子体注渗、等离子体基离子注入混合等新兴表面改性技术。

利用离子注入可在金属表面获得任意成分的表面改性层,改性层为非晶结构。单一的离子注入层厚度极薄,通常小于 300 nm。而等离子体基离子注入混合技术,可获得数微米甚至更厚的表面改性层。

二、非金属覆盖层

非金属覆盖层也叫非金属涂层,包括无机涂层和有机涂层。

1. 无机涂层

(1)搪瓷涂层

搪瓷又称珐琅,是类似玻璃的物质。搪瓷涂层是将钾、钠、钙、铝等金属的硅酸盐,加入硼砂等熔剂中,喷涂在金属表面上烧结而成。将其中的 SiO_3 成分适当增加(例如 >60%),可提高搪瓷的耐蚀性。由于搪瓷涂层没有微孔和裂缝,所以能将钢材基体与介质完全隔开,起到防护作用。

(2)硅酸盐水泥涂层

将硅酸盐水泥浆料涂覆在大型钢管内壁,固化后形成涂层。由于它价格低廉,使用方便,而且膨胀系数与钢接近,不易因温度变化而开裂,因此广泛用于水和土壤中的钢管和铸铁管线,防蚀效果良好。涂层厚度 0.5~2.5 cm,使用寿命最高可达 60 年。

(3)化学转化膜

化学转化膜是金属表层原子与介质中的阴离子反应,在金属表面生成附着性好、耐蚀性优良的薄膜。用于防蚀的化学转化膜主要有下列几种:

①铬酸盐钝化膜。锌、镉、锡等金属或镀层在含有铬酸、铬酸盐或重铬酸盐溶液中进行钝化处理,其金属表面形成由三价铬和六价铬的化合物(如 $Cr(OH)_3 \cdot CrOH \cdot CrO_4$)组成的钝

化膜。厚度一般$0.01 \sim 0.15 \mu m$。随厚度不同,铬酸盐的颜色可从无色透明转变为金黄色、绿色、褐色,甚至黑色。

在铬酸盐钝化膜中,不溶性的三价铬化合物构成了膜的骨架,使膜具有一定的厚度和机械强度;六价铬化合物则分散在膜的内部,起填充作用。当膜受到轻度损伤时,六价铬会从膜中溶入凝结水中,使露出的金属表面钝化,起到修补钝化膜的作用。因此,铬酸盐膜的有效防蚀期主要取决于膜中六价铬溶出的速率。

②磷化膜。磷化膜又叫磷酸盐膜,是钢铁零件在含磷酸和可溶性磷酸盐的溶液中,借助化学反应在金属表面上生成不可溶的、附着性良好的保护膜。这种成膜过程通常称为磷化或磷酸盐处理。磷化工艺分为高温($90 \sim 98℃$)、中温($50 \sim 70℃$)和常温磷化。常温磷化又称冷磷化,即在室温($15 \sim 35℃$)下进行。随磷化液不同,工业上最广泛应用的有三种磷化膜:磷酸铁膜、磷酸锰膜和磷酸锌膜。磷化膜厚度较薄,一般仅$5 \sim 6 \mu m$。因孔隙较大,耐蚀性较差,因此磷化后必须用重铬酸钾溶液钝化或浸油进行封闭处理。这样处理的金属表面在大气中有很高的耐蚀性。另外,磷化膜经常作为喷漆的底层,即磷化后直接涂漆,可大大提高油漆的附着力。

③钢铁的化学氧化膜。利用化学方法可在钢铁表面生成一层保护性氧化膜(Fe_3O_4)。碱性氧化法可使钢铁表面生成蓝黑色的保护膜,故又称为发蓝。碱性发蓝是将钢铁制品浸入含$NaOH$、$NaNO_2$或$NaNO_3$的混合溶液中,在约$140℃$下进行氧化处理,得到$0.6 \sim 0.8 \mu m$厚的氧化膜.除碱性发蓝外,还有酸性常温发黑等钢铁氧化处理法。钢铁化学氧化膜的耐蚀性较差,通常要涂油或涂蜡才有良好的耐大气腐蚀作用。

④铝及铝合金的阳极氧化膜。铝及铝合金在硫酸、铬酸或草酸溶液中进行阳极氧化处理,可得到几十至几百微米厚的多孔氧化膜。经进一步封闭处理或着色后,可得到耐蚀和耐磨性很好的保护膜。

2.有机涂层

(1)涂料涂层

涂料涂层也叫油漆涂层,因为涂料俗称为油漆。早期油漆以油为主要原料,现在各种有机合成树脂得到广泛采用。因此油漆涂料分为油基涂料(成膜物质为干性油类)和树脂基涂料两大类。常用的有机涂料有油脂漆、醇酸树脂漆、酚醛树脂漆、过氯乙烯漆、硝基漆、沥青漆、环氧树脂漆、聚氨酯漆、有机硅耐热漆等。

将一定粘度的涂料用各种方法涂覆在清洁的金属表面上,干燥固化后,可得到不同厚度的漆膜。它们除了把金属与腐蚀介质隔开外,还可能借助于涂料中的某些颜料(如铅丹、铬酸锌等)使金属钝化;或者利用富锌涂料中锌粉对钢铁的阴极保护作用,提高防护性能。

(2)塑料涂层

除了将塑料粉末喷涂在金属表面,经加热固化形成塑料涂层(喷塑法)外,用层压法将塑料薄膜直接粘结在金属表面,也可形成塑料涂层。有机涂层金属板近年来发展很快,不仅可提高耐蚀性,而且可制成各种颜色、花纹的板材(彩色涂层钢板),用途极为广泛。常用的塑料薄膜有:丙烯酸树脂薄膜、聚氯乙烯薄膜、聚乙烯薄膜和聚氟乙烯薄膜等。

(3)硬橡皮覆盖层

在橡胶中混入质量分数为$30\% \sim 50\%$的硫进行硫化,可制成硬橡皮。它具有耐酸、碱腐蚀的特性,故可用于覆盖钢铁或其他金属的表面。许多化工设备采用硬橡皮做衬里,其主要缺点是加热后会老化变脆,只能在 50℃以下使用。

随着表面工程技术的不断发展,相继出现了多种表面保护覆盖层及制造方法。如高温熔烧、激光涂覆等工艺已开始用于内燃机燃烧室的表面防护。目前,已经可以依据工件的服役环境及承载条件,制备出适宜成分的表面防护层。然而,如何保证防护层与基体间有足够的结合力,往往是评定工艺方法成败的关键。如类金刚石碳膜(DLC)的化学稳定性极强,在绝大多数的腐蚀介质中都具有良好的耐蚀性,但多数制备工艺都难以获得良好的膜 – 基结合力。可见,随着表面改性工艺的不断完善,腐蚀现象必将会得到更有效的控制。

附　　录

附表 1　常用 SI 单位及其换算关系

量的名称	单位名称	单位符号	与其他单位制的换算关系
长度	米	m	$1m = 3.28$ ft(英尺) $= 39.37$ in(英寸) $=$ $1.093\,6$ yd(码) $= 39\,370$ mil(密耳)
质量	千克	kg	$1kg = 2.205$ Ib(磅)
时间	秒	s	1 a(年) $= 365$ d(天) $= 8\,760$ h
物质的浓度	摩每立方米	mol/m³	1 mol/m³ $= 10^{-3}$ mol/dm³ $=$ 10^{-3} mol/L(摩/升)
摩尔熵	焦每摩开	J·mol⁻¹·K⁻¹	$J \cdot mol^{-1} \cdot K^{-1} = J \cdot mol^{-1}(℃)^{-1}$
力	牛(顿)	N	1 N $= 1$ kg·m·s⁻² $= 10^5$ dyn(达因) $=$ $0.101\,97$ kgf(千克力) $=$ $0.224\,8$ Ibf(磅力)
应力、强度	帕(斯卡)	Pa	1 Pa $= 1$ N/m² 1 MPa(兆帕) $= 10^6$ Pa $=$ $0.101\,97$ kgf/mm² $=$ $0.145\,1$ ksi(千磅/英寸²) 1 atm(标准大气压) $= 760$ mmHg $=$ $0.101\,325$ MPa 1 at(工程大气压) $= 1$ kgf/cm² $=$ $98\,066.5$ Pa 1 Torr(托) $= 1$ mmHg $= 133.322$ Pa 1 bar(巴) $= 10^5$ Pa $= 0.1$ MPa
功、能、热量	焦(耳)	J	1 J $= 1$ N·m $= 1$ kg·m²·s⁻² $=$ 10^7 erg(尔格) $= 0.238\,9$ cal(卡) $=$ 9.478×10^{-4} BTU(英热单位) $=$ $0.101\,97$ kgf·m $=$ $2.777\,8 \times 10^{-4}$ W·h(瓦小时) $=$ 1 W·s 1 eV(电子伏特) $= 1.602\,19 \times 10^{-19}$ J
电量	库(仑)	C	1 C $= 1$ A·s
电流	安(培)	A	1 A $= 1$ C/s
电位、电压	伏(特)	V	1 V $= 1$ J·A⁻¹·s⁻¹ $= 1$ kg·m²·A⁻¹·s⁻³
电阻	欧(姆)	Ω	1 Ω $= 1$ V·A⁻¹ $= 1$ kg·m²·s⁻³·A⁻²
电导	西(门子)	S	1 S $= 1$ A·V⁻¹ $= 1$ Ω⁻¹

附表 2　常用物理常数

1 个电子的电荷　$e = 1.602 \times 10^{-19}$ C $=$ 1.602×10^{-20} 电磁单位 $=$ 4.803×10^{-10} 静电单位	热功当量　　　　1 cal $= 4.186\,8$ J 玻尔兹曼常数　$k = R/N_A = 1.380 \times 10^{-23}$ J·K⁻¹ 普朗克常数　　$h = 6.626 \times 10^{-34}$ J·s
阿伏加德罗常数 $N_A = 6.022 \times 10^{23}$ mol⁻¹	$25℃$ 时，$RT = 2\,479$ J·mol⁻¹ $=$ 592 cal·mol⁻¹
法拉第常数 $F = eN_A = 96\,484.56$ C/mol(电子) $=$ $23\,060$ cal·V⁻¹·mol⁻¹电子	$25℃$ 时，$2.303RT = 5\,709$ J·mol⁻¹ $=$ $1\,363$ cal·mol⁻¹
气体常数 $R = 8.314$ J·mol⁻¹·K⁻¹ $=$ 1.986 cal·mol⁻¹·K⁻¹ $=$ $8\,205\,600$ cm³·Pa·mol⁻¹·K⁻¹	$25℃$ 时，$2.303RT/F = 0.059\,1$ V

腐蚀速率单位	g/(m²·d)	mg/(dm²·d)	mm/a	ipy	mpy
g/m²·d(gmd)	1	10	$0.365/\rho$	$0.014\,4/\rho$	$14.4/\rho$
mg/dm²·d(mdd)	0.1	1	$0.036\,5/\rho$	$1.44 \times 10^{-3}/\rho$	$1.44/\rho$
mm/a	2.74ρ	27.4ρ	1	0.0394	39.4
ipy	69.6ρ	696ρ	25.4	1	1 000
mpy	$0.069\,6\rho$	0.696ρ	0.025 4	0.001	1

注:表中 ρ 为金属的密度($g \cdot cm^{-3}$)。

附表 4　常用金属的相对原子质量、化合价和密度

金属	相对原子质量 A	化合价 n	密度 ρ ($g \cdot cm^{-3}$)	$A/n\rho$ ($cmy \cdot mol^{-1}$)	熔点 ℃	$v_{深}/i_{corr}$ ($mm \cdot a^{-1} \cdot A^{-1} \cdot m^{-3}$)
Mg	24.31	2	1.74	6.98	651	2.3
Al	26.98	3	2.699	3.33	660	1.1
Ti	47.90	2	4.505	5.32	1 688	1.7
Cr	52.00	2	7.19	3.62	1 890	
Mn	54.94	2	7.44	3.69	1 245	
Fe	55.85	2	7.87	3.55	1 539	1.2
Co	58.93	2	8.84	3.33	1 492	
Ni	58.70	2	8.91	3.29	1 455	1.1
Cu	63.55	2	8.96	3.55	1 083	1.2
Zn	65.38	2	7.13	4.58	420	1.5
Ag	107.87	1	10.50	10.27	960	3.4
Cd	112.4	2	8.65	6.49	321	
Sn	118.69		5.85(α)	10.14	232	2.7
		2	7.29(β)			3.0
Pb	207.2		11.34	9.14	327	

附表 5　实验用腐蚀介质

腐蚀介质	成　　　　　分
人造海水	NaCl 27 g/L,无水 MgCl₂ 6 g/L, 无水 CaCl₂ 1 g/L,KCl 1 g/L,pH = 6.5 ~ 7.2
代海水	质量分数为 3%NaCl 的水溶液;质量分数为 3.5%NaCl 的水溶液
代淡水	质量分数为 0.001% NaCl 的水溶液
人造汗液	NaCl 0.70 g,尿素 0.10 g,乳酸 0.40 g,蒸馏水 49.4 mL,甲醇 49.4 mL
不锈钢晶间腐蚀试验	(1) CuSO₄·5H₂O 110 g,H₂SO₄(相对密度 1.84) 55 mL,H₂O 1 L,沸腾溶液 (2) CuSO₄·5H₂O 160 g,H₂SO₄(相对密度 1.84) 100 mL,H₂O 1 L,铜屑,沸腾溶液 (3) 质量分数为 10% 的 HNO₃,质量分数为 3% 的 HF,60 ~ 80℃ (4) 质量分数为 65% 的 HNO₃,沸腾溶液 (5) 质量分数为 10% 的草酸
铝合金晶间腐蚀试验	(1) 质量分数为 3% 的 NaCl,质量分数为 0.1% 的 H₂O₂,质量分数为 3% 的 NaCl,质量分数为 1% 的 HCl(相对密度 1.19),H₂O 1 L,(35 ± 2)℃
铝合金剥蚀连续浸泡试验	(1) NH₄Cl 1.0 mol·L⁻¹,NH₄NO₃ 0.25 mol·L⁻¹,(NH₄)₂C₂H₄O₆ 0.01 mol·L⁻¹,H₂O₂(30%) 10 mL,pH = 5.3,(66 ± 1)℃,24 h(适合于 Al - Mg 合金) (2) NaCl 4.0 mol·L⁻¹,KNO₃ 0.5 mol·L⁻¹,HNO₃ 0.1 mol·L⁻¹,pH = 0.4, 25(3℃48 h(适合于 Al - Zn - Mg - Cu 系合金),96 h(适合于 Al - Cu - Mg 系合金)
不锈钢浸蚀剂	(1) HNO₃:HCl = 3:1 (2) HNO₃ 5 mL,HF(质量分数为 48%) 1 mL,H₂O 44 mL
铝合金浸蚀剂	(1) 质量分数为 0.5% 的 HF,质量分数为 1.5% 的 HCl,质量分数为 2.5% 的 HNO₃,质量分数为 95.5% 的 H₂O (2) 质量分数为 0.5% 的 HF,质量分数为 99.5% H₂O

附表 6　标准摩尔生成自由能 $\Delta G_{m,f}^{\ominus}$

物　　质	$\Delta G_{m,f}^{\ominus}/(kJ\cdot mol^{-1})$	物　　质	$\Delta G_{m,f}^{\ominus}/(kJ\cdot mol^{-1})$
$Mg(s)$	0	$Fe_3O_4(s)$	$-1\,015.5$
$Mg^{2+}(aq)$	-456.01	$Fe_2O_3(s)$	-742.2
$Mg(OH)_2(s)$	-833.75	$FeS(s)$	-97.57
$MgCO_3(s)$	-1029.3	$FeS_2(s)$	-166.69
$MgO(s)$	-569.57	$Co(s)$	0
$Al(s)$	0	$Co_{2+}(aq)$	-54.39
$Al^{3+}(aq)$	-485	$Co(OH)_2(s)$	-456.1
$AlO(OH)(s)$	-910.7	$CoCO_3(s)$	-651.0
$Al(OH)_3(s)$	-1157	$CoO(s)$	-213.4
$Al_2O_3(s)$	-1582	$Co_3O_4(s)$	-761.5
$Ti(s)$	0	$CoS(s)$	-82.8
$TiC(s)$	-205.7	$Ni(s)$	0
$TiN(s)$	-294.4	$Ni^{2+}(aq)$	-46.44
$TiO(s)$	-573.4	$Ni(OH)_2(s)$	-453.1
$TiO(s)$		$NiO(s)$	-216.3
$Ti_2O_3(s)$	-1431.0	$NiS(s)$	-79.5
$TiO_2(s)$	-852.7	$NiCl_2(s)$	-272.4
$Cr(s)$	0	$NiCO_3(s)$	-613.8
$Cr^{2+}(aq)$	-164.8	$Cu(s)$	0
$Cr^{3+}(aq)$	-205.0	$Cu^{+}(aq)$	50.0
CrO_4^{2-}	-726.3	$Cu^{2+}(aq)$	65.52
$Cr_2O_7^{2-}(aq)$	-1301.2	$Cu(NH_3)_2^{2+}(aq)$	-30.5
$Cr_3C_2(s)$	-81.2	$Cu(NH_3)_4^{2+}(aq)$	-111.3
$CrN(s)$	-103.5	$Cu(OH)_2(s)$	-359.4
$Cr_2O_3(s)$	-1046.8	$Cu_2O(s)$	-142.3
$Mn(s)$	$0(\alpha),1.38(\beta)$	$CuO(s)$	-127.2
$Mn^{2+}(aq)$	-223.4	$Cu_2S(s)$	-86.2
$Mn^{3+}(aq)$	-105	$CuS(s)$	-49.0
$Mn(OH)_2(s)$	-618.7	$CuCl(s)$	-118.8
$MnCO_3(s)$	-817.6	$CuCl_2(s)$	-116.5
$MnO(s)$	-363.2	$Zn(s)$	0
$Mn_2O_3(s)$	-879.9	$Zn^{2+}(aq)$	-147.2
Mn_3O_4	-1282.9	$Zn(OH)_2(s)$	-555.9
$MnO_2(s)$	-466.1	$ZnO(s)$	-318.19
$MnS(s)$	-208.8	$ZnS(s)$	-198.3
$Fe(s)$	0	$ZnCO_3(s)$	-731.4
$Fe^{2+}(aq)$	-84.94	$ZnCl_2(s)$	-369.23
$Fe^{3+}(aq)$	-1054	$Ag(s)$	0
$Fe(OH)_2(s)$	-483.54	$Ag^{+}(aq)$	77.12
$Fe(OH)_3(s)$	-699.6	$Ag_2O(s)$	-11.3
$HFeO_2^{-}(aq)$	-397.18	$Ag_2O_3(s)$	-1576.41
$Fe_3C(s)$	18.8	$Ag_2S(s)$	-40.8
$FeCO_3(s)$	-668.1	$Ag_2CO_3(s)$	-437.2
$FeCl_2(s)$	-302.1		
$FeCl_3(s)$	-334.1		
$FeO(s)$	-179.1		

物　质	$\Delta G_{m,f}^{\ominus}/(kJ\cdot mol^{-1})$	物　质	$\Delta G_{m,f}^{\ominus}/(kJ\cdot mol^{-1})$
$Cd(s)$	0	$O_2(g)$	0
$Cd^{2+}(aq)$	-77.73	$O(g)$	231.75
$Cd(OH)_2(s)$	-743.8	$O_3(g)$	163.43
$CdO(s)$	-225.06	$OH^-(aq)$	-158.28
$CdS(s)$	-140.6	$OH(g)$	34.23
$CdCO_3(s)$	-670.3	$H_2O(l)$	-237.19
		$H_2O(g)$	-228.6
$Sn(s)$	$0(\beta),0,13(\alpha)$	$H_2O_2(l)$	-120.4
$Sn^{3+}(aq)$	-26.25	$C(石墨)(s)$	0
$Sn(OH)_2(s)$	-492.0	$C(g)$	671.3
$SnO(s)$	-257.3	$CO(g)$	-137.2
$SnS(s)$	-82.4	$CO_2(g)$	-394.38
$SnS_2(s)$	-74.1	$CO_2(aq)$	-336.02
$Pt(s)$	0	$HCO_3^-(aq)$	-586.86
$PtO_2(s)$	-84	$CO_3^{2-}(aq)$	-527.9
$Au(s)$	0	$N_2(g)$	0
$Au^{3+}(aq)$	433.46	$NH_3(g)$	-16.64
$Au(OH)_3(s)$	-349.8	$NH_4^+(aq)$	-79.37
Au_2O_3	78.7	$S(s)$	$0(\alpha),0.19(\beta)$
		$S^{2-}(aq)$	83.7
$Pb(s)$	0	$SO_3^{2-}(aq)$	-482.6
$Pb^{2+}(aq)$	-24.3	$SO_4^{2-}(aq)$	-741.9
$Pb(OH)_2(s)$	-420.9	$S_2O_3^{2-}(aq)\,S_2O_4^{-}$	-532
$PbO(s)(黄)$	-188.49	(aq)	-600
$PbO(s)(红)$	-190.04	$SO_2(g)$	-300.37
$Pb_3O_4(s)$	-617.6	$SO_3(g)$	-370.37
$PbO_2(s)$	-218.99	$H_2S(g)$	-33.0
$PbS(s)$	-92.68	$HS^-(aq)$	-12.05
$H_2(g)$	0	$Cl_2(g)$	0
$H(g)$	206.5	$Cl(g)$	-105.67
$H^+(aq)$	0	$Cl^-(aq)$	-131.07
$H_3O^+(aq)$	-241.9	$HCl(aq)$	-94.79

附表7　参比电极电势(25℃)

电极	组　成	电势/V (SHE)
甘汞电极	$Hg/Hg_2Cl_2(s)$,饱和 KCl	0.244
	$Hg/Hg_2Cl_2(s)$,1 mol·L^{-1} KCl	0.283
	$Hg/Hg_2Cl_2(s)$,1 mol·L^{-1} KCl	0.366
氧化汞电极	$Hg/HgO(s)$,1 mol·L^{-1} KOH	0.110
	$Hg/HgO(s)$,1 mol·L^{-1} NaOH	0.114
	$Hg/HgO(s)$,0.5 mol·L^{-1} NaOH	0.169
氯化银电极	$Ag/AgCl(s)$,饱和 KCl	0.198
	$Ag/AgCl(s)$,0.1 mol·L^{-1} KCl	0.236
	$Ag/AgCl(s)$,0.1 mol·L^{-1} KCl	0.290
	$Ag/AgCl(s)$,0.1 mol·L^{-1} HCl	0.289
	$Ag/AgCl(s)$,海水	0.25
铜电极	Cu/Cu^{2+}(饱和 CuSO$_4$ 水溶液)	0.32

附表8 25℃下金属/水溶液体系的 Tafel 常数 b 和交换电流 i^0

体系	金属表面	b/V	$i^0/(A \cdot m^{-2})$	体系	金属表面	b/V	$i^0/(A \cdot m^{-2})$
H_2/H^+	Pt	0.13	10^2	HNO_3/NO	Pt	约 0.12	约 1
	Fe, Cu	0.12	$10^{-3} \sim 10^{-2}$	Fe^{2+}/Fe^{3+}	Pt	约 0.12	$5 \sim 50$
	Ni	0.10	10^{-7}	Zn/Zn^{2+}	Zn	$0.03 \sim 0.06$	$10^{-3} \sim 10^{-1}$
	Zn	0.12	10^{-7}	Fe/Fe^{2+}	Fe	$0.05 \sim 0.08$	$10^{-5} \sim 10^{-4}$
	Pb	0.11	10^{-9}	Cu/Cu^{2+}	Cu	约 0.06	$1 \sim 10$
	Hg	0.11	10^{-11}	Ag/Ag^+	Ag	$0.03 \sim 0.12$	10^4
O_2/OH^-	Pt	$0.10 \sim 0.15$	10^{-6}				
	Fe	> 0.12	约 10^{-10}				

附表9 与饱和溶液平衡的空气相对湿度(20℃)

饱和盐溶液	相对湿度/%	饱和盐溶液	相对湿度/%
K_2SO_4	99	NaCl	76
$CuSO_4 \cdot 5H_2O$	98	$NaClO_3$	75
$Na_2SO_4 \cdot 10H_2O$	93	NH_4NO_3	67
$Na_2SO_3 \cdot 10H_2O$	92	$NaNO_2$	66
$FeSO_4 \cdot 7H_2O$	92	$NaBr \cdot 2H_2O$	58
$ZnSO_4 \cdot 7H_2O$	90	$NiCl_2$	54
K_2CrO_4	88	$FeCl_2$	50
KCl	86	$K_2CO_3 \cdot 2H_2O$	44
KBr	84	$MoCl_2 \cdot 6H_2O$	34
$(NH_4)_2SO_4$	81	$CaCl_2 \cdot 6H_2O$	32
NH_4Cl	80	$ZnCl_2 \cdot xH_2O$	10

附表10 国外不锈钢牌号对照表

中国	苏联	美国	日本	德国	法国	英国	瑞典	
YB	ГОСТ	AISI	JIS	DIN	AFNOR	EN	SIS	
Cr5Mo	X5M	501,502			Z12CD5			
Cr13Si3				X10CrSi13				
0Cr13	0X13	405		X7Cr13	Z6C13	56A		393M
1Cr13	1X13	403	SUS50	X10Cr3	Z12C13	56A	2302	393
2Cr13	2X13	410	SUS51	X20Cr3	Z20C13	56B	2303	739
0Cr17Ti	0X17T			X8CrTi17				
Cr17Ni2	X17H2	431	SUS44	X22CrNi17	Z15CN16 - 2	57		249EN
Cr17Mo2Ti	X17M2T			X8CrMoTi17				
0Cr18Ni9	0X18H9	304	SUS27	X5CrNi18 9	Z6CN18 - 10	58E	2333	832M
1Cr18Ni9	1X18H9	302	SUS40	X12CrNi18 8	Z12CN18 - 10	58A	2335	832
1Cr18Ni9Ti	1X18H9T	321	SUS29	X10CrNiTi18 9	Z10CNT18 - 10	58C	2338	832MVT
00Cr18Ni10	00X18H10	304L	SUS28	X3CrNi18 9	Z3CN18 - 10			
Cr18Ni12Mo2Ti	X18H12M2T	316	SUS32	X10CrNiMoTi18 12	Z8CNDT18 - 12	58H	2340	832SKT
Cr18Ni12Mo3Ti	X18H12M3T	317	SUS64			58J		
00Cr17Ni13Mo2		316L	SUS33	X2CrNiMo18 10	Z3CND18 - 12			832SKR
00Cr17Ni14Mo3		317L	SUS65		Z3CND17 - 13			832SFR
1Cr18Ni11Nb	X18H11	347	SUS43	X10CrNiNb18 9	Z10CNNb18 - 10	58F		
Cr18Mn8Ni5N	X17г 9AH4	204			Z10CMN19 - 9			
Cr18Mn10Ni5Mo3N								
Cr17Mn13Mo2N								
Cr23Ni13	X20H13	309S	SUS41	X12CrNi22 12	Z10CNS25 - 13			
Cr23Ni18	X23H18	310S	SUS42	X12CrNi25 21	Z10CNS25 - 20			
Cr25Ti	X25T							
Cr25Ni20		310		X15CrNi25 20	Z15CNS25 - 20			

227

附表 11　去除金属上腐蚀产物的溶液

金　属	腐　蚀　产　物	溶液、清洗条件
钢、铁	FeO, Fe_2O_3, Fe_3O_4, $Fe_2O_3 \cdot H_2O$, $FeO \cdot OH$, $Fe_3O_4 \cdot H_2O$	（1）质量分数 10% 酒石酸铵 + NH_4OH, 25 ～ 70℃ （2）质量分数 10% 柠檬酸铵 + NH_4OH, 25 ～ 70℃ （3）质量分数 10% H_2SO_4 + 质量分数 5% 硫脲（或甲醛水 1%）, 25℃ （4）质量分数 5% $NaOH$ + Zn 粒, 80 ～ 90℃, 30 ～ 40 min （5）质量分数 8% $NaOH$, 阴极处理 （6）质量分数 10% 柠檬酸铵, 阴极处理 （7）质量分数 20% 盐酸 + 有机缓蚀剂, 30 ～ 40℃
铝及铝合金	Al_2O_3、$Al(OH)_3$	（1）质量分数为 5% HNO_3, 10 ～ 15 min （2）质量分数为 65% HNO_3, 10 ～ 20 min （3）质量分数为 5% 的 HNO_3（相对密度 1.4）+ 1% $K_2Cr_2O_7$, 15 ～ 20℃, 30 ～ 120 min （4）质量分数 20% 偏磷酸 + 质量分数 8% CrO_3, 20℃, 15 ～ 20 min
铜及铜合金	Cu_2O, CuO, $Cu(OH)_2$, $CuSO_4 \cdot 3Cu(OH)_2$, $CuCl_2 \cdot Cu(OH)_2$, $CuCO_3 \cdot Cu(OH)_2$	（1）质量分数为 5% 的 H_2SO_4, 10 ～ 20℃ （2）质量分数为 15% ～ 20% 的盐酸, 室温
不锈钢		质量分数为 10% 的 HNO_3, 60℃
镁	MgO、$MgCO_3$	质量分数 20% CrO_3 + 质量分数 1% $AgNO_3$, 沸腾, 10 min
锡及锡合金	SnO、SnO_2	（1）质量分数为 5% 的盐酸, 沸腾, 10 min （2）质量分数为 15% 的偏磷酸, 沸腾, 10 min
铅	PbO、$PbSO_4$、$Pb(OH)_2$、$2PbCO_3 \cdot Pb(OH)_2$	（1）质量分数为 10% 的醋酸溶液, 沸腾, 10 min （2）质量分数为 5% 的醋酸铵溶液, 热 5 min

附表 12　几种金属在各种环境中的耐蚀性

金属	介　质	耐　蚀	不　耐　蚀
Al	酸溶液	醋酸（室温）, 柠檬酸（室温）, 酒石酸（室温）, 硼酸（室温）, $w(HNO_3) > 80\%$（< 50℃）, 脂肪酸	HCl, HBr, H_2SO_4, HF, $HClO_4$, H_3PO_4, 甲酸、草酸、三氯乙酸
	碱溶液	浓 $Ca(OH)_2$, $w(NH_4OH) > 10\%$（< 50℃）, $(NH_4)_2S$, Na_2SiO_3	$LiOH$, $NaOH$, KOH, $Ba(OH)_2$, $w(NH_4OH) < 10\%$, Na_2S, $NaCN$
	盐溶液	硝酸盐, K、Na、NH_4、Ca、Ba、Mg、Mn、Zn、Cd、Al 的硫酸盐, 磷酸盐, 醋酸盐, 有 Na_2SO_3 缓蚀的 $NaClO$, 没有 Cl^- 的 $NaClO_4$, $KMnO_4$（室温, 质量分数 1% ～ 10%）	Hg、Sn、Cu、Ag、Pb、Co、Ni 等重金属盐类, $NaClO_4$（含有 Cl^- 时）, $NaClO$, $Ca(ClO_2)$
	气体	多数干燥气体如 Br_2、Cl_2 < 125℃、F_2 < 230℃、HCl、HBr、O_3、S_2、SO_2、SO_3、H_2S、CO_2、NO、NO_2、NH_3, 氟利昂, 大多数氧化烃	湿的 SO_2、SO_3、Cl_2、HCl、NH_3 等, CCl_4、CH_3Cl、CH_3Br
Mg	酸溶液	$w(HF) > 2\%$, 纯的 H_2CrO_4, 各种浓度有 Cl^- 和 SO_4^{2-} 离子的酸	左面所述的无机酸以外的酸, 各种有机酸
	碱溶液	$NaOH$, $KOH < 60℃$, $NaClO$, 浓 NH_4OH	$NaOH$, KOH, > 60℃
	盐溶液	铬酸盐, 氟化物, 硝酸盐, Na、K、Ca、Ba、Mg、Al 等的磷酸盐	氯化物, 溴化物, 碘化物, 硫酸盐, 过硫酸盐, 氯酸盐, 次氯酸盐, Mg 可以置换的重金属盐类
	气体	某些干燥气体如 F_2、Br_2、S、H_2S、SO_2, 干氟利昂（Frecons）	Cl_2、I_2、NO_2、NO, 烷基卤 RX, 碱式卤化物, 湿的氟利昂
Zn	酸溶液		任何普通的无机酸和有机酸
	碱溶液	pH < 12	pH > 12
	盐溶液	Na_2CrO_4、$Na_4B_2O_7$、Na_2SiO_3、$(NaPO_3)_6$ 缓蚀剂（1 g·L^{-1}、室温）	充气的盐溶液
	气体	N_2、CO_2、CO、N_2O、干 Cl_2、干 NH_3	湿 Cl_2 及 C_2H_2

228

续附表

Sn	酸溶液	稀、除气的非氧化性的无机酸和有机酸	氧化性酸,充气的无机酸和有机酸类
	碱溶液	pH<12;pH>12时,有硅酸盐、磷酸盐和铬酸盐存在的碱液	pH>12的碱液
	盐溶液	磷酸盐类,铬酸盐类,硼酸盐类	氯化物,硫酸盐,硝酸盐(黑斑点),比锡更"贵"的金属盐类
	气体	F_2,<100℃	Cl_2、Br_2、I_2、(室温),F_2,>100℃,O_2,>100℃,H_2S,>100℃
Fe	酸溶液	浓 HNO_3,H_2CrO_4,$w(H_2SO_4)>70\%$,$w(HF)>70\%$	左面所述以外的酸
	碱溶液	大多数碱性溶液	如果在受应力状态下,在热的碱溶液中引起脆化
	盐溶液	$KMnO_4$,>1g/L,H_2O_2,>3g/L,K_2CrO_4	$KMnO_4$,<1g/L,H_2O_2,<3g/L,氧化性盐如 $FeCl_3$、$CuCl_2$、$NaNO_3$,水解性盐如 $AlCl_3$、$Al_2(SO_4)_3$、$ZnCl_2$、$MgCl_2$
	气体	空气,<450℃,Cl_2,<200℃,干 SO_2,<300℃,NH_3,<500℃,H_2O(汽),<500℃,H_2S,<300℃	空气,>450℃,Cl_2,>200℃,湿 SO_2,NH_3>500℃,H_2O(汽),>500℃,H_2S,>300℃,F_2
Ni	酸溶液	稀的非氧化酸,硫酸(不充气,<80%,室温),盐酸(不充气,<15%,室温),HF(室温),稀的有机酸(不充气),纯 H_3PO_4(不充气,室温)	氧化性酸,HNO_3,$w(H_2SO_4)>80\%$,HF(高温),H_3PO_4(热的,浓的),充气的有机酸
	碱溶液	LiOH、NaOH、KOH 沸点以上,$w(NH_4OH)<1\%$	$w(NH_4OH)>1\%$
	盐溶液	大多数非氧化性盐类,$NaClO_4$,$KMnO_4$(室温)	多数氧化性盐类,$FeCl_3$,$CuCl_2$,$K_2Cr_2O_7$,$NaClO$
	气体	干卤素、干卤化氢<200℃,H_2O(汽)<500℃,H_2<550℃,SO_2<400℃,S<300℃	湿卤素及卤化氢,H_2O(气),>500℃,Cl_2,>450℃,H_2S,>65℃,NH_3(高温),S_2,>300℃
Cr	酸溶液	$w(HNO_3)<50\%$,<75℃,$H_2SO_4+CuSO_4$,$H_2SO_4+Fe_2(SO_4)_3$,$w(H_2SO_4)<5\%$(充气室温),SO_2 的溶液,H_3PO_4(充气室温)	HCl、HBr、HI,浓 HNO_3(高温),H_2SO_4,>5%,>50℃,HF、H_2SiF_6、$HClO_3$,$w(H_3PO_4)>60\%$,>100℃,H_2CrO_4
	碱溶液	室温,除气稀的碱溶液	高温充气浓的碱溶液
	盐溶液	大多数非卤化物盐	卤盐、氧化性盐 Cl_3,$CuCl_2$,$HgCl_2$,$NaClO$ 酸性盐 $ZnCl_2$、$AlCl_3$ 引起全面腐蚀,其它卤盐引起孔蚀和缝隙腐蚀,硫代硫酸盐和连二亚硫酸盐
	气体	O_2,<1100℃,H_2O,<850℃,SO_2,<650℃,H_2S、S_2,<500℃,NH_3,<500℃,Cl_2、HCl,<300℃,F_2、HF,<250℃	O_2,>1100℃,H_2O,>850℃,SO_2,>650℃;NH_3,>500℃,Cl_2、HCl,>300℃,F_2、HF,>250℃
Ti	酸溶液	HNO_3 所有浓度(至沸腾),王水(室温),$w(H_2SO_4)<10\%$、$w(HCl)<10\%$(室温),$w(H_3PO_4)<30\%$(35℃),$w(H_3PO_4)<5\%$(沸腾),H_2CrO_4、醋酸、草酸(室温),乳酸和甲酸(室温)	$w(H_2SO_4)>10\%$,$w(HF$、$HCl)>10\%$,发烟 HNO_3(高温),$w(H_3PO_4)>30\%$,(35℃);$w(H_3PO_4)>5\%$,(沸腾);三氯醋酸(沸腾),草酸(沸腾),甲酸(沸腾)
	碱溶液	稀碱溶液(室温),$NaClO$	热的浓碱
	盐溶液	大多数盐溶液如氯化物、氧化性盐类直到沸点以下例如 $FeCl_3$,$CuCl_2$	氟化物,如 AlF_3,浓 $AlCl_2$(沸腾),浓 $MgCl_2$,浓 $CaCl_2$(沸腾)
	气体	湿的 Cl_2、ClO_2,空气,O_2,<425℃;N_2,<700℃;H_2<750℃	F_2,干氯气,空气,O_2,>500℃;N_2,>800℃;H_2,>750℃

229

Cd	酸溶液		任何一般的无机酸和有机酸
	碱溶液	稀 LiOH，NaOH，KOH，NH$_4$OH	浓 LiOH，NaOH，KOH
	盐溶液	Na$_2$CrO$_4$，Na$_4$B$_2$O$_7$，Na$_2$SiO$_3$（NaPO$_3$）$_6$，缓蚀剂（1g·L^{-1}，室温）	在一般情况下充气盐溶液
	气体	干 NH$_3$，H$_2$，N$_2$，空气，O$_2$ < 250℃、干 SO$_2$室温	Cl$_2$，Br$_2$，湿 SO$_2$
Pb	酸溶液	w(H$_2$SO$_4$) < 96%（室温），w(H$_2$SO$_4$) < 80%（100℃），工业 H$_3$PO$_4$（含有一些 H$_2$SO$_4$），H$_2$CrO$_4$，H$_2$SO$_3$，w(HF) < 60%（室温）	w(H$_2$SO$_4$) > 96%（室温），w(H$_2$SO$_4$) > 70%（沸腾），纯 H$_3$PO$_4$，w(HNO$_3$) < 80%，HCl，有机酸类
	碱溶液	pH < 11 碱液，w(NH$_4$OH) < 1%，Na$_2$CO$_3$，混凝土	LiOH，NaOH，KOH，pH > 12，w(NH$_4$OH) > 1%
	盐溶液	硫酸盐，碳酸盐，重碳酸盐，纯 NaClO$_4$	FeCl$_3$，NaClO$_4$ 和 NaCl，硝酸盐类，乙酸盐类
	气体	湿或干的 Cl$_2$，< 100℃，干 Br$_2$（室温），SO$_2$、SO$_3$、H$_2$S	Cl$_2$，> 100℃，湿 Br 或较高温度下 HF
Cu	酸溶液	除气非氧化酸，w(HCl) < 10%，< 75℃，w(HF) < 70%，< 100℃，w(H$_2$SO$_4$) < 60%，< 100℃。H$_3$PO$_4$（室温），乙酸（室温）	HNO$_3$，热浓 H$_2$SO$_4$，充空气的酸，w(HCl) > 10%
	碱溶液	稀的 NaOH、KOH、Na$_2$CO$_3$、K$_2$CO$_3$	强碱性溶液 NaOH、KOH、NH$_4$OH、NaCN、KCN、NaClO
	盐溶液	KMnO$_4$，K$_2$CrO$_4$，NaClO$_3$，除气、静置的硫酸盐溶液及硝酸盐和氯化物溶液，海水	大多数氧化性盐如 FeCl$_3$，Fe$_2$(SO$_4$)$_3$、CuCl$_2$、Hg(NO$_3$)$_2$、AgNO$_3$，充气和有搅动的盐溶液
	气体	大多数干燥气体 CO、CO$_2$、F$_2$、Cl$_2$、Br$_2$、SO$_2$、纯 H$_2$，O$_2$，< 200℃，OF$_2$、ClF$_3$、ClO$_3$F	湿的气体如 SO$_2$、H$_2$S、CS$_2$、CO$_2$、F$_2$、Cl$_2$、Br$_2$、H$_2$（含有 O$_2$ 时）、干的 O$_2$，> 200℃
Ag	酸溶液	稀 HCl（室温），低温 HF（除气），H$_3$PO$_4$（室温），H$_2$SO$_4$（室温），有机酸类	浓 HCl（高温），HF（充气高温），稀 HNO$_3$（室温），浓、热 H$_3$PO$_4$，浓 H$_2$SO$_4$（高温）
	碱溶液	LiOH、KOH、NaOH 的所有浓度，沸点以上	NH$_4$OH、Na$_2$S、NaCN
	盐溶液	大多数非氧化性盐类，KMnO$_4$（室温）	氧化性盐类如 K$_2$S$_2$O$_3$、FeCl$_3$、CuCl$_2$、HgCl$_2$ 及氰化物、铵盐、硫代硫酸盐、多硫化合物
	气体	F$_2$、Cl$_2$、Br$_2$（室温），HCl，< 200℃，SO$_2$（室温），空气、O$_2$	HCl 和 Cl$_2$，> 200℃，H$_2$S 和 S$_2$（室温），SO$_2$ 较高温度

附　　图

附图 1　铝的电势－pH图　　　　附图 2　镁的电势－pH图　　　　附图 3　锌的电势－pH图

附图 4　锡的电势－pH图　　　　附图 5　铁的电势－pH图　　　　附图 6　镍的电势－pH图

附图 7　铬的电势 – pH 图

附图 8　钛的电势 – pH 图

附图 9　镉的电势 – pH 图

附图 10　铅的电势 – pH 图

附图 11　铜的电势 – pH 图

附图 12　银的电势 – pH 图

参考文献

1 刘永辉等.金属腐蚀学原理.北京:航空工业出版社,1993

2 黄永昌.金属腐蚀与防护原理.上海:上海交通大学出版社,1989

3 蒋金勋等.金属腐蚀学.北京:国防工业出版社,1986

4 朱日彰等.金属腐蚀学.北京:冶金工业出版社,1989

5 魏宝明.金属腐蚀理论及应用.北京:化学工业出版社,1984

6 曹楚南.腐蚀电化学原理.北京:化学工业出版社,1985

7 NACE.Basic Corrosion Course.腐蚀与防护技术基础.朱日彰等译.北京:冶金工业出版社,
  1987

8 JM.West.Basic Corrosion and oxidation.2nd Ed.Ellis Horwood Ltd,1986

9 HHUhlig,RWRevie,Corrosion and Corrosion Control.3rd Ed.John Wiley & Sons,1985

10 Rob Barrett et.CORROSION NEWS AND VIEWS.British Corrosion Journal,1995,30 (2):81~92

11 GRBrubakeret al,(Ed.).Corrosion Chemistry.American Chemical Society,1979

12 F.Mansfeld(Eds).Corrosion Mechanisms.Marcel Dekker,1987

13 PNParkins,Corrosion Processes.Applied Science Publishers,1982

14 RPFrankenthal and FMansfeld.Corrosion and Corrosion Protection,1981

15 H 克舍著.金属腐蚀.吴荫顺译.北京:化学工业出版社,1984

16 查全性.电极过程动力学导论.北京:科学出版社,1976

17 LIAntropov 著.理论电化学.吴仲达等译.北京:高等教育出版社,1984.

18 李荻.电化学原理.北京:北京航空航天大学出版社,1989

19 O'MBockris 著.电化学科学.夏熙译.北京:人民教育出版社,1980

20 WJAlbery,Electrode Kinetics.Clarendon Press,1975

21 曹楚南.腐蚀试验数据的统计分析.北京:化学工业出版社,1988

22 顾浚祥,林天辉,钱祥荣.现代物理研究方法及其在腐蚀科学中的应用.北京:化学工业出
  版社,1990

23 田昭武.电化学研究方法.北京:科学出版社,1984

24 刘永译.电化学测试技术.北京:北京航空航天大学出版社,1987

25 宋诗哲.腐蚀电化学研究方法.北京:化学工业出版社,1988

26 RBaboian.Electrochemical Techniques for Corrosion.NACE.Houston,1977

27 NJSelley.Experimental Approach to Electrochemistry.Edward Arnold,1977

28 A J Bard,L R Taulkner.电化学方法 – 原理和应用.谷林英等译.北京:化学工业出版社,
  1986

29 M Siluvai Michael & S Radhakrishna.Effect of heat treatment on the corrosion performance of elec-
  trdeposited zinc alloy coatings.Anti-Corrosion Methods and Materials,1998,45 (2):113~119

30 张德康.不锈钢的局部腐蚀.北京:科学出版社,1982

31 左景伊.应力腐蚀破裂.西安:西安交通大学出版社,1985

32 肖纪美.应力作用下的金属腐蚀.北京:化学工业出版社,1990

33 陆世英.张德康.不锈钢应力腐蚀破裂.北京:科学出版社,1977

34 陆世英等.不锈钢应力腐蚀事故分析与耐应力腐蚀不锈钢.北京:原子能工业出版社, 1985

35 褚武扬.氢损伤与氢致开裂.北京:冶金工业出版社,1985

36 肖纪美.不锈钢的金属学问题.北京:冶金工业出版社,1983

37 于福洲.金属材料的耐腐蚀性.北京:科学出版社,1982

38 陆世英,康喜范.镍基及铁镍基耐蚀合金.北京:化学工业出版社,1989

39 余宗森.钢的高温氢腐蚀.北京:化学工业出版社,1987

40 曾兆民.实用金属防锈.北京:新时代出版社,1989

41 杨文治等.缓蚀剂.北京:化学工业出版社,1989

42 火时中.电化学保护.北京:化学工业出版社,1988

43 于芝兰.金属防护工艺原理.北京:国防工业出版社,1990

44 顾国成,吴文森.钢铁材料的防蚀涂层.北京:科学出版社,1987

45 吴纯素.化学转化膜.北京:化学工业出版社,1988

46 李金桂,赵闺彦主编.腐蚀和腐蚀控制手册.北京:国防工业出版社,1988

47 中国腐蚀与防护学会.金属防腐蚀手册.上海:上海科学技术出版社,1989

48 化工机械研究院.腐蚀与防护手册——耐蚀金属材料及防蚀技术.北京:化学工业出版社,1990

49 沈宁一主编.表面处理工艺手册.上海:上海科学技术出版社,1991

50 曾华梁等.电镀工艺手册.北京:机械工业出版社,1989

51 王增品,姜安玺编.腐蚀与防护工程.北京:高等教育出版社,1990

52 李仁顺.金属的延迟断裂及防护.哈尔滨:哈尔滨工业大学出版社,1992

53 乔利杰,王燕斌,褚武扬.应力腐蚀机理.北京:科学出版社,1993

54 中国腐蚀与防护学会主编.王光雍,王海江等编著.自然环境的腐蚀与防护.北京:化学工业出版社,1996

55 中国腐蚀与防护学会主编.杨武等编著.金属的局部腐蚀.北京:化学工业出版社,1995

56 中国腐蚀与防护学会主编.朱祖芳等编著.有色金属的耐腐蚀性及其应用.北京:化学工业出版社,1994

57 胡茂圃主编.腐蚀电化学.北京:冶金工业出版社,1989

58 周德惠,谭云.金属的环境氢脆及其试验技术.北京:国防工业出版社,1989

59 K R Trethewey and J Chamberlain. Corrosion for Science and Engineering. 世界图书出版公司,2000

60 J Hu, L X Xu, C K Yao, L C Zhao. Location corrosion of alumina borate whisker reinforced AA2024 T6 composite in aqueous 3.5% NaCl solution. Mater Chem Phys, 2002, 76(3):290~294

61 J Hu,C S Chen, L X Xv and L C Zhao. Effect of whisker orientation on the stress corrosion cracking behavior of alumina borate whisker reinforced pure Al composite Mater. Lett. 2002

62 J Hu, R S Luo, W D Fei, C K Yao. Effect of annealing treatment on the microstructure of matrix in SiC whisker reinforced aluminum composite. J Mater Sci Lett, 1999(18):1 525~1 527

63 J Hu, R S Luo, C K Yao, L C Zhao. Effect of annealing treatment on the stress corrosion cracking behaviors of SiCw/Al composite. Mater Chem Phys, 2001, 70:160~163